全 国 优 秀 教 材 二 等 奖

“十三五”职业教育国家规划教材

高等职业教育农业农村部“十三五”规划教材

食用菌生产技术

第三版

陈俏彪　主编

中国农业出版社

北　京

内容简介

本教材在第二版的基础上，根据读者的反映和食用菌生产技术的发展状况，对一些内容进行了完善和补充，使论述更为严谨，技术更加紧跟生产实践。本教材着重介绍食用菌生产过程中需要掌握的基础理论知识和操作实践相关的内容，教材分成3篇：第一篇为基础知识篇，主要包括食用菌生产技术概述、食用菌生物学基础、食用菌的生产流程、食用菌菌种生产、食用菌病虫害管理等项目；第二篇为应用技能篇，主要包括香菇栽培技术、双孢蘑菇栽培技术、黑木耳栽培技术、平菇栽培技术、草菇栽培技术、灵芝生产技术、食用菌贮藏与加工技术等项目；第三篇为拓展提高篇，主要包括食用菌行业的技术创新、食用菌工厂化生产、食用菌模拟创业分析等项目。此外，本教材还包括17个实训指导。

本教材按照基础知识和操作技能并重的思路来安排内容，尽量减少纯理论的或者只谈经验而无理论分析的内容，希望学习者能根据理论知识来指导实践，同时在实践中加深对理论知识的理解。本教材可供高等职业教育园艺、园林、生物、食品类专业师生使用，也可供相关人员参考。

第三版编审人员名单

主　编　陈俏彪

副主编　朱姝蕊　毛可红　孟　丽

编　者（以姓氏笔画为序）

毛可红　朱姝蕊　何建芬

应俊辉　陈俏彪　岳高红

孟　丽　梁明勤　强　磊

潘明冬

审　稿　张寿橙

第一版编审人员名单

主　编　陈俏彪

副主编　杨桂梅　迟全勃　王爱武　强　磊

编　者（以姓名笔画为序）

王东明　王爱武　毛可红　杨桂梅

应俊辉　迟全勃　张海利　陈俏彪

范晓龙　岳高红　郑一强　梁明勤

强　磊

审　稿　常明昌

第二版编审人员名单

主　编　陈俏彪

副主编　杨桂梅　迟全勃　王爱武　强　磊

编　者（以姓名笔画为序）

王东明　王爱武　毛可红

朱姝蕊　杨桂梅　迟全勃

张海利　陈俏彪　范晓龙

岳高红　郑一强　梁明勤

强　磊

审　稿　常明昌

第三版前言

食用菌已成为我国农业第六大支柱产业，发展食用菌产业是解决农林牧业废料再利用、发展农村循环经济和开展贫困地区扶贫的重要途径。产业需要人才支撑，人才需要知识武装，当前我国农业产业迫切需要知识型从业人员。为此，国内不少职业院校纷纷开设食用菌专业或食用菌课程，以至对适合的食用菌教材产生了需求。为了紧跟产业发展形势，适应高职院校的食用菌教学要求，培养适应产业发展需要的技能型人才，我们在吸收以往教材优点的基础上，于2012年编写并出版了《食用菌生产技术》（高等职业教育农业部“十二五”规划教材），2014年被评为“十二五”职业教育国家规划教材，2015年对教材进行修订，出版了《食用菌生产技术 第二版》。至今，本教材在第二版的基础上又进行了修订，对教材中的相关内容进行了完善和补充。

本教材根据《国家中长期教育改革和发展规划纲要（2010—2020年）》、国务院关于印发《国家职业教育改革实施方案》的通知、国务院关于《职业技能提升行动方案（2019—2021年）》和《关于全面提高高等职业教育教学质量的若干意见》等文件精神进行编写，教学对象主要为园艺、园林、食品、生物类专业的高职学生和成人教育的学员，本教材也可供食用菌生产技术人员参考。

本教材的主编在我国香菇主产县——浙江庆元县从事21年技术研究与推广，此后在丽水职业技术学院从事12年食用菌生产教学，教材内容与我国食用菌产业现状和发展趋势密切结合，大量实践经验和最新技术也融入到教材中。在编写过程中，我们本着从食用菌生产实践中取材、理论与实践有机融合的思想，教材内容力求通俗易懂、形式多样、简洁实用，把传统模式与项目化模式相结合，以适应高职学生的学习特点。

本教材由基础知识篇、应用技能篇、拓展提高篇和实训指导构成。第一篇为基础知识篇，主要包括食用菌生产技术概述、食用菌生物学基础、食用菌的生产流程、食用菌菌种生产、食用菌病虫害管理等项目；第二篇为应用技能篇，主要包括香菇栽培技术、双孢蘑菇栽培技术、黑木耳栽培技术、平菇栽培技术、草菇栽培技术、灵芝生产技术、食用菌贮藏与加工技术等项目；第三篇为拓展提高篇，主要包括食用菌行业的技术创新、食用菌工厂化生产、食用菌模拟创业分析等项目。为了精简教材篇幅，本教材把30种菇类栽培技术归纳为主要参数表的形式，让学生能在了解共性基础知识后按参数分析各菇的特性。同时，教材编排了实训指导等内容，为教学提供必要的素材支持。各院校各专业可根据当地食用菌生产实际及教学安排，针对性地选取部分内容进行学习，其余部分留给学生自学。

为了使本教材更加贴近生产实践，本教材吸收了一线教师、科研人员、农技人员以及企业技术人员参与编写。具体编写分工如下：陈俏彪（丽水职业技术学院）编写了项目一、项目三、项目五、项目六、项目十二、项目十五；岳高红（温州科技职业学院）编写了项目二、项目四；何建芬（浙江省龙泉市农业农村局）编写了项目七、项目八；潘明冬（庆元县食用菌科研中心）编写了项目九；强磊（杨凌职业技术学院）编写了实训指导；孟丽（山东农业大学）编写了项目十；梁明勤（河南农业职业学院）编写了项目十一；朱姝蕊（丽水职业技术学院）编写了项目十四，并负责制作本教材中的数字资源；应俊辉（丽水职业技术学院）、毛可红（丽水职业技术学院）编写了项目十三，并参与了教材内容校对和图表编排等工作。本教材最后由国内著名食用菌学者张寿橙先生审稿，在此深表感谢。

本教材编写团队的通力合作确保了教材编写工作的顺利完成，编写过程中得到了许多同行及中国农业出版社的大力支持和帮助，在此一并致谢。由于编者水平有限，加之时间仓促，教材中不妥或疏漏之处在所难免，敬请广大读者批评指正。

编　者

2019年5月

第一版前言

食用菌具有很高的营养、保健和药用价值，发展食用菌产业是解决农林牧业废料再利用、保护生态、发展农村循环经济的重要途径。近年食用菌产业发展迅猛，生产技术日新月异。为了紧跟产业发展形势，适应高职院校的食用菌教学要求，培养适应产业发展需要的高职学生，在吸收以往教材优点的基础上，重新进行了教材的编写。

本教材根据《关于全面提高高等职业教育教学质量的若干意见》（教高[2006] 16号）文件精神和要求进行编写，教学对象主要为园艺、林业、食品、生物专业的高职生和成人教育的学员，也可供农林类大、中专院校师生、食用菌技术人员和食用菌生产者参考。

编者多年来一直从事食用菌技术研究与推广，有丰富的实践经验，将教材内容编写与我国食用菌产业现状和发展趋势密切结合，将大量实践经验和最新技术融入到教材中。在编写过程中，本着从食用菌生产实践取材，理论与实践有机融合的思想，教学内容组织上力求通俗易懂、形式多样、简洁实用，把传统模式与项目化模式相结合，适应高职学生的学习特点。教材原创了"食用菌模拟创业分析"章节，使学生能将前面所学的知识更好地与创业设计结合起来，知道如何进行成本和效益分析以及投资风险评估，促进学生毕业后尽快地融入食用菌行业。

本教材由基础知识篇、应用技能篇和拓展提高篇 3 个篇章构成，基础知识篇包括食用菌的生物学基础、食用菌的生产流程、食用菌菌种生产和食用菌病虫管理等；应用技术篇介绍 6 种菇类栽培和贮藏加工技术；拓展篇是本教材的重点革新内容，包括食用菌栽培新技术新设备介绍、工厂化生产技术、食用菌模拟创业分析等。为了精简教材篇幅，本教材把 30 种菇类栽培技术归纳为主要参数表的形式，让学生能在了解到共性基础知识后按参数分析个菇的特性。同时，教材编排了菌类园艺工国家职业标准、实训指导等内容，为教学提供必要的素材支持。各院校各专业可根据当地食用菌生产实际及教学安排，针对性地选取章节学习，其余部分留给学生自学。

本教材的编写分工如下：丽水职业技术学院陈俏彪老师撰写了项目一、项目六、项目十三、项目十五；辽宁职业学院杨桂梅老师撰写了项目三、项目八、项目九、项目十二；商丘职业技术学院王爱武老师撰写了项目七；杨凌职业技术学院强磊老师撰写了实训指导；北京农业职业学院迟全勃老师撰写了项目二；

山西林业职业技术学院范晓龙老师撰写了项目五；河南农业职业学院梁明勤老师撰写了项目十、项目十一；温州科技职业学院岳高红老师撰写了项目四；温州科技职业学院张海利老师撰写了项目十四；阜新高等专科学校郑一强老师撰写了附录一及项目十三中的林地香菇栽培部分；丽水职业技术学院王东明、应俊辉、毛可红老师参与项目十三中的部分内容和附录的编写工作，并参与了教材内容校对和图表编排等工作。本教材最后由著名食用菌专家、山西农业大学常明昌教授主审，在此编者深表感谢。

教材编写团队的通力合作确保了教材编写工作的顺利完成，过程中得到了诸多同行和朋友们的大力支持与帮助，在此一并致谢。由于编者水平有限，编写时间仓促，不妥之处敬请广大读者批评指正。

编　者

2011年5月

第二版前言

食用菌具有很高的营养、保健和药用价值，发展食用菌产业是解决农、林、牧业废料再利用、保护生态、发展农村循环经济的重要途径。近年来，食用菌产业发展迅猛，生产技术日新月异。为了紧跟产业发展形势，适应高职院校的食用菌教学要求，培养适应产业发展需要的高职学生，在吸收以往教材优点的基础上，于2011年进行高等职业教育农业部"十二五"规划教材《食用菌生产技术》第一版的编写。第二版教材根据技术发展状况，对一些细节进行处理，使论述更为严谨，技术更加紧跟生产实践。同时，第二版教材注重协调来自全国各地的编写人员带来的技术差异，使之更注重兼收并蓄。

本教材根据《国家中长期教育改革和发展规划纲要（2010—2020)》、教育部《关于"十二五"职业教育教材建设的若干意见》和《关于全面提高高等职业教育教学质量的若干意见》（教高［2006］16号）文件精神和要求进行编写，教学对象主要为园艺、林业、食品、生物专业的高职院校学生和成人教育的学员，也可供农林类大、中专院校师生及食用菌技术人员和食用菌生产者参考。

编者多年来一直从事食用菌技术研究与推广，有丰富的实践经验，将教材内容编写与我国食用菌产业现状和发展趋势密切结合，将大量实践经验和最新技术融入到教材中。在编写过程中，本着从食用菌生产实践取材，理论与实践有机融合的思想，教学内容组织上力求通俗易懂，形式多样，简洁实用，把传统模式与项目化模式相结合，适应高职学生的学习特点。教材原创了"食用菌模拟创业分析"内容，使学生能将所学知识更好地与创业设计结合起来，知道如何进行成本和效益分析以及投资风险评估，促进学生毕业后尽快地融入食用菌行业。

本教材由丽水职业技术学院陈俏彪主编。具体编写分工如下：陈俏彪编写项目一、项目六、项目十三中的部分内容、项目十五；辽宁职业学院杨桂梅编写项目三、项目八、项目九、项目十二；商丘职业技术学院王爱武编写项目七；杨凌职业技术学院强磊编写实训指导；北京农业职业学院迟全勃编写项目二；山西林业职业技术学院范晓龙编写项目五；河南农业职业学院梁明勤编写项目十、项目十一；温州科技职业学院岳高红编写项目四；温州科技职业学院张海利编写项目十四；阜新高等专科学校郑一强编写附录一及项目十三中的林地香菇栽培部分；丽水职业技术学院王东明、朱姝蕊、毛可红参与项目十三中的部分内容和附录的编写工作，并参与了教材内容校对和图表编排等工作。本教材由著名食用菌学者、山西农业大学常明昌教授审稿，在此编者深表感谢。

教材编写团队的通力合作确保了教材编写工作的顺利完成，过程中自始至终得到中国农业出版社、同行及朋友们的大力支持和帮助，在此一并致谢。由于编者水平有限，编写时间仓促，不妥之处敬请广大读者批评指正。

编　者

2014年2月

目　　录

应用技能篇

拓展提高篇

实　训　指　导

基础知识篇

项目一　食用菌生产技术概述

知识一　概　　述

一、食用菌的基本概念

广义的食用菌包括一切可供人类食用的真菌和细菌，例如可直接采食的真菌子实体，用于酿造、发酵工业的丝状真菌、单细胞真菌和可供人类食用的自养型细菌等。而传统的、狭义的食用菌是指可以供人类食用（或药用）的大型真菌——高等真菌中能形成大型子实体，或有直观可见的可供人们食用（或药用）菌丝组织体的菌类总称，具有肥大多肉的繁殖器官、木质化程度低、不含毒素等特点，通常称为菇、菌、芝、耳、蕈、蘑，如香菇、黑木耳、块菌、虫草、口蘑等。若非单独注明，本教材所述的食用菌均为传统狭义的概念。从理论上说，食药同源且很难区分，食用概念可以涵盖药用部分，因此，本教材所指的食用菌明确地包含了药用菌或食药两用的菌类，不再以括号注明药用字样。

二、食用菌的分类地位

常见可栽培的食用菌

在自然界中存在200余万个已知物种，食用菌只是其中一类。目前的生物学分类系统将生物世界分为界、门、纲、目、科、属、种。目前应用较广的六界系统为真细菌界、古细菌界、原生生物界、真菌界、植物界及动物界。其中真菌界包括真菌门和地衣门，且又分为5个亚门，即鞭毛菌亚门、结合菌亚门、半知菌亚门、子囊菌亚门及担子菌亚门。食用菌属大型真菌，在生物分类中大多数属于担子菌亚门，少数属于子囊菌亚门。

在庞大的真菌家族中，已知能够产生大型子实体的有1万余种，其中食用菌有2 000多种。我国食用菌种质资源非常丰富，据1988年卯晓岚统计，我国已知食用菌可达657种，目前已知的食用菌约1 000种，但在实验条件下驯化栽培成功的仅有80多种，已进行人工大规模商品化生产的仅30多种，有6～7种菌类已进行工厂化生产。其余的绝大多数种类为野生菌，有待我们去驯化和开发利用。

知识二　食用菌的价值

一、食用和药用价值

随着人们生活水平的逐渐提高，消费者对食物本身的营养和保健价值的诉求越来越高，饮食结构从最初侧重于高淀粉的食物转向为高蛋白类食物，饮食观念也经历了从“吃饱”到“吃好”再到“营养滋补”的转变。在高度物质文明的今天，食物的种类非常丰富，营养过剩而造成的“三高”——高血糖、高血脂和高血压，已成为影响人类健康的最突出的问题之一。“营养滋补”已不被认为对食品的最高追求，“保健”一词应运而生。那么，什么样的食品是保健食品呢?

有人提出：“吃四条腿的，不如吃两条腿的；吃两条腿的，不如吃一条腿的；吃一条腿的，不如吃没有腿的”。这是一种诙谐的说法，虽有一定道理，但并不十分正确。有一个排列很说明问题：人、猴、猪、牛、鸡、鱼、虾、昆虫、高等植物、低等植物、食用菌，我们可以清晰地看到，排序靠前的生物，与人体营养成分更为接近，从中我们更容易得到人体所需的营养。也就是说，这个排序中靠前的生物更有营养、更补。但从保健的角度看，人类可以轻而易举地从排序靠前的生物中得到所需的营养，容易引起营养的过度积累，也容易引发人体机能退化；相反，人要分解、消化、吸收和转化与自身的亲缘关系远、DNA 差异大的食物，就需要有更多酶类和更多的机能参与，从而使人体的机能得到锻炼，显得更为保健。食用菌是目前能够商业化开发的生物类食物中，与人的亲缘关系最远的食品，因此无疑是最为保健的食品之一。

食用菌之所以具有营养和保健价值，还在于其营养成分的特殊性。食用菌具有高蛋白质、低脂肪、富含维生素的特点。食用菌子实体的蛋白质含量一般占鲜重的 3%～4%，占干重的 30%～45%，远高于普通蔬菜，且蛋白质中氨基酸的种类齐全，几乎所有的菇类都含有人体不能自身合成而又不可缺少的 8 种必需氨基酸，这些氨基酸在植物性蛋白质食品中含量较低且不全面，故人类需要从动物性食品或菌类食品中摄取，其中食用菌中对人体健康有益的蛋氨酸、胱氨酸等氨基酸的含量高于一般动物性食品。不仅如此，菌类食品含脂肪少，仅占干重的 2%～8%，且为对人体有益的不饱和脂肪酸，如亚油酸、软脂酸和油酸等，能够降低血脂，是动脉硬化病人的理想保健食品。

食用菌还含有多种维生素，如核黄素、硫胺素、烟酸、抗坏血酸、麦角甾醇等，其中 B 族维生素和维生素 D 的含量为普通蔬菜所不及；食用菌中微量元素含量极高，有些矿物质非常独特，比如，灵芝中富含有机锗，能提高血红蛋白的携氧能力，从而提高血液输氧能力，增强人体细胞活性，起到促进人体新陈代谢，延年益寿和美容健体的效果。近年对食用菌有效成分研究最多的是多糖类和三萜类化合物等物质，这些物质能提高人体的免疫能力，起到抗癌、防癌及抗病变的功效；牛樟芝子实体中三萜类化合物高达 200 种以上，具有抗癌、保肝等功效。牛樟芝、灵芝、桑黄等许多食用菌中，还含有丰富的超氧化物歧化酶，即我们常提到的 SOD，可以清除生物体内超氧自由基，具有高抗氧化机能，可延缓细胞衰老，并去除自由基，有效控制活性氧群对人体造成的病变，具有美容和抗癌功效。此外，食用菌中富含的抗生素、核苷酸等是具有一定药效的特殊生理活性物质。因此，人们赞誉食用菌是高蛋白质、低脂肪、低热量、多药效的“保健食品”。

菌类食品不仅仅作为食材被广泛认可，而且因其具有特殊的药用价值，早已被先人列入珍贵药材之列，香菇、木耳、灵芝等多种食用菌的药用价值常见于中国医学典籍中。如据《本草纲目》记载，木耳治痔，治头痛、头晕；食用猪苓能够“开腠理，治淋肿，脚气，白浊带下，妊娠子淋，胎肿，小便不利”等，其功效在于利水渗湿，可养身、利尿。《本草从新》记载，冬虫夏草可保肺、益肾、止血、化痰、止痨嗽。《本草衍义》则认为马勃可治咽喉肿痛，利鼻利喉。

除此之外，香菇能降低血浆中胆固醇含量，预防心肌梗死、高血压、冠心病，香菇中含有的香菇多糖具有防癌、抗癌的作用，双链 RNA 可提高人体免疫力，增强人体抗病能力，还有助于抗艾滋病及延缓衰老。

黑木耳有软化血管、气管，具有清胃、润肺、健脑、通便、治痔功能。银耳具有补肾、润肺、生津、止咳等功能，且对慢性肾炎有一定疗效。双孢蘑菇中的酪氨酸酶可降低血压，核苷酸可治疗肝炎，核酸有抗病毒的作用。茯苓有养身、利尿之功效。猴头能治疗消化道疾病，尤其具有健胃功能。因此，食用菌是一种营养丰富、各种营养成分和含量比较均衡、具有一定食疗作用的保健食品。

目前，我国已开发出多种菇类药物和保健品。发展食用菌保健和药用制品具有极为广阔的前景。

二、生态价值

生产者、消费者、分解者是构成整个生态系统物质循环的三个重要环节，缺一不可。作为生产者（含有叶绿体）的植物和某些低等生物，利用太阳光能、二氧化碳和水，合成有机物质，供给消费者生长发育所需的物质能量，而后分解者必须分解掉由生产者和消费者产生的有机物质——死亡的植物体和动物尸体以及动物排泄物等，将物质能量归还于自然之中，促进生产者进一步吸收和利用。在这个生态链条中，缺少任何一个，都构不成能量循环，生态系统也将不能维持。

食用菌由于其生理特征，无根、茎、叶，不含叶绿素，不能通过光合作用来制造营养物质，依靠寄生、共生或腐生的方式来生存，绝大多数为异养型。在这个物质循环系统中，食用菌扮演的是分解者的角色。食用菌属于分解者中的一个小类群，但是在农业和林业生态环境中扮演重要角色。食用菌分解林木和农作物秸秆的同时，能将废物和对环境有害的有机物转化成全新的有机形态，甚至变废为宝。我国每年产生 6 亿 t 农作物下脚料，如果能够充分利用于食用菌生产，那将引发一场食物革命，缓解粮食危机，同时解决农村生态环境问题。

三、食用菌的其他价值

除此之外，食用菌还有较高的观赏价值，用灵芝、云芝、树舌等与山石树桩一起制作成桩景芝艺、山石芝艺，具有很高的艺术观赏价值。甚至将一些具有观赏价值的菌类直接栽培到容器中，也会成为畅销的产品。在景区栽培长裙竹荪、长根菇、鸡腿菇、高大环柄菇、血红栓菌等，既可观赏，又可采摘，可以使旅游内容更为丰富多彩。

人们已经开始探讨毒蘑菇在农药、家庭卫生、戒毒、镇痛等方面的发展前景，相信在食用菌价值利用方面会有新的进展。

知识三　食用菌产业的发展

一、我国食用菌栽培历史与现状

中国疆域辽阔，国土地形地貌复杂，气候类型繁多，森林、草原植被和土壤种类、生态类型多种多样，为野生食用菌的生长、繁衍创造了良好的生态环境。我国是食用菌开发最早和最多的国家，而且食用菌栽培历史悠久、劳动力充足、纤维素资源丰富、气候适宜、内需大，发展食用菌产业的条件得天独厚。在当今世界广泛栽培的食用菌中，香菇、木耳、金针菇、草菇、银耳、茯苓、灵芝、猪苓等菌类的人工栽培在我国都是最早的。例如，茯苓的栽培起始于南北朝时期；木耳栽培大约在7世纪起源于湖北省房县；香菇栽培起源于浙江的龙泉、庆元和景宁一带，至少有800年的历史；草菇的栽培起源于广东的曹溪南华寺，约有200年的历史，1932年由华侨把草菇的栽培方法带到马来西亚，很快遍及东南亚和北非，所以草菇在世界上有“中国菇”之称；银耳栽培起源于湖北房县，距今已有100多年的历史。

欧洲工业革命后，随着微生物学、真菌学、遗传学、生理学等学科的发展，德国、法国、英国、美国、日本等国家把食用菌的栽培和加工推进到科学化的阶段，并发展成为重要的产业。20世纪初，法国在双孢蘑菇纯种的分离培养方面首先获得成功。1928年日本人森喜作首先分离和培养出香菇纯菌种，结束了由宋代处州（今浙江丽水）人发明的，经历了漫长历史的原木砍花法栽培，开创了香菇段木栽培时代。其后各国开始利用粪草（堆肥）、秸秆、木屑等进行大规模培养食用菌。第二次世界大战后，荷兰、美国、日本等发达国家的食用菌生产趋于工厂化、机械化和集约化。20世纪60年代，欧洲、北美洲的食用菌产量占世界总产量的90%以上。20世纪70年代中国、日本、韩国等食用菌生产发展速度大大超过欧洲和美国，居世界前列。

我国是目前世界上最大的食用菌栽培、加工、贸易与消费的国家。全国有60多个县（市、区）食用菌产值超亿元；约有150个县（市、区）将食用菌作为支柱产业，有从业人员1 800多万，栽培品种60多个，规模生产的有30多种，全国食用菌总产量由1978年的40万t猛增到2012年的2 571.7万t，产值超过1 400亿元，出口创汇24.07亿美元，占到世界总产量的85%以上。我国已建起一批食用菌厂，深加工保鲜的食用菌达10大系列700多个品种，销往国内外市场。

二、食用菌生产的特点

1. 栽培食用菌的原料广、成本低 我国目前用于食用菌栽培的原料很多，可利用工业、农业生产中的各种废料，如棉籽壳、锯木屑、甘蔗渣、农作物秸秆、甜菜渣、沼气渣、木薯渣、废棉、造纸厂的废物残渣、各种酿造工艺的下脚料、畜禽的粪尿、屠宰场及肉类加工厂的废物、水产业的废物，以及食用菌栽培后的废弃基质等。可见栽培食用菌的原料广泛，成本低廉。既能够迅速有效地分解工业、农业生产过程中产生的各种废料，降低环境污染，又能通过能量循环，转化成人类健康食品，提高物质利用率，促进生物循环。因此食用菌栽培是低投入，高产出，变废为宝，化害为利的优质产业。

2. 食用菌的栽培条件相对简单 食用菌的栽培可在自然条件下进行，室内外均可栽培，一般是采用搭建大棚的方式栽培，投资少，效益高。

由于食用菌没有叶绿体，不能进行光合作用，其菌丝生长过程无需光照，只有在形成子实体时需要一定的散射光刺激，非常适合林下间作。可利用北方广袤的白杨树林，进行林下栽培。而且林下间作食用菌成本低，收益高，在资源保护的同时，可将资源优势转化为经济优势和生态优势。发展林下食用菌具有一定发展潜力。

目前，有些食用菌种类还可在人工条件下进行工厂化周期生产，周期短，产量高，一年内可出产多批食用菌食品。

3. 食用菌生长周期短，见效快 一般菌类播种后需数个月后便可生理成熟，进入出菇期。草菇生产周期最短，播种后20～30d可开始采收。一年可多次栽培，提高了设备、场地的利用率。食用菌是一个“短平快”的项目，为农村短时间内改变经济状况提供可能。

4. 食用菌栽培可促进山区经济的发展　食用菌栽培所需场地小、投入低、效益高、易操作，故可在贫困山区大力发展，利用山区的部分林木资源和剩余劳动力，进行香菇、木耳、银耳等食用菌栽培。将林木转化为高蛋白质的食品，由原来价值低廉的、不便运输的资源性产品转化成高附加值的、便于外运的产品。食用菌栽培成为资源和劳动力就地增值的手段，容易被经济和交通不发达地区的农民所接受。

5. 食用菌产业可促进国家经济增长　食用菌产业是我国正在崛起的一个新兴产业。统计结果显示，2012 年中国食用菌产量为突破 2 000 万 t，占世界总产量的 85%以上，出口量占亚洲出口总量的 80%以上。

食用菌栽培产业的发展不仅能够有效带动关系产业的兴起，而且能够促进地方经济乃至全国经济的健康发展，是循环经济中的重要节点。

三、食用菌与农业资源利用

食用菌生产需要消耗大量有机质，尤其是木腐型食用菌的发展对林业生产造成一定的压力，如果处理不当，也会造成生态问题。必须采用合理用林的生产方法，正确处理好森林资源保护和开发利用的关系，以及正确处理近期效益与远期效益的关系，决不能以破坏森林资源、牺牲生态环境为代价来换取短期的经济增长，只有这样才能保证森林生态系统的良性循环，同时又生产出食用菌产品，繁荣了山区经济，促进贫困山区的经济发展。对于利用森林资源的木腐菌而言，在一定蓄积量前提下，通过调查，掌握当地的生长系数并计算出年生长量，再根据年生长量客观实际地安排食用菌生产量。要求做到林木长大于消，山林永续利用，促进食用菌产业与林业和谐发展。

我国年产秸秆类农业废料 6 亿 t，林业废料 1 亿 t，畜牧业废料 3 亿 t，作为原料可供生产鲜食用菌 3 亿～5 亿 t，而目前我国年食用菌生产量仅约为 2 000 万 t。因此，食用菌产业发展的潜力十分巨大。发展食用菌产业也是解决农、林、牧业废料再利用、保护生态、发展农村循环经济的重要途径。

生物多样性是现代生态农业所竭力维护与追求的目标。把食用菌生产和植物生产及动物生产一起进行，构成综合利用系统，将具有深远的意义。在某种意义上，食用菌栽培是农业生产综合利用、生态系统局部重建的重要措施，目的是挖掘有机物质的利用途径、提高利用效率，生产人类赖以生存的食物和药物，改善生活环境，保持生态平衡。

食用菌栽培技术的发展，其培养料的研究与利用是重要基础。现在可人工栽培的食用菌为草腐菌与木腐菌，前者主要以农作物秸秆及畜禽类粪便为主料，后者主要以林业木材、竹材加工业等工业的废弃物为其生长繁衍的基质。由于菌丝体分泌的水解酶及氧化酶高效率降解有机物，它们生产蛋白质的生物学效率高于动、植物，而且成本低，占地甚少，生产食用菌之后的培养料又可为动物和植物提供丰富的饲料和有机肥料。这种资源再生和重新利用是生态农业的重要功能，也是食用菌栽培技术发展的前景。研究食用菌栽培在生物圈和食物链中的作用，是一项造福于人类的重要生物技术工程。

通过近 20 年来利用各种代用料培养食用菌所取得的良好效果分析，可以得出一个结论，在培养料的采用上，可以打破木腐菌与草腐菌的界限，如草菇是典型的草料腐生菌，用棉籽壳及废棉栽培与草料栽培相比，其生物学效率可成倍提高，但存在风味差的缺点。平菇、木耳是典型的木料腐朽菌，用稻草或甘蔗渣等培养栽培，其生产效果良好。可预料，加深菇类营养代谢生理的研究，也会扩大可利用原料的范围。通过相互搭配，可以不断改进代用料配方的合理性，提高菇类的产量，改善其质量，并保持其独特的风味。

四、产业发展趋势

食用菌栽培所建立的生物多样性人工生态系统，近年来受到了较大的重视。从单一菇种的生产到多菇种周年性组合生产，乃至菇菜、菇蔗、菇稻、菇棉套种，这种利用多层次结构配置来达到生物多样性与经济效益相结合的目的，是食用菌栽培的一个进步，对食用菌生产的外延发展和产业交叉组合具有重要的实用价值。

集约经营、规模生产是目前的主要发展方式，一些单家独户、小规模生产方式的菇农，在规模效益的驱使下，发展成为企业、合作社和其他方式的业主，由此又促进了对机械的需求，机械化程度有了较快的提高。而在城市郊区，以标准化生产、机械化操作和人工气候为特征的工厂化生产，标志着食用菌生产已向一个更高水平发展。

除规模化、工厂化生产外，食用菌加工是近年发展速度最快的行业之一。食用菌加工就是指人们以食用菌为原料，根据它不同的理化性质，采取不同的工艺措施，制成各种各样营养卫生、色鲜、味美且耐保存的食品的过程。基于食用菌品种多样，又便于系列加工，所以食用菌加工项目极其繁多，有保鲜品、干制品、腌制品、罐制品、糖制品、饮料、各式食品、医药制品、农药制剂，另外还有工艺品和美容用品等。

食用菌产品的开发与发展，不仅可以丰富社会产品，延长工艺时间，调节地域差异，活跃城乡市场，满足广大人民生活和生产的需要，促进饮食、旅游、外贸等相关行业的繁荣，增加出口创汇，而且可以消化剩余产物，扩大就业门路，有利于调整产业结构，解决内部比例失调问题和稳定社会秩序。

19 世纪，以绿色植物为背景的绿色革命将生物农业的水平向前发展了一大步；20 世纪，以蓝色海洋为背景的蓝色革命，推动了生物农业的纵深发展；已经到来的 21 世纪将发生什么样农业革命呢？早在 20 世纪，很多专家推测，21 世纪，在生物农业领域，将发生以白色菌丝为背景的白色革命。这些年食用菌产业的发展态势，似乎印证了专家们的预测。

可以预见，食用菌产业在今后若干年内，仍将是一个方兴未艾的朝阳产业，具有广阔的发展前景。

知识四　如何学好食用菌

第一，要对食用菌建立浓厚的兴趣，树立从事食用菌产业的志向；在学习过程中，先对食用菌有一个初步的了解，包括产业概况、食用菌栽培历史、食用菌的营养价值等。第二，要掌握一定的食用菌的基础知识，包括食用菌的生物学地位、形态特征、食用菌栽培的营养和环境条件等。第三，要掌握食用菌栽培的关键步骤和关键点，如菌种的制备、常见品种的认知，有条件的学校要尽可能地多动手实践，掌握各级菌种的制作、培养料处理、灭菌、接种、培菌和出菇管理等整个过程，多去菇棚、工厂参观与实习，多向菇农和技术人员学习。要知道每个技术环节都是有诸多变化，不能照本宣科、死记原理。比如，知道某种食用菌对光、温、水、气、酸碱度的需求还是不能解决问题的，还要知道具体某个品种、某个栽培阶段、某种栽培工艺的特殊要求，又比如书本上强调香菇出菇管理需要有一定散射光，但这也不是一成不变的，当采用花菇品种和花菇栽培模式时，光照需要大大的加强，甚至需要阳光直射，才可以长出高质量的花菇。很多相关知识还得从实践中逐渐认识、巩固和提高。

大学学习时间和课时有限，要掌握多种菇类的生产是有困难的，建议先着重学习两种木腐型菇类和两种草腐型菇类，然后举一反三。每种菇、每个品种各具特点，但原理是相通的。

今后从事食用菌栽培过程会遇到书本上没有明确答案的难题，应多从物种进化的角度和野生状态去分析，因为每种菇都是从大自然进化而来的，带有稳定的遗传特性。比如，如何理解食用菌菌丝生长不需要光照这个特性，这是因为，在野生状态下，食用菌的菌丝都生长在木头或泥土或草丛中，这个营养生长过程都是在无光照或弱光照状态下进行的，再说，食用菌菌丝没有叶绿体，不能进行光合作用，所以在栽培过程尤其是菌丝培养过程中一般要注意遮光；而子实体大多都生长在暴露的空气中，往往有一定的散射光照刺激。这种习性在亿万年的进化过程中被固定下来，我们在栽培管理中，就要尽可能制造出与其接近的环境，才能满足食用菌的生理要求。

练习与思考

1. 什么是食用菌?

2. 试述食用菌的营养保健价值。

3. 有人说，食用菌栽培需要消耗大量林木资源，因此，食用菌产业应严加限制，你如何看待这个问题?

4. 谈谈发展食用菌生产的意义。

项目二　食用菌生物学基础

知识一　食用菌的形态结构

在现代分类学中，食用菌是微生物的一部分。狭义的食用菌属于真菌门，担子菌纲或子囊菌纲。所谓担子菌是指有性孢子外生在担子细胞外的菌类。子囊菌是指有性孢子内生子囊细胞内的菌类，如羊肚菌。目前栽培的食用菌大部分是担子菌纲的菌类，包括银耳目的银耳、黑木耳，多孔菌目的猴头菌和伞菌目的香菇、草菇等。在担子菌纲中又以伞菌目的种类最多，资源比较丰富。因此，本教材着重以伞菌为例，介绍一般食用菌的形态结构。

食用菌的基本组成

食用菌种类繁多，千姿百态，形态各异，但无论是野生的，还是人工栽培的食用菌，都是由菌丝体和子实体两部分组成的。

菌丝体：是无数纤细的菌丝交织而成的丝状体或网状体，一般呈白色绒毛状，生长于基质内部，是食用菌的营养器官。主要功能：分解基质，吸收、转化并输送营养和水分，供子实体生长发育需要。

子实体：是真菌进行有性生殖的产生孢子的结构，俗称菇、蕈、耳等，其功能主要是产生孢子，繁殖后代，也是人们主要食用的部分。

一、菌丝体的形态结构

菌丝体是由无数纤细的单根管状菌丝细胞组成的丝状物，是食用菌的营养器官。在显微镜下，菌丝透明，多细胞，有似竹节状横隔，各节相通，粗1～10μm。菌丝依靠尖端细胞不断分裂和产生分支而伸长、壮大。菌丝细胞不仅能分泌各种胞外水解酶，降解基质中的有机物质，还具有吸收、输送水分和营养物质的功能，其作用类似植物的根、茎、叶。菌丝由孢子萌发产生，按其发育过程和生理作用可以分为三种类型：

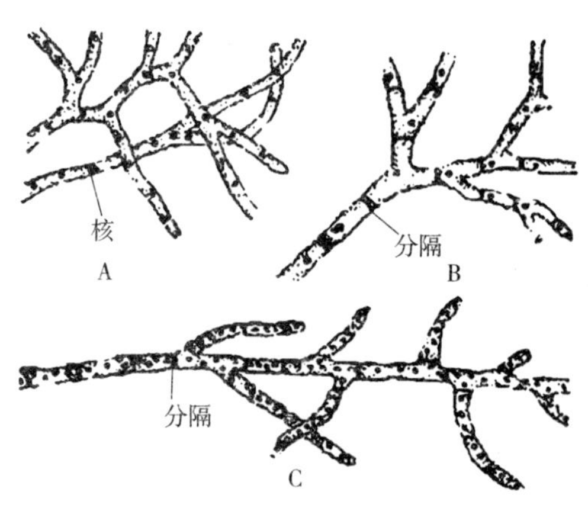

图 2-1　菌丝的分隔状态

A. 无隔单核　B. 分隔单核　C. 分隔多核

（王德芝，张水成. 2007. 食用菌生产技术）

初生菌丝

1. 初生菌丝　又称为一次菌丝，由担孢子萌发后产生。担孢子开始萌发时，菌丝细胞多核（图 2-1），而后产生隔膜，分隔成许多单核细胞，因此我们也常称之为单核菌丝或一次菌丝。初生菌丝不能形成子实体，初生菌丝在食用菌生活史中存在的时间很短，主要依靠贮藏在孢子中的营养生长。初生菌丝之间很快地互相交接，形成次生菌丝。

2. 次生菌丝　也称为二次菌丝，比初生菌丝粗，呈绒毛状，是食用菌菌丝的主要存在形式。次生菌丝是由两条初生菌丝经过质配而形成的菌丝，含两个核，又称为双核菌丝；双核菌丝是大多数担子菌的基本菌丝形态。只有双核菌丝才能形成子实体。在特定情况下，也有含多个核的次生菌丝，称为多核菌丝。人工播种用的菌种及培养料中的菌丝，主要由次生菌丝组成，次生菌丝发育到一定阶段，在适合环境条件下，可结成子实体。

次生菌丝

双核菌丝的顶端细胞常发生锁状联合，担子菌中许多种类的双核菌丝都是靠锁状联合进行细胞分裂的。锁状联合产生过程：先在双核菌丝顶端细胞的两核之间的细胞壁上产生一个喙状小突起，似极短的小分支，分支向下弯曲，其顶端与细胞的另一处融合，在显微镜下观察，恰似一把锁，故称锁状联合。与此同时，发生核的变化，首先是细胞的一个核移入突起内，然后 2 个核各自进行有丝分裂，形成 4 个子核，2 个在细胞的上部，1 个在短分支内。这时在锁状联合突起的起源处先后产生了 2 个隔膜，把细胞一隔为二。突起中的 1 个核随后也移入后 1 个细胞内，从而构成了 2 个双核细胞（图 2-2、图 2-3）。

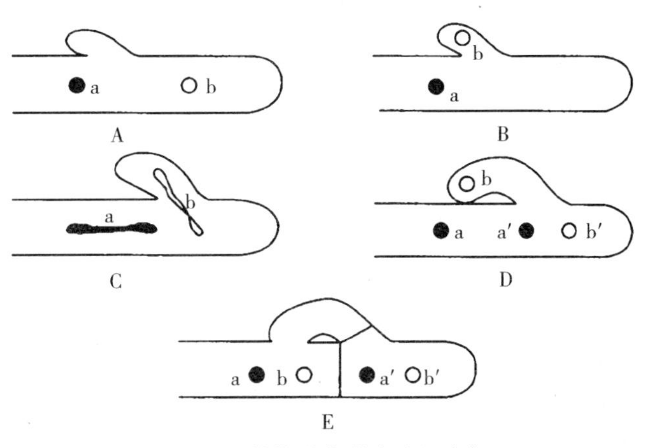

图 2-2　锁状联合形成过程示意
A. 双核菌丝　B. 核移动　C. 核延长　D. 核分裂　E. 隔膜的形成与融合

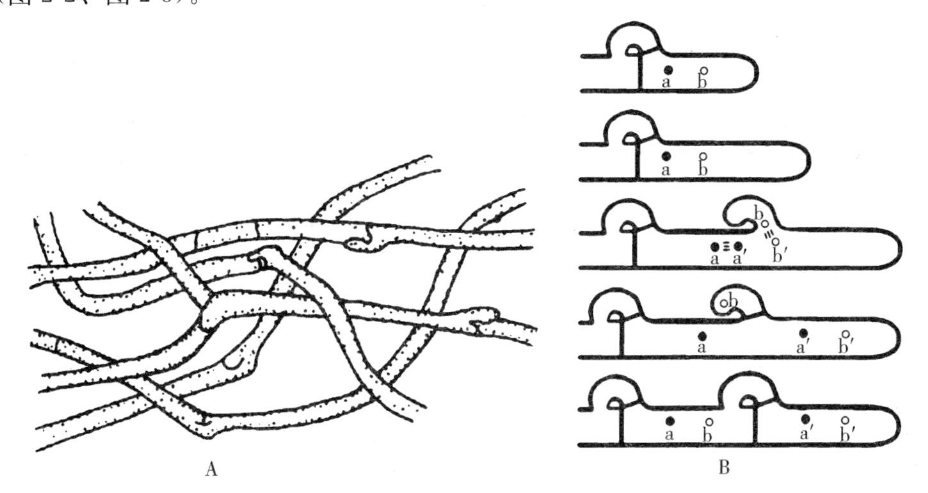

图 2-3　具有锁状联合的菌丝体示意
A. 菌丝体上锁状联合的痕迹　B. 锁状联合形成的新细胞
（王德芝，张水成 . 2007. 食用菌生产技术）

3. 分化菌丝　也称为三次菌丝，由次生菌丝分化而成。例如形成子实体的菌丝，其结构细密，高度组织化，已不能吸收营养，只具有输送养料和支撑生长的作用。此外，食用菌采收后菌柄基部的须状物也是分化菌丝。

二、特化的菌丝

真菌菌丝在长期繁衍进化过程中，对不同的生长环境已具有较高的适应能力，从而产生各种不同的菌丝形态及结构。

菌丝体特殊形态

1. 菌丝束 在人工培养过程中，菌丝达到生理成熟或处于栽培后期时，菌丝相邻部分的平行菌丝便互相扭结成束状，与菌索相似，但没有甲壳状外层，具有输送营养的作用。

2. 菌索 有些食用菌的菌丝缩合，形成似绳索状的菌丝组织体，即菌索。菌索顶端部分为生长点，可不断延伸，长数厘米到数米不等。菌索表面由排列紧密的菌丝组成，常角质化，对不良环境有较强的抵抗力。当环境条件适宜时，菌索可进一步生长发育成子实体，典型的如蜜环菌。菌索具有输送养分的作用，如药用天麻的发育就是依靠蜜环菌菌索输送养分。

3. 菌核 是由菌丝密集而成的休眠体，质地坚硬，色深，大小不一，多呈不规则的块状、瘤状或球状，一般呈深褐色乃至灰褐色。菌核外层为坚硬的皮壳，可以抵御不良环境，条件适宜时可再萌发出菌丝，再生能力强，可以作为菌种分离的材料或作菌种使用。如茯苓、猪苓等。

4. 子座 子座可以由菌丝体组成，也可以由菌丝体和部分营养基质相结合而形成。子座形态不一，食用菌的子座多为棒状或头状。如冬虫夏草。

子实体

三、子实体的形态结构

食用菌子实体是食用菌的繁殖器官，由已分化的菌丝体组成，是可供食用的部分。担子菌的子实体称为担子果，是产生担孢子的部分。子囊菌的子实体称为子囊果，是产生子囊孢子的部分。子实体是由菌丝构成的，与营养菌丝比，在形态上具有独特的变化型和特化功能。子实体形态丰富多彩，千姿百态，不同种类各不相同，有的是伞状（蘑菇、香菇），有的是贝壳状（平菇）、漏斗状（鸡油菌）、舌状（牛舌菌）、头状（猴头菌）、毛刷状（齿菌）、珊瑚状（珊瑚菌）、柱状（羊肚菌）、耳状（黑木耳）、花瓣状（银耳）等，以伞菌最多，可作商品化栽培的食用菌大多为伞菌，这里着重以伞菌为例，子实体由菌盖、菌柄、菌膜、菌环和菌托等组成，其形态如图 2-4 所示。

（一）菌盖

菌盖又称为菌伞、菌帽、菇盖，是伞菌子实体位于菌柄之上的帽状部分，是主要的繁殖结构，也是食用的主要部分。

1. 菌盖的形状 菌盖的形状是真菌分类依据之一，不同真菌的菌盖形状不同，但大多数食用菌的菌盖呈伞状，但即使同为伞状，其形状也不完全相同。常见的菌盖有钟形、圆形、半圆形、卵圆形、半球形、斗笠形、圆锥形、匙形、扇形、喇叭形、漏斗形等。

2. 菌盖的颜色 菌盖的颜色多种多样，有红色、黄色、绿色、紫色、白色、灰色、褐色等。菌盖的颜色是种、属的重要特征之一，但是子实体菌盖的颜色也不是一成不变的，会因为生长环境的变化和生长阶段的不同而有所差异，并且同一种系不同品种间也会有颜色差异。

3. 菌盖的表面特征 菌盖表面大多数为光滑的，有的干燥，有的湿润黏滑；或有皱纹、条纹、龟裂等；有些表面粗糙具有纤毛、从毛鳞片、颗粒状鳞片、块状鳞片、角锥鳞片和龟

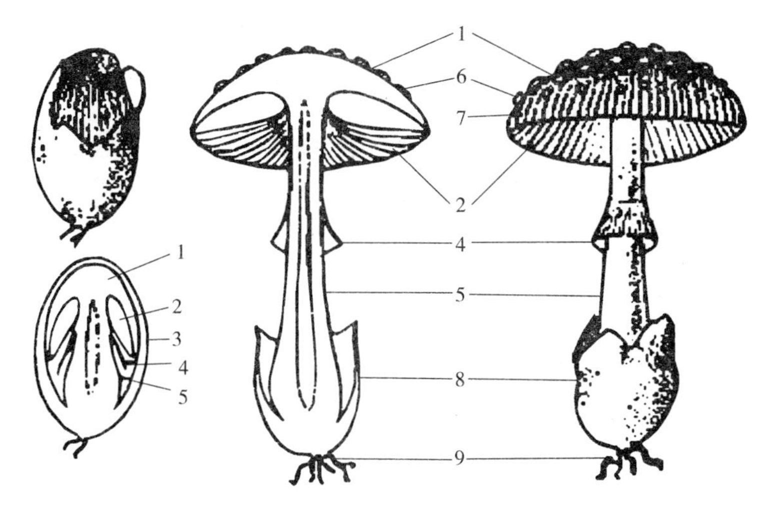

图 2-4　食用菌子实体形态特征
1. 菌盖　2. 菌褶　3. 苞（菌托）　4. 菌环　5. 菌柄　6. 鳞片　7.. 条纹
8. 菌托　9. 菌丝索
（王德芝，张水成．2007. 食用菌生产技术）

裂鳞片等。同形态颜色一样，均为种、属特征，是分类依据之一。

4. 菌盖的组成　菌盖由表皮、菌肉和产孢组织——菌褶和菌管组成。菌盖表皮为角质层，位于菌盖最外层，其下方为菌肉。菌肉是菌盖的实体部分，具有较高的营养价值，绝大多数的菌肉为肉质，少数为胶质、蜡质和革质等。有些菌肉受伤后会变色，此为重要的分类依据。

产孢组织——菌褶和菌管是菌盖的另一重要组织。菌褶是指担子菌类伞菌子实体的菌盖内侧的片状或皱褶部分，在每个菌褶的横截面两侧有子实层。由子实层基部向外再产生栅栏状排列的担子和囊状体。担子上一般着生 2～4 个担孢子。子实层由担子、担孢子和囊状体三者组成。

菌管是一种特殊的菌褶，由菌褶变态而来，密集竖状排列在菌盖下，外观似蜂窝状。菌管形状有圆形、多角形、复管形等，其子实层沿菌管孔内壁整齐排列，颜色不一，有的种类伤后变色。多见于牛肝菌科和多孔菌科。

（二）菌柄

菌柄又称为菇柄、菇脚。菌柄位于菌盖下方，上部与菌盖相连，下部着生于培养基质上。菌柄的主要作用是支撑菌盖生长，并作为通道将培养基中的水分和养料输送给菌盖；菌柄多呈圆柱形，有个别种类变粗、基部延长呈假根状；颜色、长短、形状因种类而异。

菌柄表面有光滑、条纹、网纹等特点，或有鳞片、绒毛、纤毛等；菌柄内部分为实心、空心、半空心等；质地有肉质、蜡质、脆骨质、纤维质等；根据菌柄在菌盖上着生的位置可分为中生、偏生、侧生等。

四、子实体的发育类型

这里以伞菌为例介绍子实体的发育类型。

1. 原基　食用菌菌丝体的生长发育达到生理成熟后，在内外因素的作用下，尤其是在环境温度降低的影响下，表皮层内形成密集的组织化菌丝体团束，这是子实体的原始形态，俗称原基。它的出现标志着食用菌由菌丝体的营养生长阶段转入子实体的繁殖生长阶段。原基由菌丝体聚集而成，着生于菌丝束上，体态很小，颗粒状，肉眼可见，似米粒状，白色，单生、散生或群生。组织内部尚无菌盖、菌柄等器官的分化，发生时数量较多，对外界的影响敏感，抗逆性差，只有少数生长势较强的个体，才能最终发育成为成熟的子实体。

2. 菇蕾　原基进一步分化形成菇蕾，剖开观察，其已具有菌盖、菌柄的雏形，子实层内部组织刚刚发育。

3. 幼菇　食用菌的各部分组织器官已完全分化，但尚未发育成熟，菇盖长速已接近或超过菌柄。此时，菌柄逐渐增粗，菌盖迅速长大，并由球形变成半球形。食用菌群体在此阶段由于受生长空间等的限制，只有生长势强的个体可以发育长大，其余个体则停止生长并萎缩变褐色而死亡。

4. 初熟菇　幼菇长到一定大小时，菌盖与菌膜逐渐分离，但菌膜还未破裂。此时，食用菌子实体已达到初熟，菌盖半球形或扁半球形。初熟子实体组织紧实、质嫩，菌盖不开伞，和菌柄紧贴在一起，没有间隙。

5. 成熟菇　随着子实体的进一步生长发育，菌盖变薄，菌膜拉大破裂，白色或粉红色或浅黄色的菌褶清晰可见，随即开伞至展平，盖缘上卷。褐色担孢子大量弹落，菌褶随之变褐黑色。菇质下降，采收稍迟即很快失水萎缩或软腐死亡。

知识二　食用菌繁殖方式及生活史

食用菌的繁殖方式分为无性繁殖和有性繁殖。无性繁殖是不经过两性细胞的结合，由菌丝直接进行细胞分裂产生新的细胞和组织，或产生无性孢子（如分生孢子、芽孢子、厚垣孢子、粉孢子等）的过程。有性繁殖是经过两性细胞的结合，期间要经过质配、核配及减数分裂三大步骤，产生有性孢子（担孢子或子囊孢子）的过程。

食用菌的生活史，就是食用菌一生所经历的生活周期，是指从孢子到孢子的整个生长发育过程。即孢子在适宜的条件下萌发，形成单核菌丝，单核菌丝融合形成双核菌丝，当双核菌丝发育到生理成熟阶段，菌丝扭结发育成子实体，子实体产生新一代孢子，至孢子散落而完成整个生活史的过程。

为了更清楚地表述整个生活史过程，这里以担子菌为例，介绍担子菌生活史的几个阶段：

1. 担孢子萌发成单核菌丝体　担孢子萌发即生活史的开始。孢子萌发要有充足的水分、一定的营养、适宜的温度、合适的酸碱度、充足的氧气等。孢子萌发形成单核菌丝，单核菌丝体能独立地、无限地进行繁殖，但一般不会形成子实体。有些食用菌的单核菌丝还会产生粉孢子或者厚垣孢子等来完成无性生活史。

2. 双核菌丝的形成　两条交配的单核菌丝在有性生殖上是可亲和的，而在遗传性质上是不同的。两个单核菌丝进行质配后，形成新的菌丝，每个细胞都有两个核，称为双核菌丝。双核菌丝细胞的横膈膜处通常产生锁状联合。双核菌丝能独立地和无限地进行繁殖，具有产生子实体的能力。有的食用菌的双核菌丝还可形成无性孢子，如银耳能形成芽孢子、节孢子；香菇、草菇能形成厚垣孢子；毛柄金钱菌能形成分生孢子。这些无性孢子在环境条件适宜时，又能萌发成双核菌丝或单核菌丝（由无性的单核孢子萌发）。

3. 子实体的形成 在适宜条件下，双核菌丝体进一步分化、发育形成组织化的双核菌丝体，称为三次菌丝或结实性双核菌丝体，再互相扭结形成极小的子实体原基。原基一般呈颗粒状、针头状或团块状，内部没有器官分化。原基进一步发育成菇蕾，菇蕾有菌盖、菌柄、产孢组织等器官的分化，菌蕾再进一步发育成成熟的子实体。

4. 有性孢子的形成 在子实体发育成熟时，在菌褶或菌管处形成子实层，子实层中的部分细胞，在双核菌丝末端发育成棍棒状的担子细胞，进一步产生有性的担孢子。其发育过程是：担子细胞中的 2 个单倍体核发生融合，进行核配，成为 1 个双倍核；双倍核随即进行减数分裂，结果是染色体减半，双方的遗传物质重组和分离，形成 4 个单倍体核；4 个单倍体核分别形成担孢子。当环境条件适宜时担孢子弹射、萌发，又开始新的生活周期。

知识三 食用菌的营养

一、食用菌的营养类型

根据自然状态下食用菌营养物质的不同来源，或者食用菌获取营养的不同方式，可将食用菌分为腐生、共生、寄生三种不同的营养类型。

（一）腐生

腐生是指从动、植物的残体上或无生命（已死亡的细胞）的有机物质（如木屑、麦麸）等获取营养以维持自身的代谢方式。腐生包括专性腐生和兼性腐生。腐生性食用菌能够分泌各种胞外酶和胞内酶，分解已经死亡的有机体，从中吸收养料。根据其所适宜分解的植物残体不同和生活环境的差异，腐生性食用菌可分为木腐型（木生型）、土生型和草腐型（粪草生型）三个生态类群。

1. 木腐菌 也称为木生菌，在自然界主要生长在死亡的树木、树桩、断枝或活立木的死亡部分，从中汲取营养，导致木材腐朽。如香菇、木耳等。

2. 土生菌 虽然这个类型的菌类营养最终也是来自动、植物的有机质，而不是土壤，但是这些菌类需要在覆土的条件下才能正常生长，这可能需要与土壤中的其他杂菌有一个共生过程，或者需要土壤特定环境条件，故归为土生菌中。

3. 草腐菌 也称为粪草生菌，主要生长在腐熟的堆肥、厩肥、腐烂草堆或有机废料上，如草菇、双孢蘑菇等。

目前商业性栽培的食用菌几乎都是腐生性菌类。其中木腐菌占很大一部分比例，根据所有木腐菌对木材组分的降解和营养方式，主要分为褐腐和白腐两类。

（1）褐腐。褐腐菌的菌丝主要利用木材中的纤维素和半纤维素，对木质素降解能力减弱。经腐食后的木材呈蜂窝状、片状或粉状，强度大大减弱。褐腐菌代表为茯苓。

（2）白腐。白腐菌则侧重利用木质素。被腐食后的木材呈淡黄色至白色，海绵状，质软。其代表为多孔菌科。

在腐生食用菌中，既有属于白腐的，又有属于褐腐的，两者兼顾。如香菇则以白腐为主，褐腐兼备。

（二）共生

共生是指两种不同生物之间所形成的紧密互利关系。动物、植物、菌类以及三者中任意两者之间都存在“共生”。在共生关系中，一方为另一方提供有利于生存的帮助，同时也获得对方的帮助。菌根真菌和植物形成的菌根之间就存在生理上的共生关系。菌根真菌菌丝可以分解转化土壤中的有机物，提高矿物质的溶解度，促进植物根系对矿质元素的吸收，并且可通过菌索、外延菌丝远距离输送水分和营养，菌丝在植物根系表面形成致密的保护套，起到天然的屏障作用，可防病、抗病；菌根真菌的菌丝则可以从植物内部获得充足的碳源、氮源及生长所需的营养物质。

陆地上 90%的植物可与菌根真菌形成菌根，已知有 8%的大型真菌可与植物形成共生体系。能够和植物形成菌根，并形成子实体的真菌称为菌根菌。如牛肝菌、松乳菇、口蘑、大红菇等。

（三）寄生

寄生即两种生物在一起生活，一方受益，另一方受害，后者给前者提供营养物质和居住场所，这种生物的关系称为寄生。寄生又分为专性寄生、兼性寄生和兼性腐生。例如：虫草菌侵染鳞翅目蝙蝠蛾幼虫，从幼虫身上吸收养分，并在其体内生长繁殖，使幼虫僵化，形成虫草的复合形态结构。

二、营养物质

摄取营养的方式不同，营养物质的来源也不同，但对营养物质的需求却基本相同，大致包括碳源、氮源、矿质元素及生长因子四大类营养物质。

（一）碳源

凡用于构成细胞物质或代谢产物中碳素来源的营养物质，统称为碳源物质或碳源。碳源的主要作用是构成细胞物质和提供生长发育所需有能量。碳源是食用菌需求量最大的营养物质。

食用菌在营养类型上是属于异养型生物，所以不能利用二氧化碳、碳酸盐等无机碳这碳源，只能从现成的有机物中吸收碳素营养。单糖、低分子醇类和有机酸多可被直接吸收利用。淀粉、纤维素、半纤维素、果胶质、木质素等高分子碳源，必须经菌丝分泌相应的胞外酶，将其降解为简单化合物后才能被吸收利用。

母种培养基的碳源，主要是葡萄糖、蔗糖等；用作栽培生产的养料主要是富含纤维素、半纤维素、果胶质和木质素的原料，如锯木屑、棉籽壳、稻草、玉米秸秆、麦秸等。近年来，美国、日本在厩肥、木屑等培养料中添加 1%～5%的亚油酸、棉籽油和动物油脂（经乳化处理），对提高栽培产量有促进作用。

（二）氮源

凡用于构成细胞物质或代谢产物中氮素来源的营养物质，统称为氮源物质或氮源。氮源是食用菌合成核酸、蛋白质和酶类的主要原料，对生长发育有重要作用，一般不提供能量。食用菌主要利用有机氮，氨基酸、尿素等小分子有机氮可被菌丝直接吸收，而大分子有机氮则必须通过菌丝分泌的胞外酶，将其降解成小分子有机氮肥才能被吸收利用。生产上常用的有机氮有蛋白胨、酵母膏、尿素、豆饼、麦麸、米糠、黄豆饼和畜禽粪便等。

食用菌虽然能够利用无机氮，但一般生长缓慢，而米糠、麦麸、豆饼粉、棉籽饼粉、蚕蛹粉和马粪等都是良好的氮源。氮源的多少对食用菌菌丝的生长、子实体的形成和发育有很大的关系。

培养基中氮的浓度对食用菌的生长发育影响较大。营养基质中的碳、氮浓度要有适当比值，称为碳氮比（C/N）。不同的食用菌、不同品种和不同的生长发育阶段对碳氮比的要求有一定的差异。菌丝生长阶段要求含氮量较高，以碳氮比（15～20）∶1为宜，含氮量过低，菌丝生长缓慢；子实体发育阶段要求培养基含氮量较低，以碳氮比（30～40）∶1为宜，含氮量过高，则抑制子实体的发生和生长。不同菌类对最适碳氮比的需求不同。双孢蘑菇菌丝体生长阶段要求的碳氮比为17∶1。

（三）矿质元素

矿质元素是食用菌生命活动不可缺少的营养物质，其主要功能是构成菌体的成分，作为酶或辅酶的组成部分，或维持酶的活性，以及调节渗透压、氢离子浓度、氧化还原电位等。

食用菌在生长发育过程中需要的矿质元素有磷、硫、钾、钙、镁、铁、钼、锰、锌、钴等。磷、硫、钾、钙、镁等元素在培养基中的适宜浓度为100～500μg/L，为大量元素，而铁、钼、锰、锌、钴等元素的需要量甚微（千分之几毫克），为微量元素。在生产中，一般主要添加磷、硫、钾、钙、镁等元素，可向培养料中施加适量的磷酸二氢钾、磷酸氢二钾、石膏、硫酸镁、碳酸钙等来满足食用菌的需求，以增加产量；而铁、钴、锰、钼、锌等元素在河水、井水、自来水中就有，不必另外添加，但制备合成培养基时必须注意添加。

1. 磷 磷（P）是构成食用菌细胞中主要物质核酸、磷脂或辅酶等的组成元素。磷可参与代谢转化中的磷酸化过程，生成高能磷酸化合物，在高能磷酸键中贮存能量。磷酸盐还是重要的缓冲剂之一。食用菌利用磷的形式一般是磷酸盐，如磷酸二氢钾、磷酸氢二钾、肌醇六磷酸钙镁、磷酸甘油酸钠等。

2. 硫 硫（S）是构成食用菌细胞的重要组成成分，如胱氨酸、半胱氨酸、甲硫氨酸、生物素、硫胺素、硫辛酸、辅酶Ⅰ、环化胆碱硫酸、含硫或巯基的酶等的组成元素。食用菌能利用的含硫化合物包括硫酸钙、硫酸镁、硫酸锌、含硫氨基酸、烷基磺酸盐等。

3. 镁 镁（Mg）主要影响酶系统的活性，是己糖磷酸化酶、异柠檬酸脱氢酶、肽酶、羧化酶以及与磷酸代谢有关的酶的激活剂。镁在细胞中还起着稳定核糖、细胞膜和核酸的作用。镁一般由镁的硫酸盐提供，真菌对镁很敏感，浓度过高也会造成镁中毒。

4. 钾 钾（K）是许多酶的激活剂，钾对糖代谢有促进作用，钾还可以控制原生质的胶态和细胞膜的通透性。磷酸二氢钾、磷酸氢二钾等除了可以作为钾源以外，还对调节和稳定pH起重要的作用。

5. 钙 钙（Ca）是某些酶的激活剂，对维持细胞蛋白质的分子结构有一定作用，还与控制细胞的透性有关。食用菌的钙素来源为各种水溶性的钙盐。

6 微量元素 铁、钴、锰、锌等微量元素对食用菌的生理作用也很重要。铁是细胞色素氧化酶、过氧化氢酶、过氧化物酶的辅酶铁卟啉的组成成分，在氧化还原反应中具有传递电子的作用，铁还是乌头酸酶的激活剂；锰是多种酶的激活剂，也是黄嘌呤氧化酶的组成成分，还参与羧化反应；钴是维生素B_{12}的成分；铜是多酚氧化酶和抗坏血酸氧化酶的组成成分，也是硝酸还原酶的必需因子。此外，硼、锌等微量元素对食用菌的生长也具有一定的影响。

（四）生长因子

生长因子又称为生长因素，是指菌体本身不能利用简单物质合成而必须靠外源提供才能维持正常生理功能的物质。这是一类微量有机物，包括维生素、核酸、碱基、氨基酸、植物激素等生长因子。这类物质用量甚微，作用却很大，按照化学成分和生理功能可分为三类：一是氨基酸，是蛋白质的组成成分；二是嘌呤和嘧啶，是核酸的组成成分；三是维生素，包括多种有机化合物，它们是某些酶的辅基或活性中心。

马铃薯、麦麸、米糠、麦芽和酵母中都含有丰富的维生素，用这类原料配制培养基时就不必另外添加维生素。维生素不耐高温，在120℃以上时易被破坏，因此在培养基灭菌时须防止温度过高。

知识四　食用菌的生态环境

除营养条件外，影响食用菌生长与发育、传播与繁衍的主要因素还有理化因素和生物因素两大类。理化因素包括温度、水分和湿度、氧气和二氧化碳、光照条件、酸碱度，简化为光、温、水、气、酸碱度五大因子。生物因素包括食用菌生物环境中的微生物、植物以及动物等，其中有些是有益的，有些则是有害的。

一、食用菌生长的理化环境

（一）温度

1. 食用菌对环境温度的反应规律　温度是影响食用菌生长发育的重要环境因素。在一定温度范围内，食用菌的代谢活动和生长繁殖随着温度的上升而加快。当温度升高到一定限度，开始产生不良影响时，如果温度继续升高，食用菌的细胞功能就会受到破坏，以致造成死亡。

各种食用菌生长所需的温度范围不同，每一种食用菌只能在一定的温度范围内生长。各种食用菌按其生长速度可分为三个温度界限，即最低生长温度、最适生长温度和最高生长温度。超过最低和最高生长温度的范围，食用菌的生命活动就会受到抑制，甚至死亡。在最适生长温度范围内，食用菌的营养吸收、物质代谢强度和细胞物质合成的速度都较快，生长速度最高。大多数食用菌最适生长温度一般在20～30℃（草菇等例外）。菌丝体生长的温度范围大于子实体分化的温度范围，子实体分化的温度范围大于子实体发育的温度范围。孢子产生的适温低于孢子萌发的适温。菌丝体耐低温能力往往较强，一般在0℃左右只是停止生长，并不死亡，如菇木中的香菇菌丝体即使在－30℃低温下也不会死亡；草菇的菌丝体在40℃下仍能旺盛生长，5℃时就会逐渐死亡。

食用菌能忍受的极端温度与生长阶段、生长状态和处理方式有很大关系。发菌阶段抗性往往高于子实体生长阶段，温度骤变容易损伤菌丝体或子实体，而经过特殊处理，很多食用菌菌丝能在－196℃和液氮中保藏多年。

子实体发育温度是指气温，而菌丝体温度和子实体分化温度，则指的是培养料的温度。

因此，在食用菌的生产过程中，可以通过对温度的调节，来促进食用菌的生长，抑制或杀死有害杂菌，保证食用菌的稳产高产。

2. 食用菌的温度类型　根据子实体形成所需要的最适温度，将食用菌划分为三种温度类型：低温型子实体分化的最高温度在24℃以下，最适温度在20℃以下；中温型子实体分化的最高温度在28℃以下，最适温度在20～24℃；高温型子实体分化的最高温度在30℃以上，最适温度在24℃以上。

根据食用菌子实体分化时对温度变化的反应不同，又可把食用菌分为两种类型：恒温型与变温型。变温对子实体分化有促进作用的食用菌，为变温结实型菌类，如香菇、平菇、金针菇，反之为恒温结实型菌类，如草菇、黑木耳、猴头菇、灵芝等。

在食用菌子实体形成过程中，通过人工调控，增加温差，有利于变温结实型菌类的生长发育，同样，保持棚内或室内温度的恒定，有利于恒温结实型菌类和子实体形成。如果不注意食用菌的温度类型，容易造成食用菌子实体生长发育受阻，对产量和质量造成严重影响。

3. 温度调节的手段　由于不同类型、不同品种及不同管理时期食用菌对温度有着特殊的要求，首先要在栽培季节上进行合理安排，使食用菌不同的发育时期能在相适应的季节进行。比如，南方秋季的气温比较适合一些食用菌的菌丝生长，而冬季和春季比较适合子实体生长发育，所以，很多菇类安排在早秋接种，深秋到次年春天为出菇期。其次，通过不同温度类型的品种和不同的地理位置的选用，也可以使食用菌与其栽培环境温度更为适应。

除此之外，目前生产上常依靠一定的栽培设施，通过人工干预进行温度的管控，达到反季节栽培或延长栽培季节，如棚膜与厂房的调节、生物能利用、蒸汽、地热、流水调节、空调、红外光、反光膜、防空洞等。

（二）水分和湿度

菌丝体内含有约70%的水分，有的子实体如花菇或灵芝的子实体含水量有时不到50%，而在雨天的黑木耳的含水量可以高达95%。水分是食用菌细胞的重要组成成分，食用菌机体内的一系列生理生化反应都是在水中进行的。在生产管理中，水分的概念不是指菇体的含水量，而是指培养料的含水量和空气相对湿度。

1. 培养料的含水量　食用菌生长发育所需要的水分绝大部分来自培养料。培养料的含水量是影响菌丝生长和出菇的重要因素，只有含水量适当时才能形成子实体。培养料含水量可用水分在湿料中的百分含量表示。不同食用菌子实体以及在不同的生长发育时期对水分的要求不尽相同，栽培时要区别对待，一般适合食用菌菌丝生长的培养料含水量在60%左右。

2. 空气相对湿度　空气相对湿度直接影响培养料水分的蒸发和子实体表面的水分蒸发。适当的空气相对湿度，能够促进子实体表面的水分蒸发，从而促进菌丝体中的营养向子实体转移，又不会使子实体表面干燥，导致子实体干缩。

食用菌的菌丝体生长和子实体发育阶段所要求的空气相对湿度不同，大多数食用菌的菌丝体生长要求的空气相对湿度为65%～75%；子实体发育阶段要求的空气相对湿度为80%～95%。如果菇房或菇棚的空气相对湿度低于60%，侧耳等子实体的生长就会停止；当空气相对湿度降至40%～45%时，子实体不再分化，已分化的幼菇也会干枯死亡。但菇房的空气相对湿度也不宜超过96%，菇房过于潮湿，易导致病菌滋生，也有碍子实体的正常蒸腾作用。因此，菇房过湿，子实体发育也就不良，常表现为只长菌柄、不长菌盖，或者盖小肉薄。偏干管理能提高菇品质量，但产量会相对下降。

空气相对湿度要灵活掌握，不同的菇类对水分的要求有一定差异，并且，培养料中的含水量还应结合料温和气温考虑，这与不同温度下的氧容量有关。气温高时氧容量下降，为了增加培养料中的氧气，必须降低水分，偏干管理。

水分和湿度调节的手段：①补水。有注水、浸水、水培与喷水等；②除湿。有通风降湿、刺孔排湿、冷凝除湿、除湿机械，在加工过程还有菇品烘培等。

（三）空气

食用菌是好气性菌类，氧气与二氧化碳的浓度是影响食用菌生长发育的重要环境因子。

食用菌通过呼吸作用吸收氧气并排出二氧化碳。不同种类的食用菌对氧气的需求量是有差异的；同一种食用菌在不同生长阶段对氧气的需求量和对二氧化碳的敏感程度也不同。一般菌丝生长期对氧气的需求量相对较小，对二氧化碳也不敏感。但随着菌丝体的生长，培养料中不断产生 CO_2、H_2S、NH_3 等废气，若不适量的通风换气，菌丝逐渐发黄、萎缩或死亡。

子实体分化阶段，食用菌从营养生长转入生殖生长，这时的氧气需求量较低。子实体形成之后，食用菌的呼吸作用旺盛，对氧气的需求量急剧增加。微量的二氧化碳（浓度0.034%～0.1%）对蘑菇、草菇子实体的分化有利。但高浓度二氧化碳对猴头菇、灵芝、金顶侧耳、大肥菇的分化有抑制作用，将会推迟原基形成时间。当二氧化碳浓度达到0.1%以上时，即对子实体产生毒害作用。如灵芝子实体在二氧化碳浓度为0.1%环境中，一般不形成菌盖，菌柄分化成鹿角状分支，而猴头菇形成珊瑚状分支，蘑菇、香菇出现柄长、开伞早的畸形菇。二氧化碳浓度达到5%时，会抑制金针菇的菌盖分化，影响香菇、蘑菇子实体的形成。

通风换气是贯穿于食用菌整个生长过程中的重要措施。为了防止环境中二氧化碳积贮过多，在进行林地栽培时，应选择较开阔的场地作菇（耳）场，并砍除场内的杂草及低矮灌木，以利于场地通风；在进行室内栽培时，栽培室（房）应设置足够的换气窗。适当通风还能调节空气相对湿度，减少害虫、杂菌的发生，确保食用菌的高产和稳产。通风效果以嗅不到异味、不闷气、感觉不到风的存在及不引起温、湿度剧烈变化为宜。通风时，应避开干热风、对流风、低温或高温时间。

生产中，经常通过调节二氧化碳浓度来调节和控制子实体的生长，如：适当增加二氧化碳浓度以获取柄细长、盖小的优质金针菇；相反，增加空气通透，减少二氧化碳浓度以获取柄短、盖大的优质香菇。

（四）光照

食用菌不是绿色植物，没有叶绿素，不能进行光合作用，因此不需要直射阳光，但生长环境中保持一定的散射光对大多数食用菌来说是很有必要的。只有少数种类如蘑菇、大肥菇和在地下发育的块菌，可以在完全黑暗条件下完成其生活史。在菌丝生长阶段，多数食用菌对光的反应不敏感，如银耳、黑木耳等。对某些菌类如牛舌菌，光照甚至成为抑制菌丝生长的因素，有的种类如平菇、灵芝等在散射光条件下，菌丝生长速度反而比黑暗条件下要减少40%～60%。

光照与食用菌原基分化和子实体的形态有密切关系。绝大部分食用菌在子实体的发育阶段需要一定量的散射光线，如香菇、松茸、草菇、滑菇等，在完全黑暗条件下不形成子实体；金针菇、侧耳、灵芝等在无光环境中虽能形成子实体，但菇体畸形，常只长菌柄、不长菌盖，不产生孢子。不同食用菌对光照度的要求是有区别的，光照度还会影响到子实体的色泽、菌柄长度和菌盖宽度的比例。光照不足时，草菇呈灰白色，黑木耳为浅褐色。只有在光照度为250～1 000lx 的条件下，黑木耳才呈正常的黑褐色。在弱光下生长的平菇菌柄很长，菌盖不能充分展开；灵芝的色泽暗淡，没有光泽。这一特性可巧妙地运用到生产实践上，将金针菇、双孢蘑菇等在弱光下培养，可得到比较理想的商品菇。

（五）酸碱度

酸碱度（pH）会影响细胞内酶的活性及酶促反应的速度，是影响食用菌生长的因素之一。不同种类的食用菌菌丝体生长所需要的基质酸碱度不同，大多数食用菌喜偏酸性环境，菌丝生长的 pH 在 3.0～6.5，最适 pH 为 5.0～5.5。大部分食用菌在 pH 大于 7.0 时生长受阻，大于 8.0 时生长停止。但也有例外，如草菇喜中性偏碱的环境。

栽培食用菌时必须使其在适当的酸碱环境条件下才能正常地生长发育。食用菌分解有机物过程中，常产生一些有机酸，这些有机酸的积累可使基质 pH 降低；同时，培养基灭菌后的 pH 也略有降低。因此在配制培养基时应将 pH 适当调高，或者在配制培养基时添加 0.2%磷酸氢二钾和磷酸二氢钾作为缓冲剂；如果所培养的食用菌产酸过多，可添加少许碳酸钙作为中和剂，从而使菌丝生长在 pH 较稳定的培养基内。有些菇类的后期管理中，也常用 1%～2%的石灰水喷洒菌床。

在食用菌的生产实践中，常利用控制 pH 来抑制或杀灭杂菌。

二、食用菌的生物环境

食用菌在自然界中常与其他的生物特别是微生物共处同一环境中，彼此间发生着复杂的关系。主要表现有以下几种：

1. 伴生　伴生关系是微生物间的一种松散联合，在联合中可以是一方得利，也可双方互利。银耳与香灰菌就是一种典型的伴生关系。银耳分解纤维素和半纤维素的能力弱，也不能很好地利用淀粉。因此，银耳不能很好地单独在木屑培养基上生长。只有当银耳菌丝与香灰菌丝混合接种在一起时，银耳利用香灰菌丝分解木屑的产物而繁殖结耳。栽培银耳时，常将银耳菌和香灰菌丝混合后播种。

2. 共生　有些食用菌能与植物共生，形成菌根，彼此受益。能与植物形成菌根的真菌称为菌根真菌。菌根真菌吸收土壤中的水分和无机养料提供给植物，并分泌吲哚乙酸等物质，刺激植物根系生长，而植物则把光合作用合成的糖类提供给真菌。

菌根真菌多见于块菌科、牛肝菌科、红菇科、口蘑科、鹅膏科。一定的菌根真菌要求特定的植物根系与其结合，如口蘑与黑栎等。

可以食用的野生共生菌甚至大大多于现在栽培的食用菌种类，但共生菌人工栽培的难题仍然未能真正的突破。近年食用菌科研人员一直在这方面进行研究，已能够通过某些种类的食用菌菌种在共生植物根系感染，从而引起共生。这是一种林地仿生栽培技术，还不能真正做到人工栽培。如果在共生菌人工栽培方面能完全突破的话，食用菌产业将发生一场深刻的革命。

白蚁和切叶蚁等昆虫有“栽种”食用菌的行为，这是食用菌与动物共生的典型例子。

3. 竞争　竞争是生活在一起的两种微生物为了自身生长而争夺有限的养料或空间的现象。在食用菌栽培过程中常有杂菌污染，一旦杂菌的生长占据了优势，将会导致整个食用菌生产的失败，生产的各个环节都要注意防治杂菌生长。常见的竞争性杂菌包括真菌、细菌甚至病毒等。

食用菌栽培过程从某种意义上说，就是制造有利于食用菌生长而不利于其他动植物（尤其是竞争性杂菌）生长的环境，从而提高食用菌的产量和质量的过程。在整个栽培管理过程，始终要有竞争的概念，想方设法采取措施，尽可能满足食用菌生长条件，同时，严格控制竞争对象的发生和蔓延。

4. 颉颃　颉颃是一种微生物产生某种特殊的代谢产物或使环境条件改变，从而抑制或杀死另一种微生物的现象，这种现象与竞争现象是有区别的。在食用菌栽培过程中所出现的杂菌，如绿色木霉、青霉和曲霉等，一方面与食用菌进行竞争，争夺营养和生长空间，另一方面对食用菌菌丝生长有颉颃作用。木霉能分泌的一种毒素，对食用菌菌丝有较强的杀伤力，因此对食用菌的栽培威胁很大。

5. 寄生 寄生是一种生物生活在另一种生物的表面或体内，前者从后者的细胞、组织或体液中取得营养，常使寄主发生病害或死亡。如双孢蘑菇的褐腐病是疣孢霉在双孢蘑菇子实体的寄生造成的病害。寄生现象可能是竞争与颉颃综合作用的结果。

6. 啃食 危害食用菌的鼠类、螨类和昆虫的幼虫，通常啃食食用菌菌丝或子实体造成减产或降低商品价值。

7. 利用 在栽培过程中，情况更为复杂，不仅存在有杂菌竞争养分的问题，而且也存在寄生性微生物直接使食用菌感染病害的问题。但是也有一些微生物对食用菌的定植与生长起协助作用。利用有益微生物帮助分解基质、消除竞争对手，从而有利于食用菌生长。

如双孢蘑菇分解纤维素的能力差，必须用发酵腐熟的培养料。培养料的发酵就是利用一些中温型和高温型微生物（尤其是放线菌）的活动，将复杂的大分子物质分解转化为结构简单的容易被食用菌吸收利用的可溶性物质。同时，这些微生物死亡后留下的菌体蛋白和代谢物对食用菌的生长有促进作用。发酵过程所产生的 70℃以上的高温，杀死了一些虫卵和不耐高温的有害微生物。培养料经发酵后，变得疏松、透气，吸水性和保温性得到改善。

练习与思考

1. 请描述食用菌的形态特征。
2. 担子菌纲食用菌的生活史由哪几个过程组成？
3. 食用菌对营养物质有哪些要求？
4. 食用菌对生长环境有何要求？
5. 简述食用菌与生物环境的关系有哪些类型。

项目三　食用菌的生产流程

为了系统地了解食用菌生产全过程，本教材创新性地设置代料栽培食用菌的生产流程项目。

食用菌通常粗放地划分成木腐菌和草腐菌，但按栽培方式，应用最为普及的是袋（瓶）栽和床栽两种方式。因此，这里对这两种栽培方式的生产流程分别进行表述。

袋（瓶）栽食用菌的生产流程为：培养料配比→拌料→装袋（瓶）→灭菌→接种→培菌→排场→出菇管理。

床栽食用菌的生产流程为：培养料配比→堆料→翻堆→上架→二次发酵→接种→培菌管理→出菇管理。

很难说袋（瓶）式栽培的就是木腐菌，也很难说床（畦）式栽培的就是草腐菌，比如福建南平一带有袋式栽培草菇的，而床式栽培的鸡腿菇却是木腐菌，夏季香菇常常是先袋（棒）式培菌，然后床（畦）覆土出菇。

特别要指出的是，袋（瓶）式栽培与床（畦）式栽培是两种截然不同的栽培方式。本项目按生产流程对生产各个环节进行介绍。由于袋（瓶）式栽培是我国食用菌产业的主导栽培方式，所以，此项目如没特别指明，多为袋（瓶）式栽培。与生产流程相关的菌种生产、病虫害管理和贮藏与加工部分将在后面的项目另行介绍。

知识一　培养料的选择与配制

一、培养料的选择及处理

食用菌生长发育所需全部营养物质均来自培养料，因此，栽培食用菌原料的营养与配方，直接影响到其生物学效率。食用菌栽培的原料基质可分为主要原料和辅助原料。主要原料有工农林业副产物、禽畜粪便、野草和树枝以及食用菌栽培废料等，简称为主料。它们富含纤维素、半纤维素和木质素等有机物，是食用菌生长的主要营养源。辅助原料在培养料中所占比例较小，但对整个培养料的营养起着重要调节与促进作用，如提高产量和质量、保持水分、调整酸碱度、病虫害防控等，简称为辅料。辅料主要针对食用菌生长的一个方面或几个方面起到辅助性作用。

（一）主料

1. 木屑　菇木和耳木粉碎成木屑，是木腐食用菌主要的营养来源。我国适宜木腐菌生长的树木种类多、分布广，在实际生产中要根据树木材质、树龄和粗度以及不同菇、耳对其的适应性，选用适生树种。

2. 工农业副产品　适于栽培食用菌的主要有棉籽壳、木屑、玉米芯、稻草、麦秸、玉米秸、大豆秸、花生壳、甘薯藤、花生藤、大豆荚、大麦草、甘薯渣、粉渣等秸秆类和饼渣类。

3. 粪料 一般多作为双孢蘑菇、大肥菇、草菇、鸡腿蘑等粪草菌的栽培主料。常用的有马粪、牛粪、猪粪、鸡粪等。因为粪料也是食用菌生产的大宗原料，且也是草腐菌栽培的最基本原料，所以把它归纳为主料。

（二）辅料

1. 米糠 米糠是栽培各种食用菌最常用的辅料，主要作用是增加氮源。新鲜的米糠中含有12.5%的粗蛋白和大量的生长因子，如盐酸硫胺素（维生素 B_1）、烟酸（维生素 B_5）等。一般添加量为5%～15%。

2. 麸皮 是栽培各种食用菌最常用的辅料，它的作用主要是增加培养料的氮源。此外，还为食用菌生长提供所需的各种维生素，如维生素 B_1、维生素 B_2 等。但须注意添加量不宜过高，否则培养料碳氮比失调，会造成菌丝徒长，而且还易感染杂菌，甚至导致不出菇或出畸形菇。一般使用量为15%～20%。麸皮有红麸皮、白麸皮之分，红麸皮营养成分含量较高。

3. 玉米粉 玉米粉也是常用的辅料之一，在食用菌栽培中既可作为速效养分，促进菌丝快速生长，又可为食用菌生长提供生物素等，常被视为增产剂。玉米粉主要用于低温型食用菌的生产，添加量一般控制在3%～5%，高温季节进行食用菌生产一般不加或少加玉米粉，以免造成链孢霉等杂菌污染。

4. 糖 因为棉籽壳、木屑、各种秸秆、稻草等都是大分子碳水化合物，分解较慢，为促使接种后的菌丝体很快恢复创伤，促进菌丝迅速生长，常在培养料中加入少量葡萄糖或蔗糖作为食用菌培养初期碳源的补充，同时还可诱导胞外酶的产生，加速对粗纤维等原料的利用。一般添加量控制在1%～2%。食用菌培养料中添加红糖、白糖均可。但红糖中葡萄糖含量较高，且含有较多的铁、锰、锌等矿物质元素，能满足菌丝生长过程中对微量矿质元素的需求。此外，红糖中还含有胡萝卜素、核黄素等，更是白糖所不及的。但白糖更容易与主料混匀，使用方便。

5. 石膏 石膏可中和食用菌菌丝在分解培养料过程中产生的有机酸，同时还能降低木屑中单宁的含量，使之更有利于菌丝的蔓延，还起到稳定酸碱度，增加钙、硫营养成分的作用。添加量为1%～3%。

6. 石灰或碳酸钙 配料时添加1%～5%的石灰或碳酸钙，除可补充钙外，还可调节pH，防止培养料酸败，在高温季节尤为重要。此外，还具有防止绿色木霉等杂菌污染。但不同的菇类耐酸碱性不同，所以要求石灰的添加量也不一样。喜酸性食用菌如猴头、香菇、金针菇等的生产一般不添加石灰。石灰或碳酸钙在袋栽食用菌的代谢过程释放一定的二氧化碳，会促使子实体早熟，对质量造成一定影响。

此外还有粕饼、黄豆粉、过磷酸钙、硫酸镁、添加剂等。

（三）覆土

有些菌在其生长过程中需要覆土，并且有不覆土不出菇的习性。常见的有双孢蘑菇、鸡腿菇、竹荪、天麻等。此外，多数食用菌可覆土栽培，可提高产量。因此，覆土也是食用菌栽培的重要培养基质。覆土既可降低培养料的温度，又可以保持培养料的水分，还可以补充部分营养，因此被广泛应用到反季节香菇栽培中。目前，夏季香菇大多采用覆土栽培。庆元黄田、竹口及龙泉小梅一带农民为了方便管理，近年创造性的进行香菇秋、冬季覆土栽培，无需菌棒注水，菇型也比较厚实，但存在泥沙和化学污染的可能。覆土还可以给双孢蘑菇的菌丝提供菇蕾扭结的场所。

覆土材料应具有持水强，通气好，遇水不黏，失水不板结，含有5%～10%的腐殖质，pH7.5～8.5，没有病虫害等特点。多采用砻糠土或发酵土，也可用草炭土。在用前将其混匀、沤熟。用时过筛，暴晒1d，喷5%甲醛、1%敌敌畏或1%杀螨醇等消毒、杀虫，覆膜堆闷2～3d，再拌入2%～3%的石灰，调至pH8.0～8.5，湿度调至手握成团、落地即散为宜。

二、培养基制备

培养基含有所培养菌株生长所需要的各种营养物质，并且养分浓度适宜，比例平衡，利于菌丝吸收利用。培养基中的碳氮比要适宜。若培养基中碳源供应不足时，易引起菌丝的过早衰老和自溶；若氮源过多或过少，则会引起菌丝生长过旺或生长缓慢。培养基中的pH也是影响菌丝生长的重要因素，食用菌大多喜中性偏酸的环境，适宜pH6～6.5。一般培养料经灭菌后，pH会有所降低，因此，在配制培养料时，要用石灰调整pH为8左右为好。

可根据当地原料资源情况选用合适的配方。根据灭菌锅的大小，估计好当天的灭菌量。按比例称料混合，拌料要均匀，拌料时，把木屑、棉籽壳、玉米芯等主料堆成小堆，再把麸皮、糠、石膏、石灰等辅料，由堆尖分次撒下，或全部主料摊成一个平台，辅料均匀平铺上面，再用铁锨反复翻拌，使主辅料混合均匀。含量较少的物质，如糖、尿素等应先溶于水中，然后再拌料。拌料时料水比一定要合理，宁干勿湿。培养料加水量应考虑夏天拌料少加水，新料少加水，辅料添加量大时少加水，棉籽壳少时少加水，木屑为主料时少加水。含水量检查：抓一把培养料握紧，棉籽壳培养基以指缝有水渍但不下滴为宜；木屑培养基以紧握后松开，料团能散开但仍保持一定的团状结构为度。然后将料堆积起来，闷30～60min，待料拌匀吃透水后，即可装袋。有条件的提倡使用搅拌机拌料，先把各种干料装入搅拌机中，边供水边搅拌，将各种辅料加入料斗，搅拌均匀。

三、填料装袋（瓶）

填料装袋

填料装的容器有玻璃容器和塑料容器两大类。玻璃容器透明度好，污染率低，但价格较高，且易损坏，其主要用于菌种分离、保存、鉴定和母种、原种的制作。塑料容器又分塑料瓶和塑料袋两种，塑料瓶不易破损，在120℃蒸汽中消毒不变形，适用于自动化、半自动化和流水作业制种生产线。塑料袋较轻便，成本低，但较易污染杂菌，且不宜重复使用，一般用来制作栽培种或直接用于栽培。塑料袋多用聚乙烯或聚丙烯膜制作，不同的食用菌，采用的塑料袋规格不同；同一种食用菌，制种和栽培袋的规格也不同。进行常压蒸汽灭菌，可用聚乙烯塑料袋，厚度0.05～0.06mm为宜；进行高压蒸汽灭菌时，宜用聚丙烯塑料袋，但其在冬季柔韧性差，比较容易破裂，低温时使用应小心。

选用塑料袋做培养容器，人工装袋要准备好装袋用的小工具，如小撮子、扎孔用的木棍等。装袋时先在袋内装入1/5培养料，一边装袋一边压实，不可一次装满，满袋后按平料面，用直径2～2.5cm木棍在料中间打一通气孔至袋底后，擦净袋口，把袋上口收紧套上套环，将高出套环部位的袋口翻卷到套环外沿下口，然后盖上无棉盖体，也可用颈圈和棉花封袋口，封好后轻轻放入周转筐内准备灭菌。大规模生产时，为了提高装料效率，用装料机装料。

目前，应用量最大的是筒袋栽培，装袋后则成为生产上常称的菌棒或菇棒。筒袋长度一般为35～60cm，折辐一般为14～22cm，厚度以0.05mm为主。筒袋栽培适合采用机械装袋，接种方便，效率高，且营养丰富。国内生产量最大的香菇、木耳等栽培大多采用筒袋栽培。

知识二　消毒灭菌

一、消毒灭菌的概念

微生物在自然界的分布十分广泛，生产食用菌的原料、水、工具、设备和空间等都存在着大量的微生物，它们以菌体或孢子的形态存在，随着各种媒介进行传播。这些微生物对食用菌的正常生长发育影响极大。对食用菌而言，除要求培养的菌类以外的微生物都统称为杂菌。食用菌在生长过程中一旦感染杂菌，杂菌就会迅速繁殖，与食用菌争夺养料和空间，甚至分泌毒素或寄生在食用菌上，影响食用菌的正常生长发育，从而给生产造成经济损失。因此，在食用菌的制种和栽培中，应保证菌种优良纯正无杂，并且在接种过程要树立严格的无菌观念，在培养过程要树立竞争观念，掌握和运用消毒、灭菌技术，严防杂菌污染。

由于生产的目的不同，对培养基质、工具、环境中的无菌程度要求也不同。因此，可以根据生产情况选用不同的方法，如灭菌、消毒、防腐等。

灭菌是指在一定范围内用物理或化学的方法，杀灭物料、容器、用具和空气中的微生物，包括微生物的营养体和休眠体，使物料成为无菌状态。消毒是采用物理或化学的方法，杀灭或清除基质中、物体表面及环境中的部分微生物。除菌是一种机械方法（如过滤、离心分离、静电吸附等），除去液体或气体中微生物的方法。防腐是用来防止或抑制微生物生长繁殖的技术，是一个抑菌过程。杀菌泛指杀死微生物菌体，通常不包括芽孢，有这种作用的药剂称为杀菌剂。

消毒灭菌是排除杂菌干扰，为食用菌创造洁净生长环境的重要保证，也是食用菌生产中的一项基本技术，是食用菌生产成败的关键环节。

二、培养基质的消毒灭菌

（一）高压灭菌

1. 高压灭菌锅的种类和用途　高压灭菌锅的种类和用途如表3-1所示，灭菌设备如图3-1所示。

表3-1　高压灭菌锅的种类与用途

设备名称	设备用途
手提式高压灭菌锅	用于母种培养基的灭菌
立式高压灭菌锅	用于原种和栽培种培养基的灭菌
卧式高压灭菌锅	用于大量原种和栽培种培养基的灭菌

2. 高压灭菌锅的构造　高压灭菌锅的构造如表3-2所示。

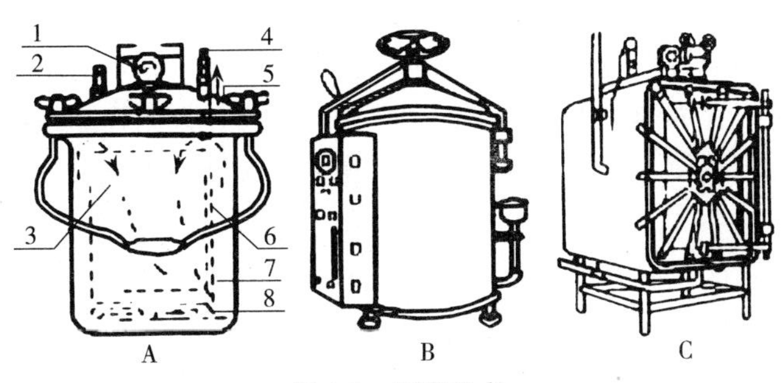

图 3-1　灭菌设备

A. 手提式高压灭菌锅　B. 立式高压灭菌锅　C. 卧式高压灭菌锅

1. 压力表　2. 安全阀　3. 锅体　4. 放气阀　5. 锅盖　6. 软管　7. 内锅　8. 内锅支架

表 3-2　高压灭菌锅的构造

设备名称	设　备　用　途
外锅	装水，供发生蒸汽用
内锅	放置待灭菌物
压力表	指示锅体内压力变化，压力表上有压力指示单位（MPa）及温度指示单位（℃）
放气阀	为手拨动式，排出冷空气
安全阀	又称为保险阀。当锅内压力超过额定压力即自行放汽减压，以确保安全
其他附属设备（橡皮垫圈、旋钮、支架等）	

3. 高压灭菌锅的使用方法　作用时间、作用温度及饱和蒸汽三大要素是该法灭菌的基本要素。在热蒸汽条件下，微生物及其芽孢或孢子在 121℃的高温下（0.1MPa），经 20～30min 可全部被杀死。高压蒸汽灭菌锅压力的保持时间与被灭菌的物料有关，斜面试管培养基灭菌时在 121℃的温度下，经 30min 即可达到灭菌目的。制作原种或栽培种使用的棉籽壳、木屑、麦粒等固体培养基材料，热力不易穿透，在 0.147MPa 的压力下，即温度为 126℃，需保持 2h 左右，才可达到灭菌的目的。以手提式高压灭菌锅为例，说明高压灭菌锅的使用方法（表 3-3）。

表 3-3　高压蒸汽灭菌锅的使用方法

操作步骤	使　用　方　法
安全检查	检查灭菌锅是否存在安全隐患，无故障后方可使用
加水装物	直接向灭菌锅内加水，加水量以溢过三脚铁架 1cm 左右为宜。将待灭菌的物品放在内胆中，注意不宜放得过紧密，最好留 1/5 左右的空隙，以利蒸汽流通
封锅通电	将盖上的软管插入内胆边的槽内，上下对齐螺栓，以对角线方式拧紧，切勿漏气
排冷空气	可用电炉等热源加热至水沸腾，此时须打开放气阀门，排出冷空气，直至蒸汽强烈冲击，保持 1～2min，然后关闭放气阀让其升压
升温保压	待压力表指针达到灭菌所需压力时，保持恒压，此时开始计时，达到预定时间后关闭电源
断电降压	让其自然降温，切不可打开放气阀强制降温
出锅清理	待压力表指针移动至“0”时，打开放气阀，松开栓，开盖，稍微冷却后取出物品，并将锅内剩余的水倒掉，以防日久锅底积垢

4. 注意事项

（1）升压前排净锅内冷空气是灭菌成功的关键。因为空气是热的不良导体，当高压锅内的压力升高后，它聚集在锅的中下部，使饱和热蒸汽难与被灭菌物品接触。此外，空气受热膨胀也产生一种压力，致使压力数值达到要求，但灭菌温度却未达到相应指标，从而导致灭菌失败。

（2）灭菌锅内的物品排放不能过密，否则锅内蒸汽流通不畅，会影响温度的均一性，造成死角，导致灭菌不彻底。

（3）灭菌结束后应让其自然降压或缓慢排气降压，排气太快，棉塞会冲掉，灭菌物品如是液体的，则液体会冲出容器，致使灭菌失败。

（4）压力表指针未降到“0”时，切勿打开锅门，以免锅内物品喷出伤人。

（5）灭菌锅要经常检修、保养，保持管道畅通，避免事故发生。

（二）常压灭菌

利用自然压力下，水沸腾产生的100℃蒸汽温度进行灭菌的方法，称为常压蒸汽灭菌。该灭菌法特别适用于大规模塑料袋菌种或熟料栽培筒的灭菌。生产上多采用自制的常压灭菌灶（图3-2、图3-3），其建造方法根据各地习惯而异。其优点是灭菌设备可自行建造，结构简单，容量大，成本低。缺点是灭菌时间长，耗能多，操作稍有失误就会造成灭菌不彻底。

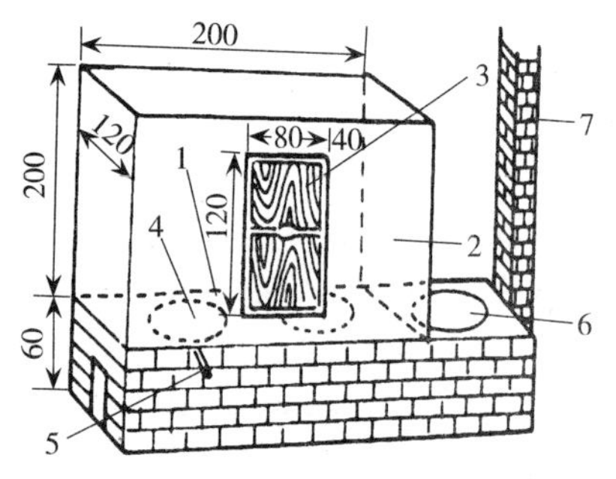

图3-2 砖砌专用灭菌灶（cm）

1. 炉灶 2. 灭菌仓 3. 灭菌仓门 4. 铁锅 5. 水位观察口 6. 蓄水池 7. 烟囱

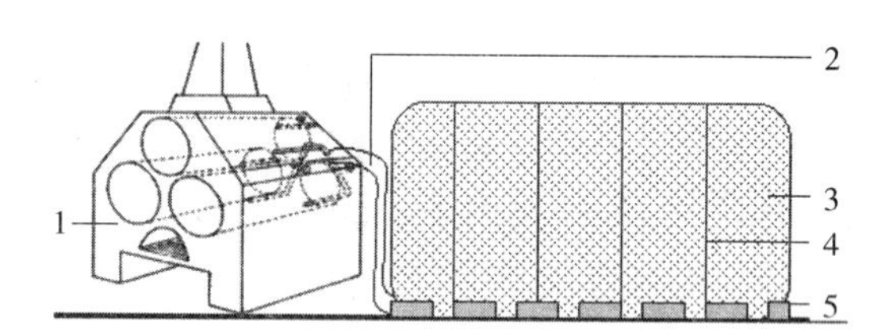

图3-3 简易常压灭菌包

1. 简易汽油筒蒸汽发生器 2. 送气管 3. 灭菌包 4. 加固绳 5. 底部加固的重物

（崔颂英．2007. 食用菌生产与加工）

1. 常压灭菌方法

（1）简易常压灭菌包的灭菌方法。用简易常压灭菌包灭菌时，在平地安放木排，下面插入蒸汽管道，在木排上铺垫透气材料，上面码放需要灭菌的料袋。料袋垒成梯形或方形，或将料袋装入周转筐内堆码，多者一次灭菌数千袋。料袋之间预留蒸汽通道，上面用两层大棚膜盖严（冬季需覆盖保温被），并用绳索和木板将整个料堆外面捆扎结实，以防加热过程中蒸汽将覆盖物顶开，最后用砖或沙袋将四周与地面压牢、压严。从外形上看像蒙古包，也称太空包。开始灭菌时，先留出离蒸汽管最远的一个角不压，用砖头或木棒支撑起来，以便排出冷气，待排出的蒸汽到90℃时，再过10min，撤去支撑的砖头或木棒，并将此角压严。继续供汽，直到太空包鼓起来，待料袋中心温度升至100℃开始计时，需要灭菌10～12h，要遵循“攻头、促尾、保中间”的原则。太空包灭菌最适合在大棚内就地灭菌，就地接种，减少了搬运过程，在节省劳力的同时，也降低了料袋的破损率，提高了成功率。

目前使用最广泛的是蒸汽发生炉，炉内设有回型管道，通过回型管道水与火焰充分接触，热量吸收好，能耗低，出汽量大，使用方便（图 3-4）。

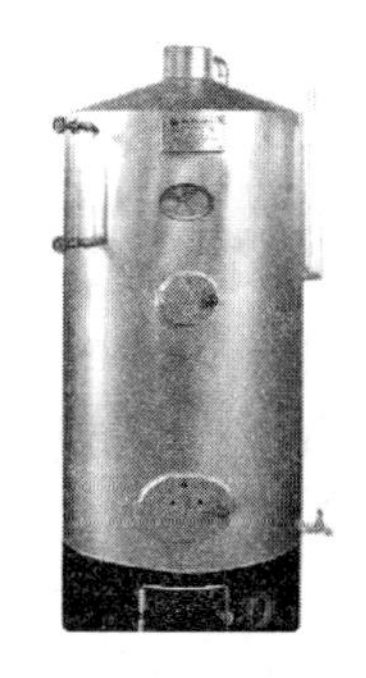
图 3-4　蒸汽发生炉

（2）常压灭菌灶的灭菌方法。装锅密封，猛火快攻，使蒸仓内温度迅速升至 100℃，保持 12h 左右。

装有培养料的瓶（袋）入锅时，要直立排放，瓶（袋）之间留有适当空隙，利于湿热蒸气流通和穿透入料内，提高灭菌效果。装锅后，将锅盖盖严实，不漏气，并立即点火升温。灭菌时，要掌握火候，起始用旺火，使锅内温度迅速升到 100℃，以防微生物大量繁殖，使培养料变酸；然后要保持温度稳定，火力均匀，不能忽高忽低，影响灭菌效果；灭菌时，当灭菌锅内水不足，必须及时加入热水，切忌加入冷水。达到灭菌时间后，闷 1 夜，第二天早晨待锅内温度降下来，才可打开蒸锅，趁热取出灭菌物品。

2. 影响常压灭菌的因素

（1）灭菌时间。锅内的灭菌物品勿摆放过密，以保证蒸仓内空气流动。4～5h 内使温度达到 100℃，避免培养料中微生物继续发酵。灭菌时间从达到 100℃时始计起，在生产中以从仓门冒大汽或太空包充分鼓起（菇农称之为“上大汽”）为准，中途勿停火、勿干锅或使温度时升时降，但上“上大汽”时，料温未必已达到 100℃，须根据各自的灭菌设备加以估算。

（2）培养料预湿。以棉籽壳为例，有时经十余日培养后，从栽培袋底部发生杂菌，除了袋子被毛刺破、灭菌不彻底或灭菌时间过短等原因之外，还与棉籽壳预湿不均匀有关。棉籽壳含有少量油脂，不易与水亲和。预湿不透、不均匀时，部分棉籽壳呈干燥状态，包容了大量杂菌，湿热蒸汽难穿透棉籽壳中间，达不到彻底灭菌的目的。因此，尽可能将结块的棉籽壳打碎，提前预湿 3～4h，对其他培养料的预湿同样不可忽视。

（3）装袋速度、灭菌前，培养基质含有大量的微生物菌群，干燥时，它们呈休眠或半休眠状态，培养料一旦调湿，休眠的微生物恢复活性，增殖速度加快。气温高、人手不足时，装瓶（袋）时间相应拉长，酵母、细菌呈几何级数增殖，就可能导致培养料酸败，灭菌也难彻底。为此，装袋应尽快完成，立即进行灭菌，以便控制灭菌前微生物自繁数量。

（4）灭菌锅内塑料袋排放方式。料袋重叠堆积，料袋受挤压后，料袋之间的间隙被堵塞，湿热蒸汽难以穿透，受热不均，影响灭菌效果，所以应将塑料袋置于周转筐内，以提高灭菌效果。如果栽培袋直接堆叠，袋之间应有空隙，使料袋受热均匀，灭菌彻底。

（5）供热量与灭菌量的比例。如灭菌锅体容量过大，待灭菌物总吸收热量也相应增加，必然导致灭菌锅体内温度上升缓慢，袋内微生物自繁量的增加，影响灭菌效果。一般单口大铸铁锅（直径 90～100cm）的常压灭菌锅容积以不超过 2.3m^3 为宜。灭菌初期旺火猛攻，尽可能在短时间内（最多不超过 6h），使锅下半部的温度达到 100℃。

（6）灭菌时间及蒸汽流度。灭菌锅内培养料保持 100℃的时间应在 12h 以上，这是彻底灭菌的关键。灭菌锅内应有活蒸汽，避免死角。为了保证灭菌过程中有活蒸汽，在构筑常压灭菌锅的过程，在锅体下半部，人为地开设相适宜大小的排放孔，这对于密封性较好的薄膜覆盖式的常压锅是尤为重要的。

（三）常压间歇灭菌法

常压间歇灭菌就是在常压锅内间断性消毒几次达到灭菌的目的。常压灭菌由于没有压力，水蒸汽的温度不会超过100℃，只能杀灭微生物的营养体，不能杀死芽孢和孢子。采用间歇灭菌的方法，在蒸锅内将培养基在100℃条件下蒸3次，每次2h，第一次蒸后在锅内自然温度下培养24h，使未杀死的芽孢萌发为营养细胞，以便在第二次蒸时被杀死。第二次蒸后同样培养24h，使未杀死的芽孢萌发，再蒸第三次，经过3次蒸煮即可达到彻底灭菌的目的。间歇灭菌能避免培养料在长时间高温灭菌时遭到破坏，比常压连续灭菌的灭菌效果好，但比较费事。

（四）中温灭菌

详见本教材项目十三拓展二。

（五）消毒

1. 巴氏消毒　又称巴氏灭菌，利用低于100℃的温度杀灭有害微生物的方法，通常用于培养料或覆土的消毒。一般微生物的营养体在50～70℃均可被杀死。培养料堆制发酵时，利用微生物代谢产生的生物热使料温上升，使培养料发酵腐熟，以杀死杂菌的营养体和虫卵。用此法消毒的培养料，也称为半熟料，虽未经蒸煮，但却达到了一定蒸煮的目的。

2. 药物消毒　在食用菌生料栽培的过程中，通常要在培养料拌料时，加入多菌灵可湿性粉剂、克霉灵、高锰酸钾或甲基托布津等杀菌剂，以杀死杂菌或抑制杂菌的生长。在堆制培养料时，常加入1%～2%的生石灰，这不仅有消毒灭菌的作用，同时还可以调节pH。但用量不宜太大，气温低时可少一些，气温高时可适当加大比例，但不能超过5%。猴头菇等喜酸性食用菌不宜加生石灰。为保证消毒效果，最好采用新制石灰。

三、接种与培养环境的消毒灭菌

食用菌生产是对食用菌进行纯培养的过程，为保证食用菌的正常生长发育，必须做到生产的各个环节都在清洁无菌的环境中进行。因此，对接种室、接种箱、培养室、出菇房、接种工具、操作人员的手等都要进行消毒或灭菌，以防杂菌和病虫害的发生。化学杀菌剂消毒和紫外线消毒是接种与环境消毒灭菌的重要手段。

（一）表面消毒灭菌

在食用菌生产中，表面消毒多用在分离材料表面、接种工具、菌种瓶口和操作人员的手，可通过浸泡、涂抹、洗刷等方式进行。

1. 药物消毒

（1）分离材料的表面消毒。用0.1%升汞浸泡1min，再用无菌水反复冲洗表面的升汞，如留有升汞会影响食用菌菌丝萌发。此法只适用于子实层未外露的种菇、菇木等材料的表面消毒，不能用于子实层外露的种菇材料，因升汞杀伤力强，会损坏子实层的细胞。子实层外露的种菇菌盖和菌柄的表面可用70%～75%的酒精进行擦拭消毒。

（2）器皿、器具的消毒。常用的消毒剂及其使用方法见表3-4。

2. 煮沸消毒　主要用于接种工具、器材的消毒。将接种工具、器材等置沸水中烧煮一定时间，以杀死微生物的营养体，若在煮沸时加入少量的2%碳酸氢钠或11%的磷酸钠可增强消毒效果。

表 3-4　常用的消毒剂及其使用方法

消毒剂种类	使用浓度	使用方法及注意事项
酒精	70%～75%	擦拭接种工具和试管口，再通过火焰数次杀菌，但只适用于耐烧物品
新洁尔灭	0.25%	擦拭或浸泡消毒
来苏儿	3%	采用浸泡或喷洒的方法对器皿进行表面消毒
过氧化氢	6%	器皿浸泡 30min 可达到消毒目的。具有广谱、高效、长效的杀菌特点，暴露在空气中易分解，应随配随用
高锰酸钾	0.1%～0.2%	用于浸泡，只能外用。暴露在空气中易分解，应随配随用

3. 干热灭菌

（1）火焰灭菌。是直接以火焰灼烧，立即杀死物体表面的全部微生物。此法灭菌简单、快速、彻底，但应用范围有限，只适用于耐烧物品，如金属制的接种工具、试管口等，或用于烧毁污染物品。常用工具有酒精灯、煤气灯等。

（2）热空气灭菌。即在电热恒温干燥箱中利用干热空气来灭菌。由于蛋白质在干燥无水的情况下不容易凝固，加上干热空气穿透力差，因而干热灭菌需要较高的温度和较长的时间。在干热的情况下，一般细菌的营养体在 100℃经 1h 才能被杀死，芽孢则需 160℃经 2h 才能被杀死。

①操作方法。将待灭菌器物预先洗净、晾干后用牛皮纸或旧报纸包好，放入干燥箱；升温至 160℃保持 2h；达到恒温后切断电源，自然降温；待箱内温度下降到 60℃以下，取出物品待用。

②注意事项。升降温勿急；灭菌温度不超过 180℃；随用随开包。

干热灭菌简便易行，能保持物品干燥，但只适于玻璃器皿、金属用具、凡士林及液体石蜡等；对于培养基等含水分的物质，高温下易变形的塑料制品及乳胶制品，则不适合使用；灭菌结束后一定要自然降温至 60℃以下才能打开箱门，否则玻璃器皿会因温度急剧变化而破裂；灭菌物品用纸包裹或带有棉塞时，必须控制温度不超过 180℃，否则容易燃烧。

（二）室内杀菌消毒法

1. 物理消毒法

（1）紫外线消毒法。紫外线消毒法主要用于接种室、菌种培养室等环境的空气消毒和不耐热物品的表面消毒。其杀菌机理是当其作用于生物体时，可导致细胞内核酸和酶发生光化学反应，而使细胞死亡。另外，紫外线还可使空气中的氧气产生臭氧，臭氧具有杀菌作用。

紫外线的杀菌效果与波长、照度、照射时间、受照射距离有关。一般选用 30～40W 的室内悬吊式紫外线灯，安装数量应平均不少于 1.5W/m^3，如 60m^2 房间需要安装 30W 紫外线灯 3 个，并且要求分布均匀。30W 紫外线灯的有效作用距离为 1.5～2.0m，1.2m 以内效果最佳，照射 20～30min，即可杀死空气中 95%的细菌，但对真菌效果差，只起辅助消毒作用，还需配合药物使用。为防止光修复，应在黑暗中使用紫外线。照射结束后，须隔 30min，待臭氧散尽后再入室工作。为保证紫外线灯的光照度，应定期更换紫外线灯，一般使用3 000～4 000h 更换 1 次。此外，紫外线对人体有伤害作用，不要在开启紫外线灯的情况下工作。

（2）臭氧发生器。主要用于接种室、接种箱、菇房、更衣室等空气流动性差的小环境内消毒。该产品能高效、快速杀灭空气中和物体表面各种微生物，接种成功率可达97%以上；同时具有性能稳定、操作简单、耗电功率小的特点。

2. 熏蒸杀菌法　熏蒸消毒是利用喷雾、加热、焚烧、氧化等方式，产生有杀菌功能的气体，对空间和物体表面进行消毒杀菌的方法。

（1）甲醛和高锰酸钾熏蒸法。使用方法是每立方米空间用8～10mL 40%甲醛和5～7g高锰酸钾，先将高锰酸钾倒入陶瓷或玻璃容器内，再加入甲醛；加入甲醛后人立即离开，密闭房间。室温保持26～32℃，消毒时间一般为20～30min。消毒后要打开门窗通风换气。注意配药顺序：是将甲醛溶液倒入高锰酸钾内。

如果接种室较大，最好多放几个容器，进行多点熏蒸，效果会更好。有条件安装紫外线杀菌灯，在熏蒸的同时开启紫外线灯，可达到更好的杀菌效果。甲醛气体对人的皮肤和黏膜组织有刺激损害作用，操作后应迅速离开消毒现场。熏蒸后，24h后方能进入室内工作，若气味过浓、影响操作时，可在室内熏蒸或喷雾浓度为25%～28%的氨水，每立方米空间用38mL，作用时间10～30min，以除去甲醛余气。

（2）硫黄熏蒸法。常用于无金属架的培养室、接种箱、接种室等密闭空间的熏蒸消毒。硫黄用量为15～20g/m^3。使用方法：先加热，使室内温度升高到25℃以上，同时在室内墙壁或地面喷水，使空间相对湿度在90%以上。在瓷盘内放入少量木屑，再放入称好的硫黄，点燃，密闭熏蒸24h后方可使用。由于二氧化硫比较重，因此焚烧硫黄的容器最好放在较高的地方。

（3）气雾消毒盒（剂）熏蒸法。因气雾消毒盒（剂）具有使用方便、扩散力及渗透性强、杀菌效果好、对人体刺激性小等优点，而被广泛用于室内的空间消毒，是目前最为普及的消毒方式。一般用量为2～6g/m^3，熏蒸30min即可进行接种。使用时取一个大口容器（玻璃、搪瓷、陶器均可），放入适量气雾剂，点燃后立即会产生烟雾。

3. 喷洒消毒法　该法常用于潮湿环境或密封性不好的场所，室内消毒常用的消毒剂及使用方法见表3-5。

表3-5　室内消毒常用的消毒剂及使用方法

药品种类	使用浓度	作用范围	使用方法	注意事项
漂白粉	2%～3%	墙壁、地面及发生疫病场所，漂白粉对细菌的繁殖型细胞、芽孢、病毒、酵母及霉菌等均有杀菌作用	浸泡、喷洒，潮湿地面可用20～40g/m^{2}干撒	漂白粉水溶液杀菌持续时间短，应随用随配
克霉灵	每50g加水10～15kg	菇棚内壁及床架	喷雾器均匀、细致喷洒棚内壁及床架，然后封闭30min	
过氧乙酸	杀灭微生物营养体用0.5%的浓度处理5～10min，杀灭细菌芽孢用1%的浓度处理5min	接种环境、培养室、栽培环境等	喷雾、熏蒸	原液为强氧化剂，具有较强的腐蚀性，不可直接用手接触
来苏儿	1%～2%	皮肤、地面、工作台面	涂抹或喷洒	如需加强杀菌效果将药液加热至40～50℃使用

（续）

药品种类	使用浓度	作用范围	使用方法	注意事项
石炭酸（苯酚）	3%～5%	接种用具、培养室、无菌室等	喷雾	配制溶液时，将苯酚用热水溶化。若加入0.9%食盐可提高其杀菌力。使用时因其刺激性很强，对皮肤有腐蚀作用，应加以注意
石灰（生石灰和熟石灰）	5%～10%	培养室、地面	喷洒或洗刷	干撒霉染处或湿环境，一定要用生石灰，因熟石灰易吸二氧化碳成碳酸钙，而失去杀菌效力

知识三　接　　种

一、接种的概念

接种是食用菌菌种生产和栽培过程中非常重要的一个环节，是指将菌种移接在培养基中。无论是菌种的转代、分离、鉴定，食用菌形态、生理、生化等方面的研究和食用菌生产都离不开接种操作。在菌种生产工艺中称为接种，而在栽培工艺即生产中有时也称为下种或播种。

二、常用的接种用具

接种工具是指分离和移接菌种的专用工具，样式很多。常用的有接种针、接种钩、接种环、接种铲、接种锄、镊子等（图3-5）。实际生产中，操作者常根据需要，自制一些接种工具。

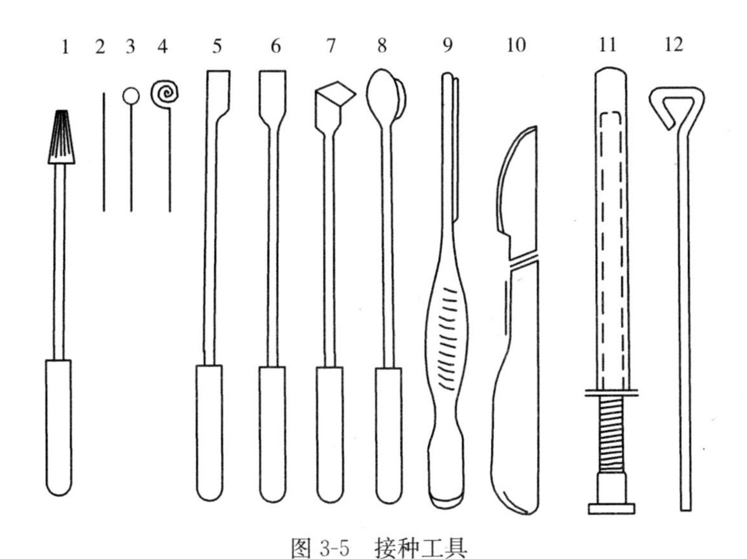

图3-5　接种工具

1. 接种棒　2. 接种针　3. 接种环　4. 接种饼　5. 接种刀　6. 接种铲　7. 接种锄　8. 接种匙　9. 接种镊子　10. 手术刀　11. 接种枪　12. 玻璃刮刀

（胡昭庚.1999. 食用菌制种技术）

三、接种条件

根据生产规模，采用不同的接种环境，其目的是保证在有足够的相对无菌条件，便于操作，提高菌筒制作的成品率。常用的接种设备设施的种类和用途如表 3-6 所示。

表 3-6　接种设备设施的种类和用途

设备名称	用　途
接种箱	用木材和玻璃制成，密闭效果好，有单人式、双人式，是食用菌生产的接种场所
超净工作台	制种时的空气净化设备，分单人、双人对置和双人平行操作几种
离子风机	设备通过瞬间高压电解产生臭氧，臭氧风可对接种空间进行消毒
接种帐	用塑料制作的密闭接种环境，相当于大的接种箱
接种室	用于接种大量的原种和栽培种。建筑面积 10 ㎡左右，配备缓冲间、拉门，要求环境清洁、密闭效果好，室内安装紫外线灯进行消毒

（一）接种箱

生产上常采用木材和玻璃制成，有单人操作和双人操作两种接种箱。双人接种箱四个侧面均装玻璃；单人接种箱三个侧面装玻璃。接种箱要求关闭严密、无缝，便于密闭熏蒸消毒，进行无菌操作。接种箱的正面开两个椭圆形孔（双人接种箱的正、反面均开两个椭圆形孔），孔口上装上布袖套，双手由此伸入操作。孔外设有推拉门，不操作时关闭，保持接种箱内清洁。箱内顶部可安装紫外线灯和日光灯（图 3-6）。

接种箱的无菌程度高、效果好，而且可自行制造，成本低、体积小，使用方便。大规模生产时，可用多个接种箱同时接种。接种箱的使用规程如下：

①每次接种前用 5%石炭酸在接种箱内壁和空间喷雾。

②搬进接种物品，关闭箱门，用约 4g 的气雾消毒剂熏蒸 20～30min。

③然后手伸接种箱，用 75%酒精棉球擦手，并进行接种操作。

④操作完毕要及时清扫掉落在箱内的培养物和火柴梗、棉球等杂物，再用 5%石碳酸全面喷雾后关闭。

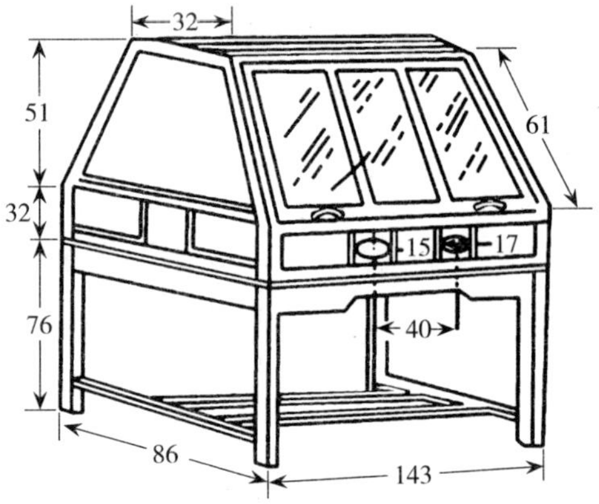

图 3-6　接种箱（单位：cm）
（陈德明 . 2001. 食用菌生产技术）

（二）超净工作台

超净工作台的优点是操作方便自如，预备时间短，工作效率高，基本上可随时使用。根据气流在超净工作台的流动方向不同，分为水平层流式和垂直层流式两种类型（图 3-7）。超净工作台有双人操作的，也有单人操作的，可根据需要选用。在工厂化生产中，接种工作量很大，需要长久工作时，超净工作台是很理想的设备。超净工作台是一种精密设备，为延长使用寿命、提高使用效果，应注意以下事项：

①超净工作台应放置在洁净、明亮的室内，最好在无菌室内。室内地面及四周光滑、无

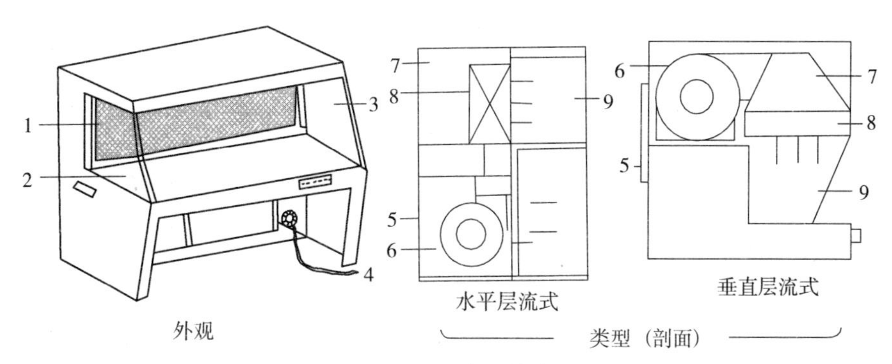

图 3-7　超净工作台

1. 高效过滤器　2. 工作台面　3. 侧玻璃　4. 电源　5. 预过滤器
6. 风机　7. 静压箱　8. 高效空气过滤器　9. 操作区
（潘崇环 . 2006. 新编食用菌栽培技术图解）

尘，并保持干燥，空气相对湿度控制在 60%以下，湿度高时应放置生石灰吸潮，以免高效过滤器在潮湿环境中滋生霉菌而失效。

②操作前用新洁尔灭或来苏儿等消毒剂擦拭操作台面，切忌向操作区直接喷雾。室内空间可喷雾杀菌。使用前开启紫外线灯照射 10～30min，然后让超净工作台预工作 10～15min，以除去臭氧和使工作台面空间呈净化状态。

③接种时操作台上应尽量少放置与接种无关的器具和物品，以免阻碍出风口的正常气流或产生涡流而带菌。

④使用完毕后，要用 70%酒精将台面和台内四周擦拭干净，以保证超净工作台无菌。

⑤超净工作台使用一段时间后，应取下预过滤器，用温肥皂液浸泡，在用清水洗净晾干后重新装入使用。一般预过滤器 3～5 个月清洗 1 次，高效过滤器 1～2 年应更换 1 次。

（三）离子风机

离子风机可用于接种箱、接种室、更衣室、缓冲间、培养室等场所，对生产中常见的绿霉、青霉、链孢霉等杂菌有很强的控制作用，对食用菌生长无不良影响。使用离子风机接种应该注意以下事项：

①离子风机接种要求在密闭的室内进行。

②离子风机金属部分易腐蚀，熏蒸时应将离子风机拿出接种室，而且喷雾消毒时应将离子风机前的金属部分盖好，防止正、负极放电。

③接种前半小时在室内先喷 3%来苏儿或 5%新洁尔灭除尘，净化消毒后，再打开离子风机，5min 后在离子风机正前方 20～30cm 接种。

④离子风机使用后应经常用棉花蘸酒精擦正、负极上的灰尘，吸尘过多，电离臭氧量会降低而达不到灭菌效果。

⑤接种人员在接种过程中不要正对离子风机，尽量将面部与产风部位错开，防止长期接种造成脑供氧不足，出现头晕、恶心等症状。

（四）接种室

接种室又称为无菌室，接种室应分里、外两间，里面为接种间（图 3-8），面积 5～6m^2；外间为缓冲间，2～3m^2。出入口要求装上推拉门，两间门不宜对开。接种室高度为 2.0～2.5m，不宜过大；房间里的地板、墙壁和天花板要平整、光滑，以便擦洗消毒；门窗要紧密，关闭后与外界空气隔绝；房间最好设有工作台，以便放置酒精灯、常用接种工具；工作台上方和缓冲间天花板上安装能任意升降的紫外线灯和日光灯。接种室的使用规程如下：

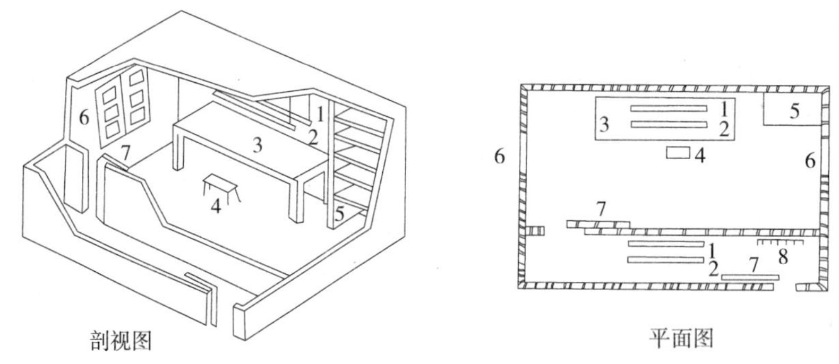

图 3-8　接种室

1. 紫外线灯　2. 日光灯　3. 工作台　4. 凳子　5. 瓶架　6. 窗户　7. 拉门　8. 衣帽钩

（黄年来 . 1987. 自修食用菌学）

①使用前半小时，把所需要的物品搬入接种室，在接种室和缓冲室用 5%石炭酸溶液喷雾后，开启紫外线灯照射 30min。

②进入缓冲室，穿上无菌工作服、鞋，戴好口罩、工作帽，然后用 2%来苏儿将手浸洗 2min。

③将所需物品移入接种室，按一定位置摆好，检查是否齐全，并用 5%石炭酸溶液重点在工作台的上方和附近的地面上喷雾，然后退回缓冲室，几分钟后再进入接种室工作。

④接种前，用 70%的酒精棉球擦手，然后按常规操作在酒精灯火焰 3～10cm 范围内进行各项操作。操作时动作要轻捷，尽量减少空气流动，两人操作时要配合默契。用毕的火柴梗、废纸不要扔在地上，应放在专用的瓷盆里。

⑤工作结束，及时取出接种材料，然后清理台面，将废物拿出室外，再用 5%石炭酸全面喷洒，或打开紫外线灯照射 30min。

（五）接种帐

接种帐可用木条框架或钢筋焊接成支架，围以塑料薄膜，外形似蚊帐，一般面积为 $4m^2$（2m×2m），高 2m 处留 1 个进出口，其接缝处用透明胶粘接，帐顶设一个 $33cm^2$ 的通气孔，用双层纱布封口，用胶布封边。灭菌后的料筒堆叠冷却后，将接种帐罩上。可代替接种室使用。

（六）开放式接种

见本教材项目十三拓展二。

四、无菌环境的建立

在食用菌菌种生产、熟料栽培以及科学研究中，无菌操作技术是一项十分重要的、最基本的技术。任何一个操作过程都要注意避免把其他任何无关的菌体带到培养基中，为此，首先要求操作者树立严格的无菌观念，杜绝杂菌入侵，才能顺利进行食用菌生产。

（一）无菌操作规程

①用空间消毒方法，净化操作环境（制种与生产上主要有无菌室、接种箱、超净工作台等），达到局部空间消毒所要求的净化程度。

②任何操作器具都必须经过消毒灭菌处理，尤其是接种工具要经过湿热灭菌、酒精擦拭、火焰燃烧等多种表面消毒灭菌处理后，才可用于接种。

③操作人员换好清洁的衣服，用新洁尔灭溶液清洗菌种容器表面，手也要进行消毒后方能操作。

④任何一种培养基开口时，都应在酒精灯火焰附近的无菌区中进行。菌种管口、瓶口的部分必须用酒精灯火焰封闭，并稍向下倾斜，操作后棉塞也应在火焰上适当燎烤至微焦再塞回。

⑤操作要迅速，尽量减少培养物在空间的暴露时间。

（二）无菌操作的注意事项

①接种前要准备好一些无菌棉塞，一起放入无菌室（箱）内，以便更换受潮棉塞。

②接种时切勿使试管口离开酒精灯火焰的无菌区，试管口略向下倾斜，以减少杂菌污染机会。

③接种工具应在酒精灯火焰上灼烧灭菌；接种过程中，接种工具碰到有菌的地方应重新灼烧灭菌。

④接种方法正确，接种人员操作熟练，配合默契；接种时人在室内尽量不走动或少走动，不戴口罩时要尽量少说话，以减少空气流动扬起的尘灰污染。

⑤接种时留下的污物，如用过的酒精棉、菌种碎屑、分离物残余等要及时清除，以免引起污染。

五、接种方法

（一）菌种接种方法

1. 母种接种　其工艺流程如图 3-9 所示。

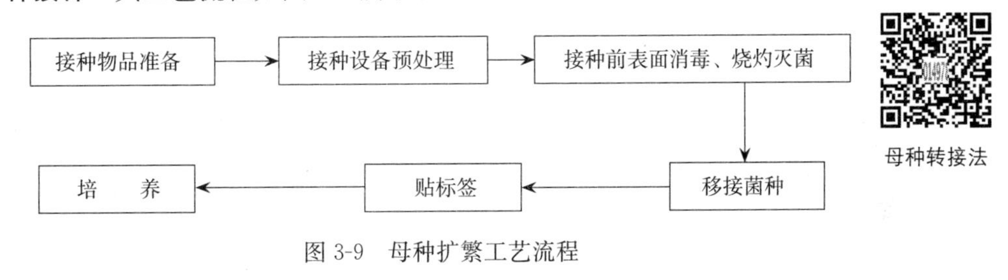

图 3-9　母种扩繁工艺流程

（1）接种物品准备。将试管母种（用报纸包好，避免紫外线照射）、空白斜面培养基、酒精灯、火柴、75%酒精棉球、标签纸、记号笔、接种用具等先放入接种箱中或超净工作台上。

（2）接种设备预处理。接种前将接种箱用气雾消毒剂熏蒸 30min；超净工作台在接种操作前 30min 开启紫外线灯（在进入操作之前 10min 应先关掉紫外线灯），20min 前开启风机，以保证在无菌条件下，进行严格的无菌操作。

（3）接种前表面消毒、烧灼灭菌。

①将手用 75%的酒精棉球擦拭后伸入接种箱或超净工作台，再擦菌种试管外壁和接种工具，进行表面消毒后，点燃酒精灯，使火焰周围的空间成为无菌区，接种操作在火焰旁进行，避免杂菌污染。

②右手拿接种钩，在火焰上将接种钩顶端烧红灭菌，凡在接种过程中可能进入试管的部分，全部用火灼烧。

（4）移接菌种。

①先将棉塞用右手拧转松动，以便接种时拔出。

②将母种和空白斜面培养基用大拇指和其他四指握在左手中，斜面向上，并使它们与桌面接近水平，试管口略向下倾斜。

③用右手无名指和小指分别拔掉两个试管的棉塞，夹在手指间。

④以火焰烧灼管口，烧灼时应不断转动试管口（靠手腕动作），以杀灭试管口可能沾染上的杂菌。

⑤将烧灼过的接种钩伸入母种试管内，停留片刻让其冷却，以免烫伤菌丝。然后，轻轻挑取菌丝少许，迅速将接种钩抽出试管（注意不要使接种钩碰到管壁），移接到空白斜面培养基中央，气生菌丝朝上。注意不要把培养基划破，也不要使菌种沾在管壁上，抽出接种钩，烧灼管口，棉塞燎烤至微焦，在火焰旁塞上棉塞。再换接另 1 支空白斜面培养基。重复上述操作，直至原始种用完。一般 1 支试管母种可转接 30～40 支试管。

草菇原种接种法

2. 原种接种 原种接种就是将试管菌种接入原种培养基的过程，必须在接种室或接种箱内进行。少量原种可利用超净工作台或接种箱。接种的无菌操作规程和母种转管的无菌操作基本相同。具体操作方法是：用接种铲起去母种前端约 1cm 部分和老菌种块，然后将斜面横向切割成 5～8 段，将每段连同培养基一同挑出并接入瓶内接种穴处。若两人配合接种，则更为方便。1 支试管母种可扩接 5～8 瓶原种。

大量原种接种往往利用塑料接种帐或接种室，按照无菌操作规程，3 个人配合进行接种。具体操作是：在酒精灯火焰附近，1 人负责铲取菌种，1 人负责打开袋（瓶）口，2 人配合将菌种接入，开袋的人同时负责迅速封口；第三个人负责搬动待接的原种菌种瓶（袋）及喷消毒药等工作。3 人配合动作要迅速，每一次接种的时间，夏季以 1h 左右为宜，冬季可以适当延长。

3. 栽培种接种 栽培种接种也要按照无菌操作的要求，在塑料接种帐或接种室进行。

接种前将选好的原种瓶，用 75%的酒精棉球擦拭外壁，并对瓶盖或瓶塞进行消毒处理，以防开盖时杂菌落入瓶内，然后在酒精灯火焰上方拔出原种瓶棉塞或揭开封口膜，用火焰封锁瓶口，同时将接种匙用酒精灯火焰灭菌数次，用接种匙刮去瓶内菌种表面的老菌皮，再将菌种挖松并稍加搅拌，注意菌种应挖成花生米大小，不宜过碎，然后接种，接种方法与原种相似。罐头瓶栽培种接种一般 3 个人配合。如果采用塑料袋做容器，则接种时采取 4 人配合的形式，1 人负责挖取菌种，1 人负责把持袋口，另外 2 人负责打开袋口和封口。1 瓶原种一般可接 30～60 瓶（袋）栽培种。如原种充足，可适当加大接种量，这样菌丝蔓延快，培养时间可相应缩短。

（二）栽培料袋（菌棒）接种

菌棒接种技术

1. 开袋接种 短袋熟料栽培时，接种方法与生产种接种相似。接种室须提前进行消毒。料温降至约 30℃时用无菌操作法接种。接种时，塑料袋口要靠近酒精灯火焰处，但要注意不能碰到火焰，以免把塑料袋烧熔。接种量稍多些，接种后仍用线绳扎紧袋口。一般 1 瓶菌种可接种 25～30 个料袋。

2. 打穴接种 一般在长袋栽（菌棒）模式上进行。操作要点如下：

（1）接种室消毒。接种前将菌种、接种器械和接种材料等放入接种室，并用薄膜把料袋覆盖严密，关好门窗，用气雾消毒剂熏蒸消毒。尽量不要让气雾消毒剂的烟雾逸出来，消毒时间 3～6h。

（2）接种方法。采用侧面打穴接种，一般在长 55cm 塑料筒的一侧等距离打穴，打穴数根据生产需要而定。5～6 人 1 组，接种前双手用清洁的水洗净，再用 70%～75%的酒精棉擦洗双手后，把打穴棒（直径 1.5cm 的锥形铁筒，或“T”形木锥）擦洗消毒，并在酒精灯上灼烧，完毕后开始打穴接种，将要接种的料袋搬到桌面上，1 人用 75%的酒精棉纱在料袋朝上的侧面擦抹消毒，用打穴棒在消毒的料袋表面打穴，穴深 2.0～2.5cm，每个菌棒打孔数2～9 个不等，菌棒直径大则多打，季节时间紧则多打。2～3 人接种，双手用酒精棉球消毒后，直接用手把菌种掰成小枣般大小的菌种块迅速填入穴中，打穴棒要旋转抽出，防止穴口膜与培养料脱空。接种时取菌种块，用手分块塞入接种穴，要求种块与穴口膜接触紧密。打穴要与接种相配合，打一个穴，接一块菌种。接种动作要迅速熟练，种块必须压紧、压实，不留间隙，让菌种微微凸起料面 1～2mm，以加速菌丝萌发封口，避免杂菌感染。接种期间，每隔 30min，用小喷雾器喷洒 1 次消毒药。

用 35cm 长的塑料筒作料袋，可两头开口接种，也可用侧面打穴接种，一般打 3 个穴，一侧 2 个穴、另一侧 1 个穴。每接完一锅料袋，应打开门窗通风换气 30min 左右。

3. 点播　食用菌畦栽或床架栽培常用的方法，也称为穴播，行株距 10cm 或 8cm 梅花形，穴深 3～5cm。

4. 混播与撒播结合　食用菌畦栽或床架栽培常采用混播加撒播方式，即先以 2/3 的菌种撒在培养料表面后，用铁叉或竹尖轻轻抖动培养料，使菌种落入 3～5cm 厚的料层中，再将剩下的 1/3 菌种撒在料面上。用木条轻轻拍动，使菌种紧贴料面，做到菌种和料接触紧密，又要透气保湿。

5. 层播　是平菇生料、发酵料塑料袋栽培或食用菌畦栽常用的方法。在撒过石灰、经过消毒、气流较小的环境中进行开放式接菌。在袋内先装 1 层菌种，接着放约 10cm 厚的培养料，用手按实，铺 1 薄层菌种，再装料，装 5 层菌种 4 层料或 4 层菌种 3 层料。接种量为干料重的 15%～20%，两端用种量各占总用种量的 2/5，中层 1/5，中部菌种分散摆放在四周，端部菌种撒在整个料面上，大小菌种块均匀分布。

六、影响接种成活率的关键因素

（一）菌种质量

（1）母种保存时间不可过长。在冰箱中长期保藏的菌种，取出后经过 2～3d 的活化培养后，就用于生产。

（2）菌种过于老化或菌龄不足，尤其接原种时，如遇培养基水分偏低，接种面水分损失严重时尤为明显。母种转代次数过多，菌龄过长，接种时瓶口上部的老化菌丝没挖除干净。均可影响接种的成活率。

（二）料袋质量

1. 原料选择不严　原料中若掺入了松、柏、杉等树种的木屑，可抑制或杀伤菌丝；或者选用的培养料陈旧、霉变，灭菌后可导致基料整体腐败，致使接种块不萌发，或者菌丝不吃料，致使杂菌大量发生而发菌失败。

2. 培养基配方不合理　例如碳氮比不合理、pH 不适、有不良气味等，致使菌种块不萌发或不吃料。原料细碎，装得过紧或培养料含水量过高，会影响培养基的透气能力，造成接种后缺氧而发菌缓慢，菌丝较弱；培养料过干，菌丝不能长入料内。

3. 中温发酵　杂菌喜欢酸性环境，如果配料时间长、装袋速度太慢，或者装袋后迟迟不能进行灭菌，或者灭菌起始温度太低，或者升温太慢（达到100℃时间超过6h）等原因，容易引起培养料发酵变酸，滋生杂菌。

4. 灭菌不彻底　料内杂菌滋长竞争。

（三）接种条件和接种技术

（1）从严格无菌的接种箱接种，到部分无菌的接种室（接种帐）接种，再到开放式接种，不同的接种方式接种成活率不同。

（2）接种时培养料的温度28℃以上，5℃以下时接种成活率低；接种箱内消毒时，熏蒸药量过多或箱内温度过高，接种铲（钩）未冷却或菌种块靠酒精灯火焰太近，均可导致菌丝死亡。

（3）适当的接种量，是保证发菌成功的必要条件。接种量过小（5%左右），使得菌种萌发后迟迟不能覆盖料面，杂菌乘虚而入，导致生产失败。

（4）操作人员没有经过系统、严格培训，无菌观念不强，接种带入杂菌或接种不熟练也影响菌种的成活率。

知识四　培菌管理

一、常用的培菌设备设施及场所

常用的培菌设备设施及场所见表3-7。

表3-7　食用菌培养设备设施及场所的种类和用途

设备设施及场所名称	用　途
电热恒温培养箱	培养母种和少量原种
摇床	用于制作少量的三角瓶液体菌种，常用的有往复式和旋转式两种
液体菌种培养设备	用于大量的食用菌液体深层培养或制备液体菌种
培养室	培养菌种和栽培袋的场所，要求清洁、易通风、保温，室内配备培养架
大棚	生产中，经常将菌棒放在大棚内培养

二、培菌方法

（一）母种培养

接种结束后，用纸包扎试管上部，每7支1捆，放入培养箱进行培养。培养温度等条件应根据生产的品种具体设定和调控，一般平菇、鸡腿菇、金针菇、白灵菇等品种应调至25℃左右，草菇应调至28℃以上。空气相对湿度应保持在60%左右，同时避光，并保持空气新鲜，从而使菌丝生长健壮。

（二）原种栽培种培养

培养室应清扫干净并严格消毒。培养初期温度保持在25℃左右，随后每隔10d降1℃，至长满袋（瓶）。为了充分利用空间，菌种瓶或菌种袋宜放在培养架上。菌种瓶应先竖放，当菌丝萌发定植后，改为横卧叠放。因为竖放菌种瓶，瓶塞易沉积灰尘和杂菌，瓶内的培养料中的水也易下沉，使上部干燥下部积水，菌丝难以吃透料。横放的菌种瓶可经常转动，使瓶内水分分布均匀。而对于菌种袋，摆放层数和摆放方式可根据室温而定，低温季节室温较低，摆放层次可多。每隔 1 周需将菌种袋上下内外调换 1 次，以保持菌袋间温度均匀一致，发菌一致。高温季节菌种袋须“井”字形摆放或单层摆放，以利菌袋间通风降温，免受高温危害。

培养室内空气相对湿度 60%～70%，避光，定时通风。经常保持培养室洁净，防止杂菌发生。栽培种比原种菌丝长满瓶所需时间短，当菌种瓶（袋）中菌丝体长至培养基的 1/3 时，培养室的温度可降低 2～3℃，以免随菌丝生长代谢加强，料温上升而引起高温障碍。

（三）栽培袋（菌棒）培养

1. 培养室的消毒　接种的栽培袋可搬运到菇棚内或发菌室发菌，棚室使用前要清理干净，熏蒸消毒，密闭 24h，就可以将菌袋搬入进行发菌管理。

2. 栽培袋的摆放　栽培袋可直接摆放在地面上，也可摆放在室内床架上。为防止地面潮湿滋生杂菌，可于码堆前在地面撒一层干石灰粉，或铺放一层地膜，然后码堆，码堆时注意轻拿轻放，以防袋口松散或菌袋破损。根据气温决定菌袋的袋层和高度。气温在 20℃左右时，“井”字形堆放 3～4 层，25℃以上时，一般不堆放。

3. 环境控制

（1）温度管理。料堆码好后，在堆中央约 20cm 深处插一支温度计，以观察温度变化。气温较低时，可在堆面加适量覆盖物保温。发菌温度依栽培品种而定，一般为 20～25℃，并定期观察温度变化，温度偏高时，菌丝生长弱，而且容易感染杂菌；温度过低，菌丝生长慢，且易在未发满菌丝时就出菇。为使菌丝感温一致，每隔一段时间，将床架上下层及里外放置的菌袋调换一次位置。

（2）湿度管理。发菌期间，菌丝生长繁殖所需的水分，来自培养料中，金针菇发菌阶段空气相对湿度要严格控制在 70%以下，尽量不要超过 80%，如遇阴雨天气地面较潮湿时，可定期向地面撒一层干石灰粉吸潮降湿。否则房间湿度过高，有利于杂菌繁殖和侵染。

（3）通气管理。发菌期间，菌丝需氧量较少，一般保持正常温度条件下，无需特殊的通气措施，但在低温季节发菌时，往往只注重保温，而忽视了培养室内废气的排出，致使室内二氧化碳浓度过高，从而影响菌丝的生长发育。一般情况下，为保证室内空气流通，满足菌丝生长对氧气的要求，发菌期间应每天进行通风 1～2 次，每次 20～30min。

（4）光照管理。菌丝生长不需光线，因此，发菌期间门窗应尽量用报纸或窗帘进行遮光处理。

（四）污染的检查与处理

菌袋在培养过程中不能经常检查是否有污染，往往越检查越污染。因塑料袋无固定体积，检查时提袋口又放下，会造成袋口内外气体交换，产生风箱效应，袋口套环又无固定形状，棉塞未能和套环紧紧接触，杂菌易乘虚而入，造成后期污染。菌种在培养期间，一旦发现污染，须立即拣出。栽培袋污染要预防为主，做到早发现、早防治。污染严重时，应将杂菌拣出后在远离培养室的地方烧掉或深埋。

知识五　排场及出菇管理

出菇管理的场所必须先清理消毒，搞好环境卫生，然后才把菌袋搬进出菇场所，最好批进批出。出菇时应注意空气相对湿度在 80%～90%，氧气充足，温度适宜，光线合理，科学管理，这样才能达到预想的目标。

一、菌丝成熟度的控制

有些食用菌品种如真姬菇、白灵菇、杏鲍菇等，菌丝后熟培养是生产中不可缺少的一个重要环节。不经过菌丝的后熟培养，则不出菇或出菇产量极低。食用菌菌丝经后熟培养，使菌丝能更充分地积累生物量，从而达到高产的目的。所谓菌丝后熟培养，是指食用菌菌丝长满袋（或瓶）后，不创造生殖生长的条件，也就是先不刺激出菇，而是继续维持其营养生长的条件，使菌丝能更充分地积累生物量，该阶段即为菌丝后熟期。

菌丝后熟时间不足，会导致出菇产量尤其是第一潮的产量不高，还会导致整个栽培周期拖长，占用栽培设施和大量管理用工，病虫害频发等，从而生产效益难以有效提高；如延长菌丝后熟期，能够达到大幅度的增产效果。

不同种类的食用菌菌丝后熟培养时间的长短是不同的，金针菇、猴头等速生型种类一般后熟时间较短，菌丝后熟培养 5～7d。同一种类的不同品种后熟培养时间也有所不同，以黑木耳为例，早熟品种抗逆性强，菌丝长满袋后熟 7～10d；中晚熟品种抗逆性一般，菌丝长满袋后熟 30～60d。不经过菌丝的后熟培养，不出耳。

食用菌菌丝的后熟培养掌控好时间很重要，如果后熟培养时间过长，会导致菌丝老化。一般情况下经过后熟处理食用菌菌袋洁白、菌丝浓密，菌袋坚实，贮藏了足够的养分，达到生理完全成熟，就可以采取有效措施，让其进入生殖生长。

不同种类的食用菌后熟培养措施也有所不同，但一般采取的措施是菌丝长满袋后，菌袋可在培养室继续发菌，条件可同前期发菌阶段。期间如空气过于干燥，菌袋失水严重，可适当提高空气相对湿度至 80%，但不可再继续升高；通风量稍较前加大；管理方便时，可适当增加光照及温差刺激，以提高后熟效果，缩短培养期。如平菇后熟要强调避光，避免温差刺激，最好保持温度在 15℃左右，不能超过 25℃并力求温度稳定，空气相对湿度保持在 60%以下。香菇菌棒培菌后熟需要一定的散射光或漫射光，促进其转色，利于菌皮的形成。黑木耳一般经 40d 左右培养，即菌丝长满袋（或瓶）。这时，调控温度、湿度等条件，使菌袋转入后熟培养，以最大程度继续分解基料、增加生物量、储备出耳能量，以达到一旦进入出耳管理，即可形成爆发出耳的生产效果。经过强化通风，加强湿度管理，早熟品种菌丝长满菌袋后，后熟 7～10d 就可进行出耳管理；如果采用中晚熟品种，菌丝长满袋后要及时下架，降低培养温度。经过低温培养期，菌袋坚实，菌丝浓白，从而储藏足够的养分，达到生理成熟，具备实现黑木耳高产、优质的基础条件。

二、菇蕾的催生

1. 调节温度 低温型菌类如金针菇、双孢蘑菇、猴头等子实体分化的适宜温度是 13～18℃；中温型菌类如银耳、黑木耳等子实体分化的适宜温度是 20～24℃；高温型菌类如草菇、灵芝等子实体分化的适宜温度是 24～30℃。变温结实性菌类如香菇子实体分化以 15℃为宜，昼夜 8～10℃的温差有利于原基出得快、多、齐；若缺乏温差，则不利于成熟菌丝扭结；对于变温结实性菌类，应利用昼夜自然温度的变化，通过白天关闭门窗以增温、晚上打开门窗以降温等措施，使菇房内的温度出现较大的温差，促使原基及早发生。恒温结实性菌类如茶树菇、金针菇、草菇、黑木耳、猴头等出菇不需要温差刺激，在较大温差下还易造成菇蕾伤亡。

2. 提高空气相对湿度 提高培养料表面的相对空气湿度，可促进子实体分化。空气相对湿度低会使培养料大量失水，阻碍子实体分化，影响食用菌的产量。可通过向菇房地面及空间喷雾的方法，使空气相对湿度达到90%以上，同时还可加强通风，创造一个干湿交替的环境，加快菌丝扭结。

3. 增加散射光照 多数食用菌在子实体分化阶段需要一定的散射光刺激，在黑暗环境中，子实体分化得慢、少、不整齐。菌袋长满后，每天卷起菇棚草帘，让日光照射一段时间(光照度大时不要直射)。日照不方便的菇房，可用灯光照射，促使菌袋及早出菇。

另可通过搔菌、拍打、喷生长激素等措施促使子实体原基及早发生，一般经过5～7d的催菇处理，即可形成大量菇蕾。

三、菇蕾的培养

1. 温度控制 菇房温度直接影响子实体生长发育。不同栽培品种出菇所要求的温度不同，在适温范围内，出菇快，菇蕾多，出菇整齐。高于适温时，子实体生长较快，菌盖变小，而菌柄伸长，降低产量与品质；低于适温，子实体生长缓慢，甚至停止生长。低温季节，注意增温保温；温度过高时，应加强通风和进行喷水降温。

2. 湿度控制 喜湿性菌类如银耳、黑木耳、平菇等对一定程度的高湿有较强的适应性，而双孢蘑菇、香菇、金针菇等菌类对高湿环境耐受力相对较差。一般菇房空气相对湿度应保持在85%～95%，湿度太低，子实体会萎缩，严重影响食用菌的产量和品质。为了提高空气相对湿度，可用地膜覆盖菌墙，晴天每天早晚向墙壁或半空中喷雾水，保持地面潮湿。阴雨天减少洒水次数或不洒水。当子实体菌盖直径达2cm以上时，可少喷、细喷、勤喷雾状水，补足需水量，以利于子实体生长。

3. 光照调节 子实体发育需一定量的散射光，有些菇类光照不足，出菇少，色淡、畸形，直接影响其商品价值。光照会影响颜色，改变菌柄和菌盖的比例，并影响干重。平菇、金针菇、灵芝等菌类的子实体有正向光性，光源的设置应利于菌柄直立生长，改变光源方向，易致子实体畸形。不同菌类的子实体在发育阶段需要的光照度不一样，多数需要“七阴三阳”。双孢蘑菇子实体可在完全黑暗处生长，子实体在阴暗处生长的颜色洁白，菇内肥厚，菇形圆整，品质优良；光线过亮，菌盖表面变得黄而干燥。金针菇则需在微弱的光照中才能形成色浅、盖小、柄长的优质菇。香菇需“五阴五阳”的较强光照中才能形成优质菇。黑木耳在有大量的散射光和一定的直射光的环境中，才能生长出色黑、肉厚的黑木耳；在微弱的光照条件下，耳片淡褐色，甚至白色，又小又薄，产量低。

4. 空气调节 子实体生长需要大量的新鲜空气，如果通风不良，二氧化碳浓度过高，会出现畸形菇，若遇高温、高湿天气，还会导致子实体腐烂。因此，出菇期菇房内必须保持良好的通风条件，特别是用薄膜覆盖的，气温高时每天通风3次，每次20～30min；低温季节，每天通风1次，每次30min，以保证供给足够的氧气和排出过多的二氧化碳。氧气不足和二氧化碳积累过多时，将出现子实体畸形，表现为菌柄细长、菌盖小。有些菇需适当提高二氧化碳浓度以使菇脚伸长，如金针菇等。

四、采　　收

食用菌的采收期和采收方法因食用菌种类和用途的不同而异。一般应在口感最好、个体稍大时采收，兼顾外观美。这样的菇在市场上才有竞争力。双孢蘑菇在纽扣阶段采收，平菇宜在六成熟时采收，香菇宜在菌盖长至七八分成熟、边缘向内卷时采收，银耳、黑木耳在耳片达到最大生长限度时采收。采收过早或过晚都会直接影响其品质和产量。

凡是带柄菇类，如香菇、蘑菇、草菇、姬菇等采收时，必须遵循采大留小的原则。用大拇指和食指捏紧菇柄的基部，先左右旋转，再轻轻向上拔起，注意不要碰伤小菇蕾。对胶质体的菌类如银耳、黑木耳、毛木耳以及丛生状的平菇、凤尾菇、金针菇等，采收时用利刃从基部整朵割下，注意保持朵形完整。

采下的鲜菇，宜用小箩筐或小篮子盛装，并要轻放轻取，保持子实体的完整，防止互相挤压损坏。采下的鲜菇要按菇体大小、朵形好坏进行分装，以便加工。

五、休息养菌

每生长一潮菇，均要消耗掉较多的养分。因此，每潮菇采收后要暂停喷水注水，将菌袋置于较干的条件下养菌，休息养菌的时间因所栽培的食用菌种类、培养料中所含的可利用养分及菇房的环境条件（尤其是温度）的不同而有不同。一般 7～10d，待菌丝重新积贮养分后，才能进行补水、催蕾，进入下一潮菇的管理。

1. 什么是灭菌、消毒和防腐？它们在食用菌生产过程中有何意义？
2. 试述高压蒸汽灭菌和常压灭菌的方法及其应特别注意的关键环节。
3. 常用的化学消毒剂有哪些？它们在食用菌生产中如何使用？
4. 发酵料是怎样制成的？优质发酵料的特征有哪些？
5. 养菌时应注意哪些问题？

项目四　食用菌菌种生产

知识一　食用菌菌种概述

一、菌种的概念

广义菌种是指具有繁衍能力、遗传特性相对稳定的繁殖材料，包括孢子、组织或菌丝体等。我们所指的菌种，实际上是指人工培养的，用来进一步繁殖的菌丝体及其所生长的培养基的混合物。在自然界中食用菌主要是依靠孢子来繁殖后代的，食用菌的孢子相当于植物的种子，孢子借风力、水流和动物等传播到适宜的环境下萌发成菌丝体，菌丝体生长繁衍到生理成熟后，在一定条件下形成子实体，并产生下一代孢子。但是在人工栽培时，由于孢子很微小，人们无法利用孢子直接播种，通常人们采用的是孢子或子实体组织、菌丝组织体萌发而成的纯菌丝体作为播种材料。菌种在食用菌生产中起着决定性的作用，菌种的优劣直接关系到食用菌生产的成败。

二、菌种的类型

食用菌的菌种主要分为固体菌种和液体菌种两类。根据培养基的不同，常见的主要有：琼脂菌种、木屑菌种、草腐菌种、木腐菌种、粪草菌种、谷粒菌种、枝条菌种等，固体菌种是在固体培养基上培养的菌种，是生产上最常用的。液体菌种是指采用液体培养基培养的菌种，菌丝体在液体中呈絮状或球状。液体菌种采用摇瓶培养和深层发酵技术培养，与固体菌种相比具有生产周期短、菌龄一致、出菇整齐、便于管理、接种方便且快速等优点，而且它还有利于食用菌生产的规模化、工厂化，但是液体菌种所需设施比较昂贵，操作技术和工作环境要求较高，目前尚未在生产上大面积应用。在生产实践中，人们习惯将菌种依据其来源、繁殖代数及用途分为母种、原种和栽培种，又分别称为一级菌种、二级菌种和三级菌种。

1. 母种　是指从自然界分离得到或通过转管得到的保藏在试管内的菌丝繁殖体，包括继代培养的菌种。母种是菌种生产的第一程序，菌丝体的代谢能力较弱，对培养基的要求比较高，一般采用试管培养基进行培养，因此又被称为一级菌种或试管种。母种主要是用于繁殖原种和菌种保藏。

2. 原种　母种经扩大繁殖培养而成的菌种称为原种。一般是将母种接种到装有木屑、棉籽壳、谷粒、稻草等培养基的菌种瓶中进行培养，因此原种又被称为二级菌种或瓶装种。母种经固体培养基进行培养形成原种的过程中，菌丝体对培养基有了一定的适应能力，且生长也比较健壮，因此，原种也可以作为栽培种直接用于大田生产。

3. 栽培种 是为适应大规模栽培的需要，由原种扩大培养而得到的菌种，常称为生产种或三级菌种，由于主要以塑料袋为培养容器，也称为袋装种。栽培种一般只用于生产，不能用于再扩大繁殖菌种，否则会导致生活力下降，菌种退化，给造成损失。目前很多菇农为了减少菌种成本，用生产菌棒作为繁殖材料，这种做法是不恰当的。

知识二 食用菌制种的条件

一、食用菌制种的程序

食用菌的菌种生产程序经历母种、原种和栽培种的三个阶段。每一个阶段都是在严格的无菌操作下对菌种进行的扩繁。具体制种的程序见图 4-1。

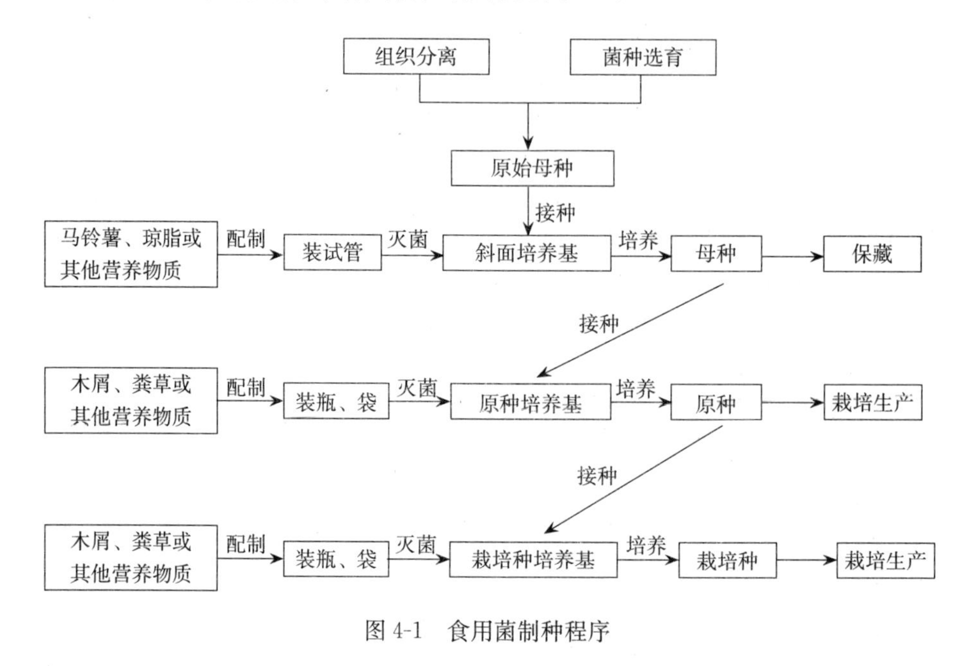

图 4-1 食用菌制种程序

二、制种的条件

食用菌制种条件主要包括制种场地、灭菌消毒设备仪器及接种培养设备等，一般菌种厂的生产程序为：培养料的配制→装瓶（袋）→灭菌→冷却→接种→培养→保藏。一个科学、成熟的菌种厂必须具备上述生产流程中所有的仪器设备条件，才能制备出优质的菌种。

（一）制种场地

菌种厂是生产食用菌纯菌丝体的场所，厂房的布局应着眼于提高纯培养的成功率，降低菌种污染率，减轻劳动强度，最大化地利用现有资源，从而增加菌种厂的经济效益。一般新建菌种厂时应以选址交通方便、水电齐全、周边环境卫生，规格及规模要因地制宜、量力而行、实事求是为原则。菌种厂一般设置晒场、配料车间、灭菌室、冷却室、接种室、培养室、简易菇房、仓库及办公室等。厂房的布局应是流水线作业，办公区与无菌操作区隔开，科学合理的布局，以便于操作，尽量减少杂菌污染的机会，提高制种效率。

（二）制种设备和器具

1. 原料处理设备　主要包括切片机、粉碎机、拌料机和装袋机。

2. 灭菌设备　食用菌生产常用的灭菌方式有两类：高压蒸汽灭菌法和常压蒸汽灭菌法。高压蒸汽灭菌法优点是灭菌时间短、速度快、灭菌彻底，缺点是设备昂贵，一次灭菌量少，主要用于母种和原种培养基的灭菌；常压蒸汽灭菌法优点是灭菌量大、投资少、经济实惠，缺点是灭菌时间长、耗能大、灭菌效果差，常用于栽培种培养基的灭菌。应根据灭菌方式不同采用不同的设备。

3. 接种设备　主要包括：接种室、接种箱、超净工作台、接种帐等，因在本教材项目二已经讲解，故这里就不再详细阐述。

4. 培养设备　食用菌的培养一定要在洁净的环境下培养，其培养设备主要包括：电热恒温培养箱和培养室。电热恒温培养箱能自动控制调节不同温度，主要用于新制食用菌母种和少量原种的培养。培养室常用于大量原种和栽培种的培养，室内要求环境清洁卫生，通风较好，配备调温、调湿设备，并设置培养架，便于检查杂菌和提高空间利用率。

5. 菌种保藏设备　菌种保藏设备主要有：冰箱、菌种库和液氮罐。母种短期的保藏放在4℃冰箱里，长期保藏需采用液氮罐保藏，但草菇、灵芝等高温型菇种例外。大批量的原种和栽培种一般保藏在菌种库里，菌种库要求配备降温、通气设备，使温度常年保持在4～10℃。

6. 制种器具

（1）接种工具。接种针、接种铲、接种匙、接种枪、镊子、打孔器、手术刀、酒精灯等。

（2）玻璃器皿。试管、三角瓶、烧杯、培养皿、菌种瓶、漏斗、酒精灯、菌种瓶、试剂瓶等。

（3）其他用品。菌种袋、塑料套环、牛皮纸、脱脂棉、纱布、皮筋、标签等。

（4）衡量器具：天平、杆秤、磅秤、量杯、量筒、移液管等。

7. 基本药品　一级菌种常用化学药剂：琼脂、葡萄糖、蔗糖、蛋白胨、磷酸二氢钾、磷酸氢二钾、硫酸镁、维生素、麦芽浸出膏、酵母浸出膏、广泛或精密 pH 试纸等。

二、三级菌种常用化学药品：工业级的石膏、碳酸钙、石灰、硫酸镁、过磷酸钙、磷酸二氢钾、磷酸氢二钾等。

知识三　食用菌菌种培养基

一、培 养 基

（一）概念

菌种培养基与常规培养基配制原理和理化性状基本相同，由于培养对象不同，又存在一定的区别。菌种培养基就是人工按照食用菌生长发育所需要的各种营养成分，以一定的比例配成的基质，它是菌丝体无性繁殖的基础。培养基必须具备三个条件：第一，含有培养对象生长所需的营养物质，且比例要适合；第二，理化性质适合培养对象菌丝体生长；第三，经过严格的灭菌，保持无菌状态。

（二）分类

1. 按照培养基原料的来源　可将其分为天然培养基、合成培养基和半合成培养基三种类型：

（1）天然培养基。利用天然有机物质的提取液配制的培养基。如利用木屑、稻草、粪肥、马铃薯、玉米粉、麦麸、棉籽壳等物质或其煮汁配成的培养基。天然培养基材料来源广泛、营养丰富、成本较低、配制简便。

（2）合成培养基。由人工添加的已知化学成分的化学试剂配制而成的培养基。如利用糖类、含氮化合物、有机酸、无机盐类、生长因子等配制而成的培养基。合成培养基成本较高，适用于定量和定向培养。主要用于实验室的科学研究。

（3）半合成培养基。在天然培养基中添加适量的化学试剂配成的培养基。半合成培养基营养丰富而全面，主要在生产上应用。

2. 按其存在的物理状态 可划分为液体培养基、固体培养基和固化培养基三种类型。

（1）液体培养基。以液体形式存在的培养基称为液体培养基。它是将食用菌生长发育所需的各类营养物质按一定比例加水配制而成的。液体培养基中的营养成分分布比较均匀一致，有利于食用菌菌丝的吸收利用，菌丝生长快，菌龄整齐，同时液体培养基便于人为控制理化条件和机械化操作，少数条件较好的工厂化生产采用液体培养基生产菌种或菌体代谢物。在实验室，多用于食用菌生理生化方面的研究。

（2）固体培养基。以固体形式存在的培养基称为固体培养基。它是利用富含木质素、纤维素的木屑、玉米芯、棉籽壳、农作物秸秆等为主料，加入一定比例的辅助营养成分，含有一定水分呈固体状态。固体培养基原料来源广泛，价格低廉，配制方法简便，多作为原种、栽培种的培养基。

（3）固化培养基。指在液体培养基中添加凝固剂如琼脂、明胶、硅酸钠等，在温度升高时呈液态，温度降低时呈固态的培养基。通常含2%左右琼脂的液体培养基在温度高于60℃时呈液体，当冷却至40℃以下时即为固体。固化培养基主要用来制作斜面培养基或平面培养基，用于菌种的分离、扩繁和保藏或其他微生物培养。

此外，根据科学试验的特殊需要，又人为地研制出了一些特殊培养基，如基础培养基、加富培养基、鉴定培养基、选择性培养基等，其中选择性培养基在食用菌的菌种分离纯化工作中应用较多。

（三）配制原则

1. 取材合理原料经济实用 食用菌可利用的营养物质比较广泛，如各种农作物的下脚料、林业上的杂木废料、酿造业上的废糟、各种畜禽的粪尿等。因此培养基的配制可根据当地具体情况，选择材料。因制作食用菌原种、栽培种对原料用量较大，最好就地取材，以降低生产成本。

2. 各种营养要搭配合理 食用菌生产所需要的主要物质为碳源、氮源、矿物质元素、水和其他生长因子等。每一种物质对食用菌的生长发育都起着至关重要的作用。而且在食用菌的不同生长阶段食用菌对这些营养成分的需求比例也不同，因此在配制培养基时要求各营养成分不仅要搭配合理，而且比例要适当。

3. 适宜的pH 培养基的pH是影响细胞透性、酶的活性及代谢活动的重要因素，因此直接影响着食用菌的生长发育。各种食用菌对其培养基的pH要求不同，如猴头菇喜酸性，适宜的pH约为4.0，双胞蘑菇、草菇喜碱性，适宜的pH约为7.5。在配制培养基时一定要调节到食用菌的最适pH范围。

二、母种培养基

食用菌母种培养基主要用于菌种的提纯、扩大、转管、分离及菌种保藏，一般用试管作为容器，又称为试管培养基。

（一）母种培养基常用的原料

母种培养基常用的基本物质有马铃薯、葡萄糖（蔗糖）、磷酸二氢钾、硫酸镁、蛋白胨、维生素 B_1 和琼脂等，详见表 4-1。

表 4-1　母种培养基常用的原料及用途

原　料	用　　途
马铃薯	富含淀粉、蛋白质、脂肪、无机盐、生长因子及活性物质等多种营养物质。是配置母种培养基的常用原料
葡萄糖（蔗糖）	提供菌丝生长所需的碳源
磷酸二氢钾	含磷、钾元素，提供菌丝代谢所需的矿质元素，同时具有缓冲作用，可使培养基的 pH 保持稳定
硫酸镁	提供硫、镁元素，促进酶活性、细胞代谢，延缓菌丝体衰老
蛋白胨	提供菌丝生长所需的氮源
维生素 B_1	亦称硫胺素，是菌丝生长的必需因子
琼　脂	又称为洋菜、冻粉，是一种优良的凝固剂，能使培养基形成透明斜面或平板，便于观察菌丝生长情况和识别杂菌

（二）常见的母种培养基

1. 马铃薯葡萄糖琼脂培养基　又称 PDA 培养基。配料：去皮马铃薯 200g、葡萄糖（或蔗糖）20g、琼脂 20g、水1 000mL。此培养基主要用于母种的培养、分离和保藏，适用于绝大多数食用菌，是应用最广泛的一种母种培养基。

2. 马铃薯琼脂综合培养基　配料：去皮马铃薯 200g、葡萄糖 20g、磷酸二氢钾 3g、硫酸镁 1.5g、维生素 B_1 10～20mg、琼脂 20g、水1 000mL。适用于一般食用菌的母种分离、培养和保藏，如香菇、平菇、双孢蘑菇、金针菇、黑木耳等。

3. 马铃薯玉米粉培养基　配料：去皮马铃薯 200g、蔗糖 20g、玉米粉 50g、磷酸二氢钾 1g、硫酸镁 0.5g、琼脂 20g、水 1 000mL。本配方适用于香菇，黑木耳、猴头菌的母种培养。

4. 木屑浸出汁培养基　配料：木屑 500g、米糠（麸皮）100g、葡萄糖 20g、硫酸铵 1g、琼脂 20g、水1 000mL。适用于木腐菌类的菌种分离和培养。

5. 土壤浸出液培养基　配料：野生菌生长土壤 50g、去皮马铃薯 200g、葡萄糖 20g、琼脂 20g、水1 000mL。常用于野生菌的分离培养。

6. 粪草琼脂培养基　配料：发酵好的粪草 100g、琼脂 20g、水1 000mL。常用于双孢蘑菇母种的培养。

7. 黄豆粉蔗糖培养基　配料：黄豆粉 100g、蔗糖 20g、琼脂 20g、水1 000mL。常用于黑木耳母种的培养。

8. 稻草汁培养基　配料：稻草（粉碎）200g、蔗糖 20g、硫酸铵 3g、琼脂 20g、水1 000mL。常用于草菇、双孢蘑菇等草腐菌母种的培养。

9. 麦麸葡萄糖培养基　配料：麦麸 100g、麦芽糖 10g、葡萄糖 10g、硫酸铵 1g、磷酸二氢钾 1g、琼脂 30g、水1 000mL。适用于银耳母种的培养。

10. 马铃薯麦麸胡萝卜培养基 配料：去皮马铃薯200g、麦麸100g、胡萝卜30g、蔗糖20g、蛋白胨0.5g、琼脂20g、水1 000mL。常用于蜜环菌母种的培养。

（三）母种培养基的制作方法

母种培养基的种类较多，制作方法大致相同，这里以马铃薯葡萄糖琼脂培养基（PDA）为例介绍母种培养基的制作方法（图4-2）。

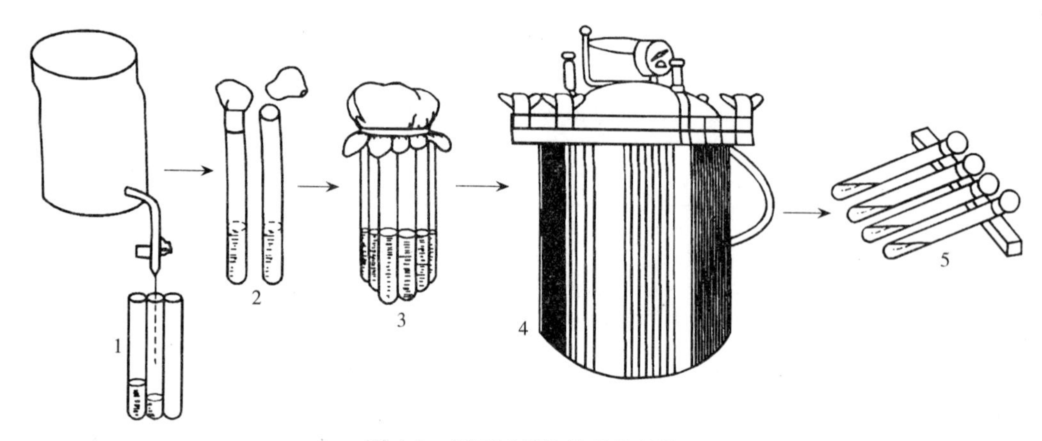

图4-2 斜面试管培养基的制作
1. 分装试管 2. 塞棉塞 3. 捆扎包好 4. 高压灭菌 5. 摆斜面
（常明昌.2009. 食用菌栽培.2版）

1. 选择配方 根据所要培养的食用菌母种选择合适的培养基配方，要结合当地的资源情况，遵循材料来源广泛、价格低廉的原则。PDA培养基配方为：马铃薯200g、葡萄糖（或蔗糖）20g、琼脂20g、水1 000mL。

2. 材料预处理 马铃薯清洗干净，去皮，去芽眼，按配方准确称取各种物品的用量，准备好电炉、铝锅、烧杯、试管、漏斗、纱布等实验器具。

3. 配制 将去皮马铃薯切成小块，放入铝锅内加水800mL，煮沸，待水沸后计时20min左右，当马铃薯酥而不烂时停止加热，将马铃薯滤液用双层纱布过滤至烧杯中，倒掉铝锅滤杂洗净，将滤液倒回锅中，以文火加热，加入葡萄糖（或蔗糖）和琼脂，不断搅拌，待其全部融化，补足水分，最后定容至1 000mL。根据所要培养的食用菌母种调节培养基的pH，大部分食用菌的母种培养基不用特意调节pH，但是对于一些特殊的菇类，如猴头菇，需要调节pH到约5.5，草菇需要将pH调节到8.0左右。

培养基趁热进行分装，试管斜面培养基一般采用18mm×18mm的玻璃试管。

4. 分装试管 采用分装桶进行分装，每支试管装培养基量为试管长的1/5～1/4，避免培养基粘在试管口、试管壁上，如不慎粘脏管口可用干净毛巾擦净，以防引起棉塞污染。

5. 塞棉塞 一般用普通的棉花制种棉塞，棉塞的长度为5cm左右，棉塞塞入试管时要紧贴管壁，两头光滑不留毛茬，棉塞的松紧度要适中，以手提棉塞不容易脱落为度，棉塞以2/3进入管口、1/3留在管外为宜。现多用专业试管塞。

6. 扎捆灭菌 以5～10支试管为1捆，包好牛皮纸，用捆扎绳扎好，贴上标签，放入高压灭菌锅内进行灭菌，一般温度121℃、30min即可灭菌彻底。

7. 摆斜面 灭菌结束后，趁热取出试管，将试管头部棉塞处垫高，试管底部放低，使试管内培养基液面呈斜面状态，一般斜面长度为试管长度的1/2，放置一段时间，待培养基冷却后，在试管内自然形成固体斜面。

8. 检查灭菌效果　做好的试管培养基在 20℃以上，或在常温条件下，培养数天，如培养基表面没有真菌菌丝或细菌菌落发生，则可以用于接种。

（四）主要事项

（1）配方中有马铃薯或木屑的，应先煮这两种配料，等煮沸 20min 后再加入玉米粉、麦麸、米糠等，再同煮约 10min，最后再过滤。

（2）蔗糖、硫酸镁、蛋白胨、磷酸二氢钾等易溶物质须在琼脂完全融化后再加入，加入过程中要不断搅拌，防止糊锅。

（3）水分在加热过程中会蒸发损失，因此在最后一定要将培养基加水定容至1 000mL。

（4）根据培养母种所需酸碱度调节培养基的 pH。

三、原种、栽培种培养基

食用菌原种和栽培种的营养要求基本相似，因此可以采用相同的培养基配方，一般都是以天然有机物质外加一定比例的无机盐类配制成半合成的固体培养基。但是从菌丝的发育进程和分解养料能力上来说，原种对培养基的要求比栽培种要更精细，营养成分更丰富一些。栽培种培养基则更粗放、广泛些。

（一）原种、栽培种培养基常用的原料

食用菌类型原种、栽培种培养基原料见表 4-2。

表 4-2　不同食用菌类型原种、栽培种培养基原料

食用菌类型	原种、栽培种培养基原料
香菇、黑木耳等木腐型食用菌	主料：木屑；辅料：麦麸、米糠或玉米粉等
侧耳类、金针菇、猴头菌等木腐型食用菌	主料：棉籽壳、玉米芯；辅料：麦麸、米糠或玉米粉等
双孢蘑菇、草菇等草腐型食用菌	主料：粪草；辅料：麦麸或米糠等
木腐型和草腐型食用菌	主料：谷粒；辅料：木屑、石膏粉等

（二）原种、栽培种常用的培养基配方

1. 木屑麸皮培养基　木屑（阔叶林）78%、麸皮（或米糠）20%、石膏粉 1%、蔗糖 1%，料水比 1∶（1.2～1.5），pH 为 6.0～6.5。适用于香菇、平菇、黑木耳、银耳等木腐菌的原种、栽培种的培养。

2. 棉籽壳培养基　棉籽壳 78%、麸皮（或米糠）20%、石膏粉 1%、蔗糖 1%，料水比 1∶（1.2～1.5），pH 为 6.0～6.5。适用于平菇、金针菇、黑木耳、猴头菇、灵芝等一般食用菌原种、栽培种的培养。

3. 稻草麦麸培养基　干稻草 80%、麸皮（或米糠）18%、石膏粉 1%、蔗糖 1%，水适量，pH 为 6.0～6.5。适用于草菇、平菇等原种、栽培种的培养。

4. 玉米芯培养基　玉米芯（粉碎）80%、麸皮（或米糠）18%、石膏粉 1%、过磷酸钙 1%、料水比 1∶（1.2～1.5）。适用于猴头菌、平菇、金针菇、黑木耳等原种、栽培种的培养。

5. 粪草培养基　粪草（粪草比 3∶2 发酵）90%、麸皮（或米糠）8%、石膏粉 1%、蔗糖 1%，料水比 1∶（1.2～1.5），pH 为 7.0～7.2。适用于双孢蘑菇、草菇原种、栽培种的培养。

6. 甘蔗渣培养基 甘蔗渣79%、麦麸（或米糠）20%、石膏粉1%，料水比1∶(1.2～2)，pH为6.0～6.5。适用于黑木耳、金针菇、猴头菌等原种、栽培种的培养。

7. 谷粒培养基 麦粒（小麦、大麦、谷子、高粱粒等煮熟）98%、石膏粉2%，pH为6.0～6.5。适用于多种食用菌原种、栽培种的培养。

8. 草粉培养基 稻草粉（或麦草粉）97%、石膏粉1%、蔗糖1%、过磷酸钙1%。适用于草菇原种、栽培种的培养。

9. 种木培养基 阔叶树的木块、木签及枝条等10kg，麦麸（或米糠）2kg，红糖0.4kg，碳酸钙0.2kg，水适量。适用于香菇、侧耳类食用菌原种、栽培种的培养。

（三）原种、栽培种培养基的制作方法

原种、栽培种培养基制种方法相同，制备过程包括：材料准备、拌料、装瓶装袋、灭菌、接种、培养等工艺流程。以木屑麸皮培养基制作为例，首先按比例称取各种原料，先将木屑、麸皮（或米糠）、石膏粉搅拌均匀，将蔗糖溶于水拌入料中，加入适当比例的水充分搅拌均匀，料水比一般为1∶（1.2～1.5），生产上一般通过手测法判定料水比是否适当（方法见本教材项目二相关内容）。培养料配制好后，闷堆1～2h就可以装料了，可人工装料或机械装料。原种一般装瓶或装袋，栽培种装袋，装料要均匀一致，料要内松外紧，料面要平整。去除瓶口或袋口多余的料渣，用棉塞塞上瓶口或用细绳扎紧袋口准备灭菌。

知识四　食用菌菌种的分离

食用菌生产与其他农业生产一样，要想获得优质高产的产品，就必须具备优良的种子，即纯菌种，菌种的优劣直接关系到生产的成败。在自然界，食用菌往往与其他微生物共同生存，菌种的分离就是用人工方法排除其他微生物，在分离对象上选取一定的组织或细胞，在洁净环境中进行培养，进而获得纯培养菌丝的操作方法。菌种分离是菌种纯化的基本方法，是制种工作的首要环节和核心技术。通常食用菌菌种分离采用组织分离法、孢子分离法和种木分离法三种方法，无论哪一种分离方法都是要在无菌的条件下操作才能使分离获得成功。因此，在做分离工作之前首先要学会如何创造无菌条件，这就要求我们要掌握接种箱、超净工作台的消毒、灭菌以及正确的使用方法。无菌操作的方法及要点在本教材项目二已经详细介绍，本项目就不再讲解。

一、组织分离法

桑黄的组织分离法

组织分离法是利用食用菌的部分组织经培养获得纯菌丝体的方法。食用菌组织分离法具有操作简便、分离成功率高、便于保持原有品系的遗传特性等优点，因此是生产上最常用的一种菌种分离法。子实体、菌核和菌索等食用菌组织体都是由菌丝体纽结而形成的，都具有很强的再生能力，可以作为菌种分离的材料，因此食用菌组织分离法又可分为子实体组织分离法、菌核组织分离法和菌索组织分离法。生产上常采用子实体组织分离法。

（一）子实体组织分离法

采用子实体的任何一部分如菌盖、菌柄、菌褶、菌肉进行组织培养，获得纯菌丝体的方法。虽然采用子实体的任何一部分都能分离培养出菌种，但是生产上常选用菌柄和菌

褶交接处的菌肉作为分离材料，此处组织新生菌丝发育完好、健壮、无杂菌污染，采用此处的组织块分离出的菌种生命力强、健壮，成功率高。不建议使用菌褶和菌柄作为分离材料，因为这些组织主要在空气中暴露，容易被杂菌污染，菌丝的生活力弱，分离成功率低。

子实体组织分离法的基本步骤见图4-3。

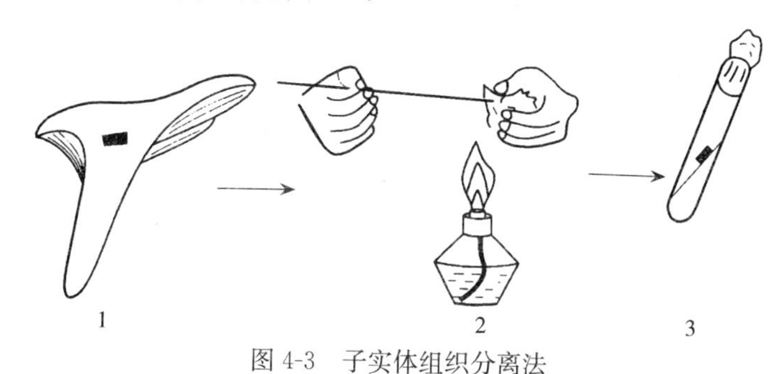

图4-3　子实体组织分离法

1. 黑色标志为切取部位　2. 挑取切好的菌肉　3. 移放到试管培养基的斜面中央

（常明昌.2009. 食用菌栽培.2版）

香菇组织分离法

1. 种菇选择　选择头潮、生长健壮、特征典型、大小适中、颜色正常、无病虫害、七八分熟度的优质单朵菇作种菇。

2. 种菇消毒取组织块　将种菇放入无菌接种箱或超净工作台台面上，切去部分菌柄，然后将其放入75%的酒精溶液或0.1%的升汞溶液中，浸泡约1min，用镊子上下不断翻动，充分杀灭其表面的杂菌，用无菌水冲洗2～3次，再用无菌滤纸吸干表面的水分。有些菇类浸泡时间长了会将组织细胞杀死，可改成用酒精棉反复涂擦。将消毒好的种菇移至工作台面，用消过毒的解剖刀在菌柄和菌盖中部纵切1刀，撕开后在菌柄和菌盖交界处的菌肉部位上、下各横切1刀，然后在横切范围内纵切4～5刀，即将菌肉切成4～5个黄豆大小的菌块组织。

3. 接种培养　用经火焰灭菌的接种针挑取一小块菌肉组织，放在试管培养基的斜面中央，一般一个菇体可以分离6～8支试管，每次接种在30～50支试管，以备挑选用。将接种好的试管置于20～25℃下培养，2～4d后可看到组织块上长出白色绒毛状菌丝体，周围无杂菌污染，表明分离成功。再在无菌条件下，用接种钩将新生菌丝的前端最健壮部分移接到新的斜面培养基上，再经过5～7d适温培养，长满试管后即为纯菌丝体菌种。有时这样的转管提纯操作要进行多次。

4. 出菇实验　将分离得到的试管菌种扩大繁殖，移接培养成原种、栽培种，并小规模进行出菇试验，选择出菇整齐、产量高、质量好的，即可作为栽培生产用种。

（二）菌核组织分离法

采用食用菌菌核组织分离培养获得纯菌丝体的方法。某些食用兼药用菌类，如茯苓、猪苓等子实体不易采集到，它们常以菌丝组织体的形式——菌核形式存在，因此需要采用菌核进行组织分离。

菌核组织分离法的基本步骤为：

1. 选择分离材料　选择幼嫩、未分化、表面无虫斑、无杂菌的新鲜个体。

2. 消毒分离　选好种菇后，用清水清洗表面，去除杂质，将其放入无菌接种箱或超净工作台，再用无菌水冲洗两遍，无菌纱布吸干水分，用75%的酒精棉球擦拭菌核表面进行消毒，用消毒过的解剖刀对半切开菌核，在中心部位挑取黄豆大小的1个组织块接种至斜面培养基上。

3. 培养 在约25℃下培养至长出绒毛状菌丝体，然后转管扩大培养即获得母种。应该注意的是由于菌核是食用菌的营养贮存器官，其内部大部分是多糖物质，菌丝含量较少，因此分离时应挑取较大块的接种块进行接种，否则分离会失败。

（三）菌索组织分离法

采用食用菌菌索组织分离培养获得纯菌丝体的方法。如蜜环菌、假蜜环菌这类大型真菌，在人工栽培条件下不形成子实体，也无菌核，它们是以特殊结构的菌索来进行繁殖的，因此可用菌索作为分离材料。

菌索组织分离法的基本步骤为：

1. 选择分离材料 选择新鲜、粗壮、无病虫害的菌索数根。

2. 消毒分离 用清水冲洗菌索表面，去除泥土及杂物，吸干水分后放入无菌接种箱或超净工作台，用酒精棉球对菌索表面进行消毒，用灭过菌的解剖刀将菌索菌鞘割破后小心剥去，将里面的白色菌髓取出置于无菌培养皿中。割取一小段菌髓组织接入斜面培养基中央。

3. 培养 将完成接种的斜面试管置于适宜温度下培养，待菌丝长出来后经几次转管就可获得母种。需要说明的是一般情况下人们获得的菌索组织都比较细小，分离较为困难，容易污染。为提高分离的成功率，需要在培养基中加入青霉素或链霉素等抗生素，作为抑菌剂抑制杂菌的生长。浓度一般为40mg/kg，配制时在1 000mL的培养基中加入1%青霉素或1%链霉素4mL即可。

二、孢子分离法

孢子分离法是指采用食用菌成熟的有性孢子萌发培养成纯菌丝体的方法。孢子是食用菌的基本繁殖单位，用孢子来培养菌丝体是制备食用菌菌种的基本方法之一。食用菌有性孢子分为担孢子和子囊孢子，它承载了双亲的遗传特性，具有很强的生命力，是选育优良新品种和杂交育种的好材料。在自然界孢子成熟后就会从子实体层中弹射出来，人们就是利用孢子这个特性来进行菌种分离工作的。孢子分离法可分为单孢子分离法和多孢子分离法两种，对于双孢蘑菇、草菇等同宗结合的菌类可采用单孢子分离法获得菌种；而平菇、香菇、黑木耳等异宗结合的菌类只能采用多孢子分离法获得菌种。

（一）多孢子分离法

利用孢子采集器具将多个孢子接种在同一培养基上，让其萌发成单核菌丝，并自由交配，从而获得纯菌种的方法。多孢子分离法操作简单，没有不孕现象，是生产中较普遍采用的一种分离菌种的方法。多孢子分离法根据孢子采集的方法不同分为孢子弹射分离法、菌褶涂抹法、孢子印分离法、空中孢子捕捉法等。

1. 孢子弹射分离法 利用成熟孢子能自动弹出子实体层的特性来收集并分离孢子，根据食用菌子实体的不同形态结构，采集孢子的方法有整菇插种法、钩悬法和贴附法。

（1）整菇插种法。伞菌类食用菌如香菇、平菇、金针菇、双孢蘑菇、草菇等多采用此方法采集孢子。方法操作很简单，将成熟的种菇经表面消毒后，插入孢子收集器（图4-4）内置于适宜温度下让其自然弹射孢子，获得的孢子在无菌条件下接种到培养基上即可形成纯菌种。

（2）钩悬法。常用于不具菌柄的耳类食用菌如黑木耳、银耳等子实体的孢子采集。操作方法为：选取新鲜成熟的耳片，去除耳根及基质碎屑，在无菌条件下，用无菌水冲洗干净，切取肥大的耳片放入烧杯内用无菌水反复冲洗数次，用无菌纱布吸干。从处理好的耳片上切取一小块，孕面朝下钩在灭过菌的金属钩上，将金属钩悬挂于经彻底灭菌并装有1cm厚母种培养基的三角瓶内，塞上棉塞，在23～25℃条件下培养24h，孢子会落在培养基上，在无菌条件下，取出金属钩和耳片，塞上棉塞保存备用（图4-5）。

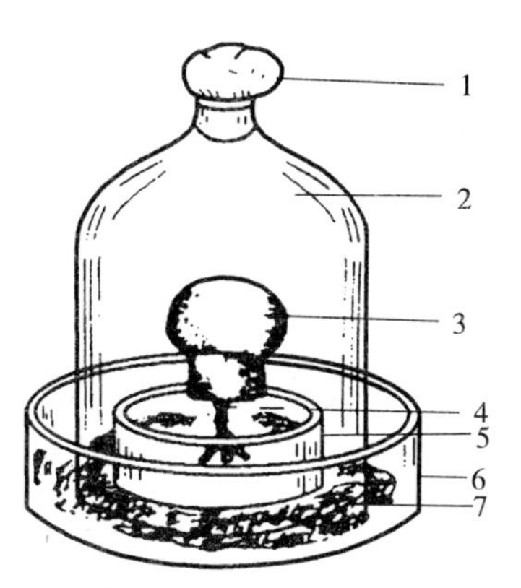

图4-4　孢子采集器

1. 棉塞　2. 钟罩　3. 种菇

4. 种菇支架　5. 培养皿

6. 大号培养皿或搪瓷盒

7. 浸过升汞的纱布

（杜敏华．2007. 食用菌栽培学）

（3）贴附法。在无菌条件下用消过毒的镊子在刚刚开膜的菌盖上取一小块成熟的菌褶或带菌褶的菌盖，用经过灭菌融化的琼脂将分离物贴在无菌的试管壁或无菌的培养皿菌盖上，放置约12h，孢子就会弹射在试管底部或培养皿底部，

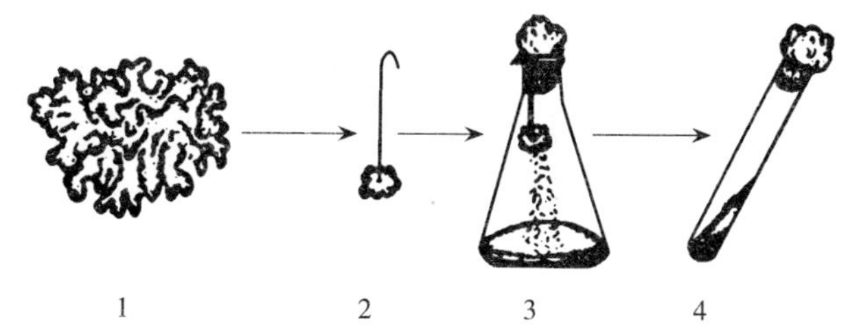

图4-5　钩悬法采集分离胶质菌孢子

1. 处理好的耳片　2. 切取小块固定到金属钩上

3. 金属钩悬于三角瓶内，耳片弹射孢子　4. 用试管培养基提纯为一级种

（王贺祥．2008. 食用菌学）

采用无菌操作方法取出分离物，盛有孢子的培养皿和试管贴标签后在4℃下保藏备用。

2. 菌褶涂抹法　取成熟的伞菌，用解剖刀切去菌柄，在无菌条件下用75%酒精对菌盖菌柄表面进行消毒，用经火焰灭菌并冷却后的接种环插入两片菌褶之间，并轻轻抹过菌褶表面，此时大量成熟的孢子就会黏在接种环上，采用画线法将孢子涂抹于PDA试管培养基上或平板上，在适温下培养，数天后即可获得纯菌丝体。

3. 孢子印分离法　取新鲜成熟的伞菌或木耳类胶质菌子实体，表面消毒后切去菌柄，菌褶朝下放置于灭过菌的有色纸上（白色孢子的用黑色纸，深色孢子的用白色纸），然后用通气罩罩上，在20～24℃放置24h，轻轻拿去钟罩，发现大量的孢子已经落在纸上，可以看见清晰的孢子印。从孢子印上挑取少量孢子移入试管培养基上培养即可获得母种。

4. 空中孢子捕捉法　平菇、香菇等伞菌类食用菌成熟后，大量的孢子会从子实体层自动弹射出来，形成似烟雾状的“孢子云”，这时可将试管斜面培养基的管口或培养基平板对准孢子云飘动的方向，使孢子附着在培养基表面，塞上棉塞或盖上皿盖，整个操作过程动作要迅速敏捷。

（二）单孢子分离法

单孢子分离法是指从收集到的多孢子中通过一定手段分离出单个孢子，单独培养，进行杂交获得菌种的方法。单孢子分离法操作比较简单，成功率较高，是食用菌杂交育种常规手段之一，也是食用菌遗传学研究不可少的手段。分离单孢子常用单孢子分离器，在没有单孢子分离器时也可以采用平板稀释法、连续稀释法和毛细管法获得单个孢子。此处仅介绍平板稀释法。

平板稀释法是实验室较常用的一种单孢子分离法，操作基本方法为：首先用无菌接种针挑取少许孢子放在无菌水中，充分摇匀成孢子悬浮液，用无菌吸管吸取 1～2 滴孢子液于 PDA 培养基平板上，然后用无菌三角形玻璃棒将悬浮液滴推散推平，将其放置适温条件下培养，2～3d 后培养基表面就会出现多个分布均匀的单菌落，一般一个菌落为一个单孢子萌发而成的，在培养皿背面用记号笔做好标记，当菌落形成明显的小白点后，在无菌条件下用接种针将小白点菌落连同小块培养基一起转接至试管斜面培养基上，继续培养，待菌落长大约 1cm 时，挑取少量菌丝进行镜检，观察有无锁状联合结构，以便初步确定为单核菌丝。

三、种木分离法

种木分离法是指利用食用菌的菇木或生育基质作为分离材料，获得纯菌丝的一种方法。此种方法一般在得不到子实体，或得到的子实体小又薄，孢子不易获得，无法采用组织分离法或孢子分离法获得菌种的情况下才采用。种木分离法优点是获得的菌种一般生活力都较强，缺点是污染率较高。生产上一些木腐菌类的黑木耳、银耳、香菇、平菇等菌类都可以用种木分离法。

具体操作步骤为（图 4-6）：种木的采集必须在食用菌繁殖盛期，在已经长过子实体的种木上，选择菌丝生长旺盛，周围无杂菌的部分，用锯截取一小段，将其表面的杂物洗净，自然风干。分离前先将种木通过酒精灯火焰重复数次，烧去表面的杂菌孢子，再用 75%的酒精进行表面消毒，用无菌解剖刀切开种木，挑取一小块菇木组织接入 PDA 培养基上。注意：挑取的组织块必须从种木中菌丝蔓延生长的部位选取，且组织块越小越好，可减少杂菌污染，提高分离成功率。在适温下培养即可获得母种。

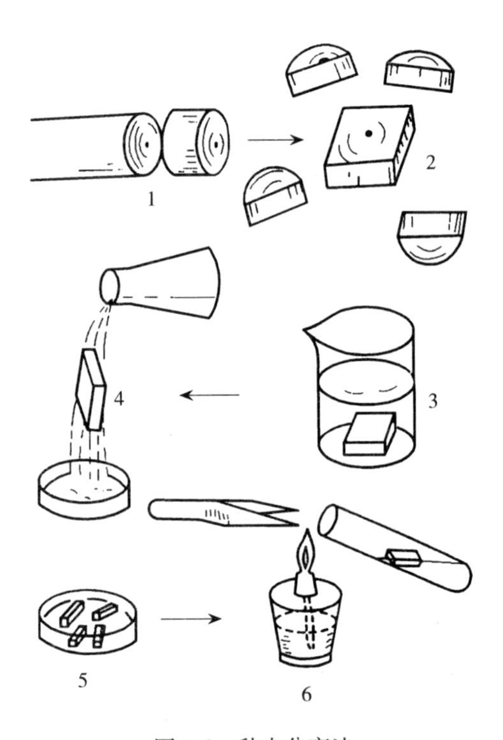

图 4-6　种木分离法

1. 种木　2. 切去外围部分　3. 消毒
4. 冲洗　5. 切成小块　6. 接入斜面

（蔡衍山．2003．食用菌无公害生产技术手册）

知识五　食用菌菌种的制作与培养

一、菌种的制作

人们通过菌种分离获得纯的菌丝体后，就可以应用于食用菌菌种的制作了，食用菌菌种的制作一般需要经过母种、原种和栽培种三个培养阶段。首次从大自然中通过人工分离方法获得的纯菌丝体经过转管纯化即获得生产上需要的母种。将母种接种到原种培养基上即获得原种，原种再接种到栽培培养基上扩大繁殖即为生产上所用的栽培种。母种是菌种生产的根本，是食用菌菌种制作的关键环节，没有质量好的母种，就得不到好的原种和栽培种。这就要求我们在菌种生产的最初严格按照无菌操作规程进行，从菌种分离、转管、接种、培养等步骤都要严格把关，才能保证菌种的纯正，保障食用菌生产的安全顺利进行。

接种即将接种物移至培养基上，在菌种生产工艺中称为接种，而在栽培工艺即生产中称为下种或播种，它是食用菌菌种制作过程中的一个关键操作环节，接种操作方法是否得当直接影响着后续食用菌的生产成败。接种一般要在无菌操作下进行，母种、原种和栽培种的具体接种方法详见本教材项目二，在此不再详述。

二、菌种的培养

（一）固体菌种的培养

经接种后的母种、原种和栽培种，都需要放在适宜的环境条件下进行培养。培养条件包括温度、湿度、空气和光照。不同种类的食用菌对环境条件的要求有所不同，所以要根据它们的生理要求进行培养。

1. 温度　温度是影响食用菌生长发育的重要环境因子，控制适宜的温度是菌种培养中最重要的环节。温度直接关系到菌丝体生长的快慢及菌丝体的健壮程度。在菌种生产过程中，如果培养的温度过高易造成菌丝生长太快，菌种早衰；太低则菌丝生长缓慢，生产周期延长。培养时有条件的话最好装有控温设施，如条件不允许，只能利用自然温度进行食用菌生产，这就要求根据栽培品种合理安排播种期。除草菇外多数食用菌菌丝体适宜生长温度为20～25℃，但是由于菌丝体在生长发育过程中进行呼吸作用产生热量，致使培养料温要比培养室温高1～4℃，因此培养室的温度应控制在比该菌种最适温度低2～3℃。

2. 湿度　虽然菌种在相对密封的容器中生长，但过低的空气相对湿度不利于培养料的含水量的保持，过高的空气相对湿度容易引发杂菌在袋头或瓶口处污染。在自然条件下培养，对湿度一般不需多加管理，但是遇上梅雨季节或多雨天气一定要注意加强通风，保持培养室的干燥。食用菌在菌丝体生长阶段对空气相对湿度的要求一般在60%～70%。如果在加温条件下培养，室内的空气相对湿度应保持在65%左右，可以使用空气加湿器或培养室地面洒水等方法来提高空气相对湿度。

3. 空气　食用菌基本上都属于好气性真菌，通气的好坏直接影响着菌丝的生长健壮程度，菌种培养室要设置良好的通风系统，在菌丝培养阶段一定要注意培养室的通风换气，一般每天进行通风1～2次，每次20～30min。

4. 光照　食用菌在菌丝生长阶段一般不需要光线或只需微弱的散射光，在黑暗处长得快、齐、壮，光线对菌丝体发育有明显的抑制作用，因此培养室要求要阴暗、避光，特殊情况下要进行遮光处理。

（二）液体菌种的培养

液体菌种的培养除了需要满足一定的温度、湿度、空气和光照外，还需要在专门的设备里进行培养。液体菌种的培养方式主要有两种，一种是摇床三角瓶振荡培养，另一种是利用液体发酵罐进行深层发酵罐培养。因生产上使用较少，故只做简单介绍。

1. 摇床三角瓶振荡培养　将制作好的液体培养基装入三角瓶内，同时放入10～15粒小玻璃珠，用约10层纱布或透气封口膜封口，用一层牛皮纸将纱布或封口膜包扎好，放入高压灭菌锅内1.1kg/cm^{2}压力下灭菌30min，冷却后在无菌条件下接种，每支斜面母种接种约10瓶。将接种后的三角瓶置于摇床上进行振荡培养，振荡频率为80～100次/min，振幅6～10cm，在适温下培养72～96h。摇瓶菌种可用于固体菌种接种、发酵罐接种或保藏备用。

2. 深层发酵罐培养　深层发酵罐培养是利用发酵罐生产液体菌种的方法。它包括四大系统，即温控系统、供气系统、冷却系统和搅拌系统。具体工艺流程见图4-7。

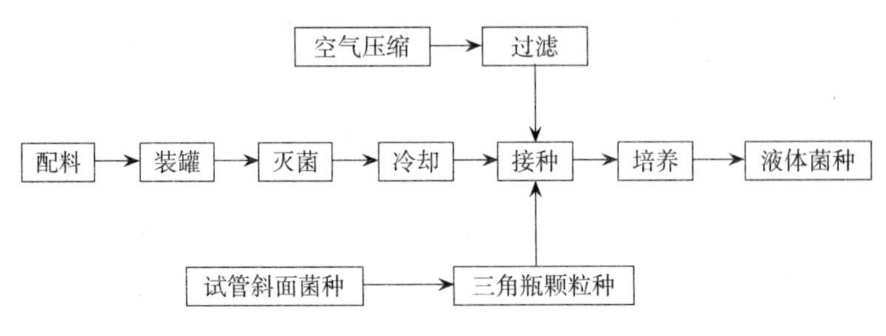

图4-7　液体菌种生产工艺流程

先将液体培养基装入发酵罐内，在121℃下灭菌30min，用发酵罐夹层的水冷却至培养温度；将三角瓶颗粒种开瓶后在火焰圈的保护下倒入发酵罐中，操作要准确，动作要快而敏捷；最后根据不同的菌种设定适宜的培养温度，培养期间要检测发酵罐的温度、压力及气流量，并不断地向发酵罐提供无菌空气，以促进菌丝的健康生长。

知识六　食用菌菌种质量的鉴定

菌种质量的优劣是食用菌栽培成败的关键，必须通过鉴定后方可投入生产。把好菌种质量关是保障食用菌安全、顺利生产的前提。食用菌菌种的鉴定主要包括两方面的内容：一是鉴定未知菌种是什么菌种，从而避免因菌种混乱造成的不必要损失；二是鉴定已知菌种质量的好坏，从而理性指导生产。

菌种质量鉴定必须从形态、生理、栽培和经济效益等方面，依据菌种质量标准进行综合评价。菌种质量标准是指衡量菌种培养特征、生理特性、栽培性状、经济效益所制订的综合检验标准。一般从菌种的纯度、长相、菌龄、出菇快慢等方面进行鉴定。

菌种质量鉴定的基本方法主要有外观直接观察、显微镜检验、菌丝萌发、生长速率测定、菌种纯度测定、吃料能力鉴定、耐温性测定和出菇试验等，其中出菇试验是最简单直观可靠的鉴定方法。

一、母种质量的鉴定

优良母种应该具备菌丝纯度高、生活力强、菌龄适宜、无病虫害、出菇整齐、高产、稳产、优质、抗逆性强等特征。

（一）鉴定方法

1. 外观直接观察　好的菌种菌丝粗壮、浓白，生长均匀、旺盛；差的菌种菌丝干燥，收缩或萎蔫，菌种颜色不正，过老的菌种会产生大量红褐色液体，打开棉花塞菌丝有异味。

2. 菌丝长势鉴定　将待鉴定菌种接种到其适宜培养基上，置于最适温度、湿度条件下培养，如果菌丝生长迅速、整齐浓密、健壮，则表明是优良菌种；否则是劣质菌种。

3. 抗性鉴定　待鉴定菌种接种后，在适宜温度下培养一周，提高培养温度至30℃，培养数小时，若菌丝仍能正常健壮生长则为优良菌种，若菌丝萎蔫则为劣质菌种；或者改变培养基的干湿度，若能在偏干或偏湿培养基上生长健壮的菌种为优良菌种，否则为劣质菌种。

4. 分子生物学鉴定　采集待鉴定菌种的菌丝用现代生物技术进行同工酶、DNA 指纹图谱等比较分析，鉴定菌种的纯正性。

5. 出菇试验　将菌种接种培养料进行出菇生产，观察菌丝生长和出菇情况。优良菌种菌丝生长快且长势强，出菇早且整齐，子实体形态正常，产量高，转潮快且出菇潮数多，抗性强，病虫害发生少。

（二）常见食用菌母种质量鉴定

1. 香菇　菌丝洁白，呈棉絮状，菌丝初期色泽淡较细，后逐渐变白、粗壮。有气生菌丝，略有爬壁现象。菌丝生长速度中等偏快，在24℃下约13d即可长满试管斜面培养基。菌丝老化时不分泌色素。

2. 黑木耳　菌丝白色至米黄色，呈细羊毛状，菌丝短，整齐，平贴培养基生长，无爬壁现象。菌丝生长速度中等偏慢，在28℃下培养，约15d长满斜面培养基。菌丝老化时有红褐色珊瑚状原基出现。菌龄较长的母种，在培养基斜面边缘或底部出现胶质状、琥珀状颗粒原基。

3. 平菇　菌丝白色、浓密、粗壮有力，气生菌丝发达，爬壁能力强，生长速度快，25℃约7d就可长满试管培养基斜面。菌丝不分泌色素，低温保存能产生珊瑚状子实体。

4. 双孢蘑菇　菌丝白色、直立、挺拔、纤细、蓬松、分支少、外缘整齐、有光泽。分气生型菌丝和匍匐型菌丝两种，一般用孢子分离法获得的菌丝多呈气生型，菌丝生长旺盛，基内菌丝较发达，生长速度快；用组织分离法获得的菌丝呈匍匐型，菌丝纤细而稀疏，贴在培养基表面呈索状生长，生长速度偏慢。菌丝老化时不分泌色素。

5. 金针菇　菌丝白色、粗壮，呈细棉绒状，有少量气生菌丝，略有爬壁现象。菌丝后期易产生粉孢子，低温保存时，容易产生子实体。菌丝生长速度中等，25℃时约13d即可长满试管培养基斜面。

6. 草菇　菌丝纤细、灰白色或黄白色，老化时呈浅黄褐色。菌丝粗壮，爬壁能力强，多为气生菌丝，培养后期在培养基边缘出现红褐色厚垣孢子。菌丝生长速度快，33℃下培养4～5d即可长满试管培养基斜面。

二、原种、栽培种质量的鉴定

（一）优良的原种、栽培种具备的特征

（1）菌种瓶或菌袋完整无破损，棉塞处无杂菌生长，菌种瓶或菌袋上标签填写内容与实际需要菌种一致。

（2）菌丝色泽洁白或符合该菌种的颜色形态特征。

（3）菌丝生长健壮，整齐一致，已经长满整个瓶装或袋装培养基，菌袋富有弹性。

（4）菌种瓶或菌袋内无杂色出现，未被杂菌污染，无黄色或褐色汁液渗出，无颉颃线

存在。

(5) 菌种未出现如下老化现象：培养基干缩与瓶壁或袋壁分离，出现转色现象，出现大量菌瘤。

(二) 常见食用菌原种、栽培种质量鉴定（表 4-3）

表 4-3 常见食用菌原种、栽培种质量鉴定

菌　种	优良菌种特征
平　菇	菌丝洁白、粗壮、密集、尖端整齐、长势均匀、爬壁力强。菌柱断面菌丝浓白、清香、无异味。发菌快，后期有少量珊瑚状小菇蕾出现，菌龄约 25d
香　菇	菌丝洁白、粗壮、生长旺盛，后期见光易分泌出酱油色液体，在菌瓶或菌袋表面形成一层棕褐色菌皮，有时表面会产生小菇蕾，菌龄约 40d
黑木耳	菌丝洁白、密集、棉绒状、短而整齐，菌丝发育均匀一致，培养后期瓶壁或袋壁周围会出现褐色或浅黑色、梅花状胶质原基，菌龄约 40d
双孢蘑菇	菌丝灰白带微蓝色、细绒状、密集、气生菌丝少，贴生菌丝在培养基内呈细绒状分布，发菌均匀，有特殊香味，菌龄约 50d
金针菇	菌丝白色、健壮、尖端整齐，后期有时呈细粉状，伴有褐色分泌物，菌龄约 45d
草　菇	菌丝密集、呈透明状的白色或黄白色、分布均匀，有金属暗红色的厚垣孢子，菌龄约 25d

知识七　食用菌菌种的保藏与复壮

一、菌种的保藏

菌种保藏的目的是为了防止优良菌种的变异、退化、死亡以及杂菌污染，确保菌种的纯正，从而使其能长期应用于生产及研究。菌种保藏的主要原理是通过采用低温、干燥、冷冻及缺氧等手段最大限度地降低菌丝体的生理代谢活动，抑制菌丝的生长和繁殖，尽量使其处于休眠状态，以长期保存其生活力。常用的菌种保藏方法有以下几种：

1. 斜面低温保藏法　是最简单、最普通、最常用的一种菌种保藏方法，几乎适用于所有食用菌菌种。方法为：首先将要保藏的目标菌种接种到新鲜斜面培养基上，在适温下培养，待菌丝长满整个试管斜面后，将其放入 4℃冰箱保藏。草菇菌种保藏温度应调至 10～13℃。斜面低温保藏菌种的培养基一般采用营养丰富的 PDA 培养基，为了减少培养基水分的蒸发，尽可能地延长菌种保藏时间，在配制培养基的时候可以适当调高琼脂的用量，一般增大到 2.5%；同时在培养基中添加 0.2%的磷酸二氢钾以中和菌丝代谢过程中产生的有机酸，也可以延长菌种保藏的时间。

斜面低温保藏法适用于菌种的短期保藏，保藏时间一般为 3～6 个月，临近期限时要及时转管。最好在 2～3 月时转管 1 次，转管时一定要做到无菌操作，防治杂菌污染，一批母种转管的次数不宜太多，防治菌龄老化。保藏的菌种在使用时应提前 1～2d 从冰箱中取出，经适温培养后，活力恢复方能转管移植。

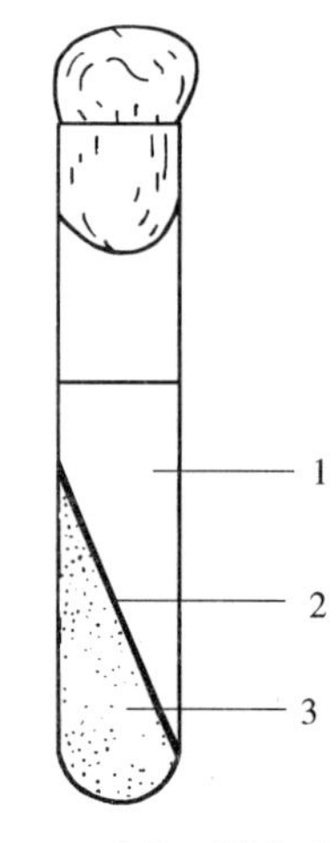

图 4-8　液体石蜡保藏菌种
1. 液体石蜡　2. 菌种　3. 培养基

2. 液体石蜡保藏法　是用矿物油覆盖斜面试管保藏菌种的一种方法，又称矿油保藏（图 4-8）。液体石蜡能隔断培养基与

外界的空气、水分交流，抑制菌丝代谢，延缓细胞衰老，从而延长菌种的寿命，达到保藏目的。方法为：首先将待保藏的菌种接种至PDA培养基上，适温培养使其长满试管斜面；然后将液体石蜡装入三角瓶中加棉塞封口，高压蒸汽灭菌2～3次，待灭菌彻底后将其放入40℃烘箱中烘烤8～10h，使其水分蒸发至石蜡液透明为止。冷却后在无菌操作条件下用无菌吸管将液体石蜡注入待保藏的菌种试管内，注入量以淹过斜面1cm为宜，试管塞上无菌棉塞，在室温下或4℃冰箱垂直放置保藏。

液体石蜡保藏法适用于菌种的长期保藏，一般可保藏3年以上，但最好每1～2年转接1次，使用矿油保藏菌种时，不必倒去矿油，用接种工具从斜面上取一小块菌丝先在无菌水中洗涤，然后移接于斜面培养基上即可。液体石蜡保藏法的缺点是菌种试管必须垂直放置，占地方多，运输交换不便，长期保藏棉塞易沾灰污染，可换用无菌橡皮塞，或将棉塞齐管口剪平，再用石蜡封口。

3. 沙土保藏法 利用干燥的无菌沙土保藏食用菌孢子的方法。取河沙过筛，除去较大颗粒，然后用10%的盐酸浸泡约3h，除去其中有机物质，倒去盐酸，用水冲洗数次至中性，充分烘干；将干沙与土按约3∶1的比例均匀混合后装于安瓿管或小试管，量以0.5～1cm为宜，加棉塞，高压蒸汽灭菌3次（压力0.15MPa，时间30min），再干热灭菌1～2次（160℃，2～3h），进行无菌检验，合格后使用，用接种工具将孢子接于沙土管中搅拌均匀，将接种后的沙土管置于盛有干燥剂（硅胶、生石灰或氯化钙）的容器内，接上真空泵抽气数小时，至沙土干燥为止，经检测证明无杂菌生长后即可石蜡封口低温保藏。此法保藏菌种年限为2～10年。

4. 滤纸片保藏法 将食用菌的孢子吸附在无菌滤纸上，干燥后进行长期保藏的方法。选择滤纸制备滤纸条，白色孢子用黑色滤纸，其他颜色孢子用白色滤纸。将滤纸剪成长2～3cm，宽0.5cm的滤纸条，平铺于小试管中，高压蒸汽（0.15MPa）灭菌30min；采用整菇插种法收集目标保藏菌种的孢子，并制成孢子悬浮液，用无菌吸管吸取1滴于滤纸上，将小试管放入干燥器中1～2d，使滤纸充分干燥，然后低温保藏。滤纸片保藏菌种时间长，菌种不易老化，制种简便，贮运方便。

5. 液氮超低温保藏法 方法为：首先将目标保藏菌种移接到无菌平板，然后取10%（体积比）的甘油蒸馏水溶液0.8mL装入安瓿管，用做保护剂，将安瓿管高压灭菌，冷却备用，将长满无菌平板的目标菌种菌丝体用直径0.5mm的打孔器，在无菌环境打下2～3块，放入安瓿管内，用火焰密封安瓿管管口，检验密封性，密封完好后进行降温，以每分钟下降1℃的速度缓慢降温，直至−35℃左右，使管内的保护剂和菌丝块冻结，然后置于−196℃液氮中保藏。

液氮超低温保藏法适用于所有菌种的保藏，方法操作简便，保藏期长，被保藏的菌种基本上不发生变异，是目前保藏菌种的最好方法。但其保藏设备比较昂贵，仅供一些科研单位和菌种长期保藏单位使用。

除以上几种保藏方法外，还有真空冷冻干燥保藏法、自然基质保藏法、菌丝球生理盐水保藏法等。

二、菌种的复壮

食用菌菌种在传代、保藏和长期生产栽培过程中，不可避免地会出现菌种退化现象，主要表现在某些原来的优良性状渐渐变弱或消失，造成遗传的变异，出现长势差、抗性差、出菇不整齐、产量低、品质差等，给生产带来巨大损失。保持菌种的优良性状及生活力强的特性是保证食用菌优质高产的重要条件。为了避免食用菌菌种的退化，必须采取复壮措施。常用的菌种复壮措施如下：

1. 系统选育 在生产中选择具有本品种典型性状的幼嫩子实体进行组织分离，重新获得新的纯菌丝，尽可能地保留原始种，并妥善保藏。

2. 更替繁殖方式 菌种反复进行无性繁殖会造成种性退化，定期通过有性孢子分离和筛选，从中优选出具有该品种典型特征的新菌株，代替原始菌株可不断地使该品种得到恢复。

3. 菌丝尖端分离 挑取健壮菌丝体的顶端部分，进行转管纯化培养，以保持菌种的纯度，使菌种恢复原来的优良种性和生活力，达到复壮的目的。

4. 更换培养基配方 在菌种的分离保藏和继代培养过程中，不断地更换培养基的配方，最好模拟野生环境下的营养状况，比如：用木屑或木丁保存香菇、黑木耳等木腐型菌种，可以增强菌种的生活力，促进良种复壮。

5. 选优去劣 菌种的分离培养和保藏过程中，密切观察菌丝的生长状况，从中选优去劣，及时淘汰生长异常的菌种。

练习与思考

1. 简述食用菌菌种的概念及其分类。
2. 菌种生产有哪些主要设备和设施？
3. 什么是食用菌的培养基？它包括哪些类型？
4. 食用菌菌种的分离方法主要有哪些？
5. 食用菌菌种保藏的原理是什么？常用的保藏方法有哪些？
6. 食用菌菌种的复壮措施有哪些？

项目五　食用菌病虫害管理

食用菌的生长过程，与生物环境密切相关，良好的生物环境有利于食用菌的健康生长，而有害的生物环境，对食用菌的生产造成一定的危害。病虫害的发生是有害的生物环境主要表现形式，不恰当的防治方法，会造成食用菌产量和质量降低，甚至绝产，同时还会造成农药残留和环境污染等问题。因此，了解食用菌病虫害的种类、危害症状和发生原因，并采取相应的有效防治措施，对提高食用菌生产安全和环境保护具有重要的意义。

知识一　食用菌病害及其防治

食用菌在生长发育过程中，由于环境条件不适，或遭受其他有害微生物侵染，使菌丝体或子实体生长发育受阻，出现生长发育缓慢、畸形、枯萎甚至死亡等现象，从而降低产量和品质，称为食用菌病害。

食用菌病害根据食用菌病原菌的有无，可分为非侵染性病害和侵染性病害两大类。食用菌受到其他微生物的侵染而发生的病害，称为侵染性病害（包括竞争性病害和寄生性病害）；而因外部环境条件的不适应而发生的各种病状称为非侵染性病害，也称为生理性病害。在食用菌生长发育过程中，由于受机械或昆虫、动物（不包括病原线虫）和人为活动的伤害所造成的不良影响及结果，不属于病害。

一、非侵染性病害

由于非生物因素的作用造成食用菌的生理代谢失调而发生的病害，称为非侵染性病害，也称为生理性病害。非生物因素是指生长环境条件不良或栽培措施不当。如培养料含水量、pH、空气相对湿度、光线的不适宜，二氧化碳浓度过高，农药、生长调节物质使用不当等。这类病害不会传染，一旦环境改善，病害症状便不再继续，能恢复正常状态。非侵染性病害最常见的症状是畸形、变色。

（一）营养生长阶段

1. 菌丝徒长

（1）病害特征。菌丝体迟迟不结子实体，浓密的菌丝成团结块，出菇迟或不出菇，严重影响产量。

（2）发病原因。①在母种分离过程中，气生菌丝挑得过多，并接种在含水量过高的原种或栽培种瓶内，菌丝生长过浓密。②管理不当。菇房高温、通风不良、培养料表面湿度大、CO_2 浓度过高等均不利于子实体分化。③培养料中含氮量偏高，菌丝进行大量营养生长，不能扭结出菇。④菌棒脱袋后温、湿度十分适宜菌丝生长，菌丝开始二次生长，从生殖生长又转入营养生长，造成代谢紊乱不能出菇。⑤菇床形成菌被，子实体很难发生。

（3）防治方法。①移接母种时，挑选半基内半气生菌丝混合接种。②加强菇房通风换气，降低 CO_2 浓度及相对空气湿度。③培养基配比要合理，掌握适宜的碳氮比，防止氮营养过剩。④加大通风，促进菌丝倒伏，促进营养生长向生殖生长转化。⑤降低培养湿度及料面湿度，以抑制菌丝生长，若菇床已形成菌被，应及时用刀破坏徒长菌丝以促进原基形成。

2. 菌丝萎缩

（1）病害特征。在食用菌栽培过程中，有时会出现菌丝、菇蕾，甚至子实体停止生长，逐渐萎缩、变干，最后死亡的现象。

（2）发病原因。①培养料配制或堆积发酵不当，造成营养缺乏或营养不合理。②培养料湿度过大，覆土后又遇高温，且没有及时通风，使菌丝因供氧不足、活力下降而萎缩。③高温烧菌引起菌丝萎缩。

（3）防治方法。①选用长势旺盛的菌种。②严格配制和发酵培养料，对覆土进行消毒。③合理调节培养料含水量和空气相对湿度，加强通风换气。④发菌过程中，尤其是生料栽培时，要严防堆内高温。

（二）生殖生长阶段

1. 畸形菇

（1）病害特征。在子实体形成期遇不良环境条件，形成的子实体形状不规则，如子实体出现盖小柄长、菌盖锯缺、子实体不开伞等畸形表现，导致质量降低。

（2）发病原因。①菇房内光线不足或 CO_2 浓度过高，栽培环境过于密闭，会造成食用菌盖小、柄长。②土粒过大、土质过硬、出菇部位过低、机械损伤等，易造成畸形菇产生。③出菇期由于药害或物理化学诱变剂的作用，导致菌褶退化，菌盖锯缺等。④菌丝生理成熟度不够，营养积累不足，菌棒、菌皮尚未形成。

（3）防治方法。①合理安排栽种时期，避开高温季节出菇。②调节适宜温度，适量喷水，以免出菇过密。③通风时切忌让风直接吹向子实体，出菇时给以适量的散射光。④子实体形成期间，慎重选用农药。⑤延长营养生长时间，促进菌丝成熟。

2. 着色病

（1）病害特征。幼菇菌盖局部或全部变为黄色、焦黄色或淡蓝色，子实体生长受到抑制，随着继续生长表现为畸形，如菌盖皱缩上翘，严重影响商品质量。

（2）发病原因。①低温季节使用煤炉直接升温时，菇棚内 CO_2 浓度较高，子实体中毒而变色，菌盖变蓝后不易恢复。②质量不好的塑料棚膜中会有某些不明结构和成分的化学物质，被冷凝水析出后滴落在子实体上，往往以菌盖变为焦黄色居多。③覆土材料中或喷雾器中的药物残留及外界某些有害气体的侵入等，也可导致该病发生。

（3）防治方法。①冬季菇场增温如采用煤炉加温，应设置封闭式传热的烟火管道。②选用抗污染能力强的无滴膜；棚架宜搭建成拱形或“人”字形，不让塑料薄膜上的冷凝水直接落入菌床。③长菇阶段，菇棚内要保持一定的通风换气量，以缩小棚内外温差，减少冷凝水的形成。④在生产过程中，慎重使用农药。

3. 死菇

（1）病害特征。在出菇期间，幼小的菇蕾或小的子实体，在无病虫害的情况下，发生变黄、萎缩、停止生长，甚至死亡的现象。

（2）发病原因。①气温过高或过低，不适合子实体生长发育。②喷水重，菇房通风不良，加上气温高，空气相对湿度大，氧气供应不足，CO_2积累过多，造成菇蕾或小菇闷死。③出菇过密，在生长过程中，部分菇蕾因得不到营养而死亡或因采菇时受到震动、损伤，也会使小菇死亡。④喷药次数过多、用药过量，会使基原渗透压升高或菇体中毒，从而发生药害而死菇。⑤菇棚过于通风，造成子实体被风干致死。

（3）防治方法。①合理安排播种时间，避开高温季节出菇。②调节适宜温度，注意合理通风换气、降温，合理喷水。③采菇时要小心，不要伤害幼菇。④慎用农药，并减少农药使用的次数和用量。

二、侵染性病害

由各种病原微生物引起的，造成食用菌生理代谢失调而发生的病害，称为侵染性病害或传染性病害，也称为非生理性病害。按照病原菌危害方式，可分为竞争性病害和寄生性病害。

（一）竞争性病害

竞争性病害是指有害杂菌与食用菌争夺养分、水分、氧气和空间，并造成危害的病害。有害杂菌虽不直接侵染食用菌菌丝体和子实体，但发生在制种阶段，会造成菌种报废，发生在栽培阶段，会造成减产，甚至绝产。

1. 青霉　青霉也称蓝绿霉，是食用菌制种和栽培过程中常见污染性杂菌。常见种类有产黄青霉、指状青霉等。

（1）病害特征。培养料面发生青霉时，初期菌丝白色，菌落近圆形至不定形，外观略呈粉末状。随着孢子的大量产生，菌落的颜色由白色逐渐变成绿色或蓝色，菌落边缘常有1～2mm的白色菌丝边（图5-1）。青霉可分泌毒素致食用菌菌丝体坏死。

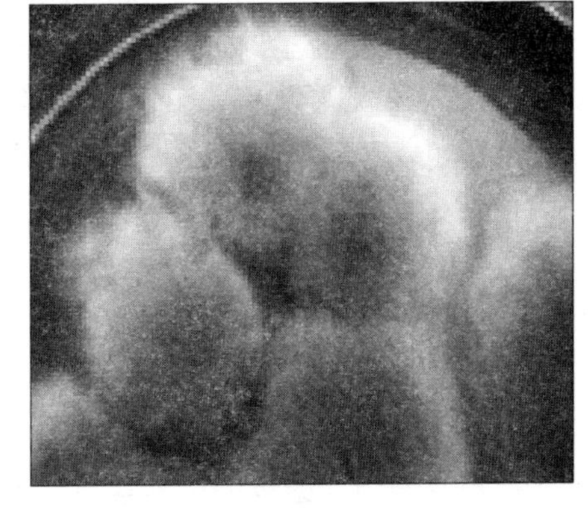

图5-1　青　霉

（2）发病原因。①病菌分布广泛，产生的大量分生孢子借气流、昆虫、人工喷水进行传播。②在高温、高湿、通气不良情况下，利于青霉的发病。③培养料及覆土呈酸性时青霉容易发病。④培养基灭菌不彻底、接种工作过程不严格都是造成青霉污染的重要原因。

（3）防治方法。①认真做好接种室、培养室及生产场所的消毒灭菌，保持环境清洁卫生。②培养基、培养料、接种工具要彻底灭菌，不带杂菌。③控制好温度和湿度并保持良好的通风条件，防止病害发生蔓延。④调节培养料的酸碱度，培养料可选用1%～2%的石灰水调节至呈微碱性，刺激食用菌菌丝生长，抑制青霉菌发生。⑤袋装菌种在搬运等过程中要轻拿轻放，严防塑料袋破裂；经常检查，发现菌种受污染应及时剔除，决不播种带病菌种。⑥菌袋局部发病可注射15%甲醛溶液，段木发生青霉时可用石灰水洗刷，菇床上发病可用1%克霉灵、0.5%多丰农、0.1%施保功或0.1%扑海因溶液喷洒防治。

2. 木霉　木霉又称绿霉，为食用菌主要竞争性杂菌，几乎所有的食用菌在不同生产阶段都会受到侵染。常见种类有绿色木霉、康氏木霉等。

（1）病害特征。培养料染菌后初期产生白色纤细致密菌丝，逐渐向四周扩散形成无定形菌落，以后从菌落中心到边缘逐渐产生分生孢子，使菌落由浅绿色变成深绿色霉层（图 5-2）。通常菌落扩展很快，特别在高温高湿条件下，短短几天木霉菌落便可遍布整个料面，导致绝收。

（2）发生原因。①培养基、培养料、接种工具灭菌不彻底，带木霉菌孢子。②接种、搬运、培养过程中空气中的木霉孢子侵入培养料或污染棉塞。③高温、高湿、通气不良和偏酸环境适宜病菌生长繁殖。

（3）防治方法。参照青霉防治方法。

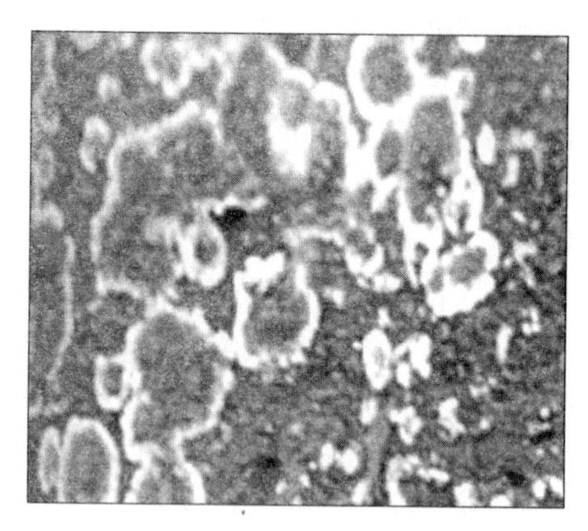

图 5-2　木　霉

3. 曲霉　曲霉是食用菌菌种生产和栽培过程中经常发生的一种杂菌。常见种类有黑曲霉、黄曲霉和灰绿曲霉，可危害蘑菇等多种食用菌及其培养料。

（1）病害特征。受曲霉污染后，在培养料表面或棉塞上长出黑色或黄绿色的颗粒状霉层，使菌落呈粗粉粒状。曲霉种类很多，不同的种在 PDA 培养基中形成的菌落颜色不同，黑曲霉菌落初期为白色，菌丝体绒状，扩展较慢，后为黑色。黄曲霉菌落初期略带黄色，后渐变为黄绿色（图 5-3）。灰绿曲霉菌落初为白色，后为灰绿色。

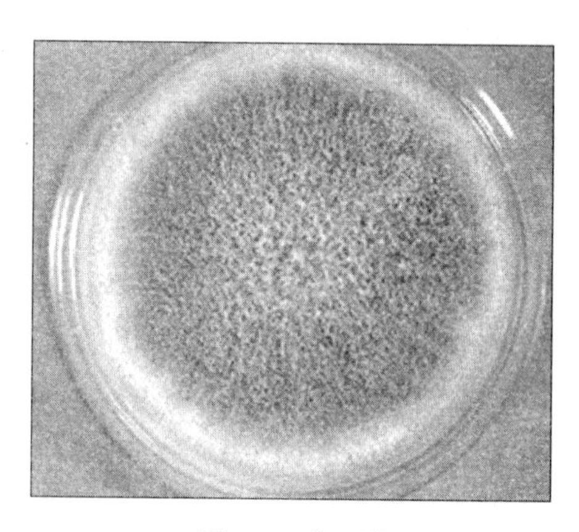

图 5-3　曲　霉

（2）发生原因。①黄曲霉耐高温能力很强，是培养料灭菌不彻底时出现的主要杂菌。②接种

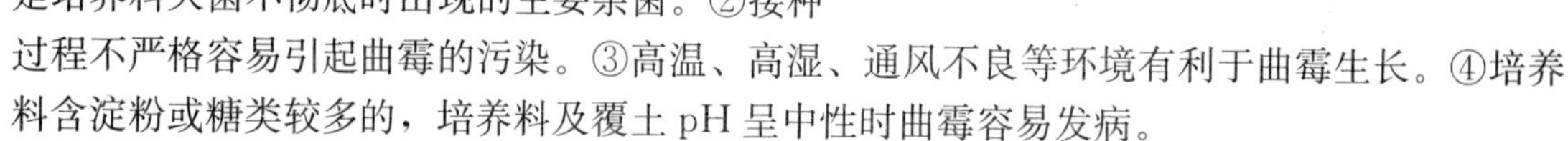

过程不严格容易引起曲霉的污染。③高温、高湿、通风不良等环境有利于曲霉生长。④培养料含淀粉或糖类较多的，培养料及覆土 pH 呈中性时曲霉容易发病。

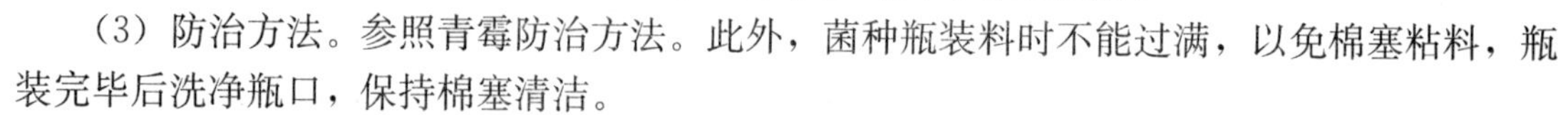

（3）防治方法。参照青霉防治方法。此外，菌种瓶装料时不能过满，以免棉塞粘料，瓶装完毕后洗净瓶口，保持棉塞清洁。

4. 毛霉　毛霉是食用菌菌种生产和菌袋制作中常见的杂菌。常见的种类有总状毛霉、大毛霉等。毛霉菌可污染平菇、香菇等多种食用菌菌种和栽培袋。

（1）病害特征。受毛霉污染的培养料表面形成银白色菌丝（图 5-4），菌丝生长迅速，到后期在菌丝表面形成许多圆形黑色小颗粒体，使料袋变黑，导致料面不能出菇。

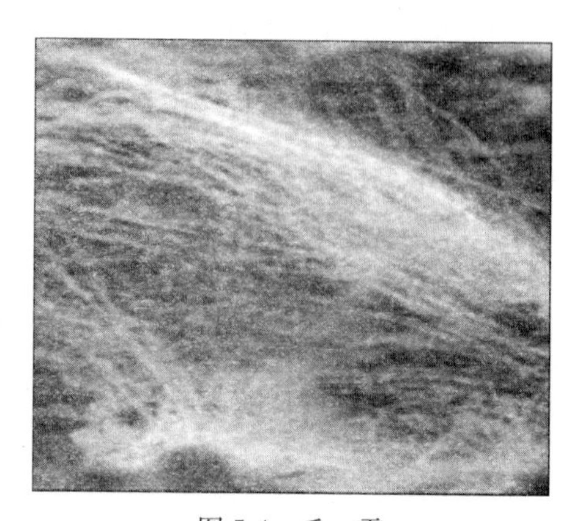

图 5-4　毛　霉

（2）发病原因。①培养料、接种室等消毒不彻底或不严格按无菌操作规程接种制种，均有被毛霉污染的可能。②培养料水分过大，培养室湿

度过高，棉塞受潮等都易造成污染。

（3）防治方法。参照青霉防治方法。

5. 根霉　根霉是菌种生产和栽培过程中的常见的一种杂菌，最常见的种为黑根霉。

（1）病害特征。培养料被根霉污染后，培养料表面形成许多圆球状小颗粒体，初为灰白色或黄色（图5-5），后变成黑色，到后期培养料表面布满黑色颗粒状霉层。致使食用菌菌丝无法正常生长。

（2）发病原因。①高温、高湿、通风不良等环境有利于根霉的生长繁殖。②培养料中糖类过多容易生长此类杂菌。③培养料及覆土pH呈偏酸性时根霉生长较快。

（3）防治方法。参照青霉防治方法。

6. 胡桃肉状菌　胡桃肉状菌又称小牛脑病，主要危害平菇、蘑菇等，是蘑菇生产中有较大威胁的杂菌。

（1）病害特征。发病前培养料发出刺鼻漂白粉气味，发病初期在料内、料面或覆土层中出现短而密的白色菌丝，逐渐形成奶油色或淡红色似胡桃肉状物（图5-6），与蘑菇争夺养分，使蘑菇菌丝逐渐消退而不能出菇。

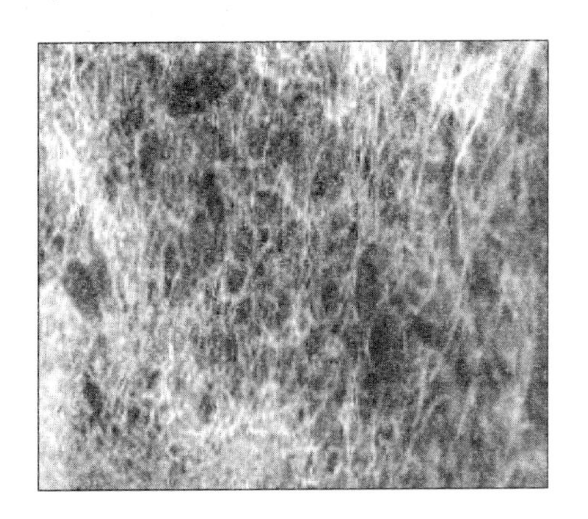

图5-5　根　霉

图5-6　胡桃肉状菌

（2）发病原因。在高温高湿、通风不良，培养料过湿、偏酸、透气性差的环境中易大量发生。

（3）防治方法。①严格检查菌种，防治菌种带菌。②注意菇房通风，避免高温高湿。③控制培养料的含水量不能过高。④培养料的pH应调成中性或偏碱性，以便抑制胡桃肉状菌生长。

7. 鬼伞　鬼伞也是危害最大的一种竞争性杂菌，鬼伞常发生在平菇、草菇、双孢蘑菇等食用菌栽培中，特别是草菇中最常见。常见的种类有毛头鬼伞、长根鬼伞、墨汁鬼伞等。

（1）病害特征。开始在料面上无明显症状，也见不到鬼伞菌丝，其发生初期，菌丝为白色，易与蘑菇菌丝混淆不易识别，但其菌丝生长速度极快，且颜色较白，其子实体单生或群生，柄细长，菌盖小，呈灰色至灰黑色。鬼伞生长迅速，从子实体形成到成熟，菌盖自溶成黑色黏液团（图5-7），只需1～2d时间。其子实体在菇床上腐烂后发生恶臭，并且容易导致其他病害发生。鬼伞生长快、周期短，因此与食用菌争夺养分和空间能力特强，影响出菇。

（2）发病原因。①培养料堆制发酵不彻底，没有完全杀死鬼伞类孢子，栽培后就容易导致鬼伞大量发生。②高温、高湿、偏酸性的环境极易诱发鬼伞大量发生。③培养料中添加麦皮、米糠及尿素过多，或添加未经腐熟的禽畜粪，在发酵时易产生大量的氨，既抑制了草菇菌丝的生长，又有利于鬼伞的发生。

（3）防治方法。①选用新鲜无霉变的培养料。②培养料要经堆制和高温发酵，杀死其中的鬼伞孢子和其他杂菌。③培养料可适当添加石灰粉，调节pH到8～9。④控制培养中的氮素比例。⑤在菇床上发生鬼伞时，应在其开伞前及时拔除，防止孢子扩散。

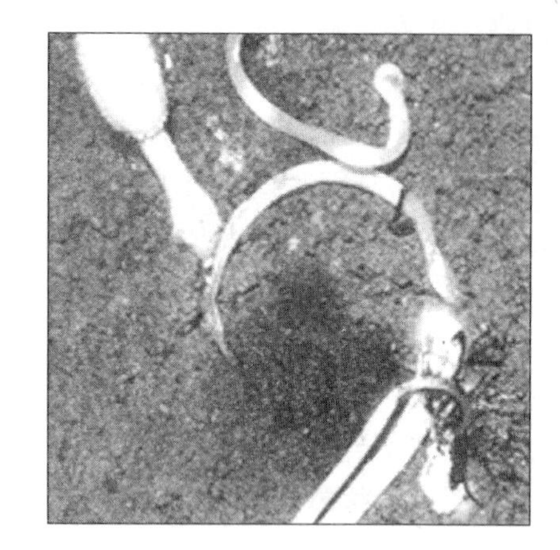

图5-7 鬼 伞

8. 酵母菌 酵母菌是单细胞的真核微生物，在食用菌制种、栽培过程中常见的杂菌之一。常见的种类有酵母菌、红酵母菌等。

（1）病害特征。酵母菌侵染后，试管培养基上可形成表面光滑湿润、糊状或胶质状菌落，有乳白色、粉红色、黄色及淡褐色等不同颜色。由于酵母菌没有真正的菌丝，所培养料被污染后，看上去仍然是透明的，但培养料被污染后发酵变质，并散发出酒酸气味，抑制食用菌菌丝生长。酵母菌是兼性呼吸的菌类，在无氧和缺氧条件下也具备竞争力，并且具备很强的耐高温能力，所以在密闭的容器中容易造成隐性的危害。

（2）发病原因。①初次污染是被空气中的酵母菌孢子所污染。②接种工具或培养料灭菌不彻底。③气温高、湿度大、通气不良时易发生。

（3）防治方法。参照青霉防治方法。

9. 细菌 细菌可危害多种食用菌。它不仅污染食用菌菌种和培养料，还可引起食用菌子实体发病。细菌是单细胞生物，个体很小，形态比较简单。细菌生长为裂殖生长方式，数量增长很快，危害较大。

（1）病害特征。试管菌种受污染，细菌菌落常包围着食用菌，接种点多为白色、无色或黄色菌落，与酵母菌相似，不同的是受细菌污染的培养基常发出恶臭味，使食用菌生长不良，培养料在栽培中被污染时黏湿、色深，并散发出酸臭味，严重时培养料变质、发臭、腐烂。细菌容易在高温和缺氧的环境中产生危害。芽孢类细菌常产生芽孢，以抵抗不良环境。用常规灭菌手段很难完全杀灭细菌芽孢。在高温季节栽培，尤其工厂化周年生产或黑木耳一类高温季节生产的菌类栽培过程中，残存的细菌芽孢萌发快，细菌很快占领培养料而抑制食用菌菌丝，往往造成很大损失。

（2）发病原因。①培养料过湿、pH中性或微碱性。②高温、高湿环境容易受细菌污染。③培养料的缺氧环境有利于细菌竞争。

（3）防治方法。①培养基、接种工具要彻底灭菌，杀死所有杂菌。②严格无菌操作，尽量避免杂菌污染。③接种后1～3d认真检查菌种，挑出被杂菌污染的试管。④原种、栽培种和栽培用培养料要严格按配方配料，严防水分过多，造成缺氧环境而使细菌发生。

（二）寄生性病害

寄生性病害是指由病原物直接侵染食用菌的菌丝和子实体引起的病害。病原物主要有真菌、细菌、病毒等。

1. 真菌性病害　引起食用菌病害的真菌病原物大多喜高温、高湿和酸性环境，以气流、喷水等为主要传播方式。常见的真菌病害有疣孢霉引起的褐腐病、轮枝霉引起的褐斑病和镰孢霉引起的猝倒病等。

（1）褐腐病。又称疣孢霉病、湿泡病等，主要危害双孢蘑菇、草菇和香菇等。

①病害特征。在不同的发育阶段，病症也不同。当病菌在发菌期间侵入后，菇床表面形成一堆堆白色绒状物，颜色由白色渐变为黄褐色，表面渗出褐色水珠，有臭味；在原基分化时被侵染，形成类似马勃状的组织块，初期白色，后变黄褐色，表面渗出水珠并腐烂（图 5-8）；当长成小菇蕾时被侵染，表现为畸形，菇柄膨大，菇盖变小，菇体部分表面附有白色绒毛状菌丝，后变褐色，产生褐色液滴；当出菇后期被侵染，不仅形成畸形菇，菇体表面还会出现白色绒状菌丝，后期变为褐色病斑。

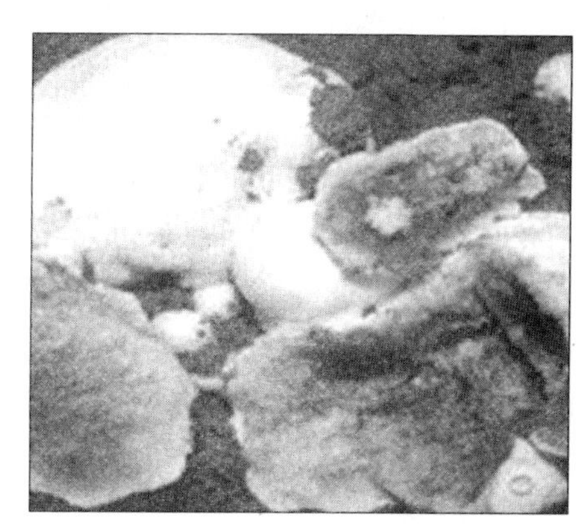

图 5-8　褐腐病病症

②发病原因。a. 疣孢霉是一种土壤真菌，覆土是主要的传染来源，亦可通过工具、害虫或人的活动进行传播；b. 菇房、覆土、接种工具灭菌不彻底；c. 菇房内高温、高湿和通气不良时发病严重。

③防治方法。a. 搞好菇房卫生，减少病原基数。菇房使用前后均严格消毒，采菇用具用前用 4%的甲醛液消毒；b. 覆土前巴氏灭菌，严禁使用生土，覆土切勿过湿；c. 发病初期立即停水并降温 15℃以下，加强通风排湿；d. 发现病菇及时清除，病区喷洒 50%多菌灵可湿性粉剂 500 倍液，也可喷 1%～2%甲醛溶液灭菌。如果覆土被污染，可在覆土上喷 50%多菌灵可湿性粉剂 500 倍液，或 70%甲基硫菌灵可湿性粉剂 500 倍液，杀灭病菌孢子。发病严重时，去掉原有覆土，更换新土，将病菇烧毁。

（2）褐斑病。又称轮枝霉病、干泡病，主要危害蘑菇。

①病害特征。感染后在菌盖上生产许多不规则针头状的褐色斑点（图 5-9），以后斑点逐渐扩大，并产生凹陷。凹陷部分呈灰白色。病菇常干裂，菌盖歪斜畸形，但菇体不流水滴，无难闻气味。

图 5-9　褐斑病病症

②发病原因。a. 覆土中存在大量的轮枝霉菌，该菌主要通过喷水传播，亦可通过菇蝇、螨类、工具以及人的活动进行传播；b. 菇房、覆土、接种工具灭菌不彻底；c. 喷水过多、覆土太

潮湿、通风不良，会导致该病害的大发生。

③防治方法。参照褐腐病防治方法。杀菌剂应该交替使用，防止病原菌产生抗药性。

（3）猝倒病。又称镰孢霉病、立枯病、萎缩病，主要危害蘑菇、平菇、银耳等。

①病害特征。镰孢霉在 PDA 培养基上生长迅速，菌落初为白色，后呈黄色至浅褐色，疏松，绒状，随着培养时间的延长，常有一些粉红色、紫色或黄色色素在菌丝和培养基上；镰孢霉主要侵害菌柄，且通常在幼菇期即开始发病。早期感病的菇体软绵呈失水状，颜色淡黄色，在潮湿的条件下，菌柄基部可见到白色菌丝和粉状物；接着菌柄从外到内变褐色，菇体发育受阻或不再生长，发病后期整个菌柄或菇体全部变褐色、枯萎，呈僵硬或猝倒状，但不腐烂。

②发病原因。a. 覆土、培养料灭菌不彻底，成为病原菌的初染源；b. 覆土层太厚、高温高湿、通风不良都有利于镰孢霉蔓延。

③防治方法。a. 培养料发酵要彻底均匀，覆土消毒要严格，一般用 1∶500 的多菌灵或托布津溶液喷洒，进行消毒；b. 覆土层不可过厚过湿；c. 菇房喷水少量多次，加强通风，防止菇房湿度过高；d. 一旦发病可喷洒硫酸铵和硫酸铜混合液，具体做法是：将硫酸铵与硫酸铜按 11∶1 的比例混合，然后取其混合物，配成 0.3%的水溶液喷洒。也可喷洒 500 倍的苯来特或托布津溶液。

2. 细菌性病害 引发食用菌病害的细菌绝大多数是各种假单胞杆菌，这类细菌大多喜高温、高湿、近中性的基质环境，气流、基质、水流、工具、操作、昆虫等都可以传播。常见的细菌病害有托拉氏假单胞杆菌引起的斑点病、菊苣假单胞杆菌引起的菌褶滴水病等。

（1）细菌性斑点病。又称细菌性褐斑病、细菌性麻脸病，主要危害蘑菇、平菇、金针菇等。

①病害特征。病斑只在菌盖上发生，发病初期在菌盖表面产生黄色或淡褐色小点或病斑，后期逐渐发展成为暗褐色凹陷病斑（图 5-10），并产生褐色黏液和散发出臭味。感病菇体干巴扭缩，色泽差，菌盖易开裂。

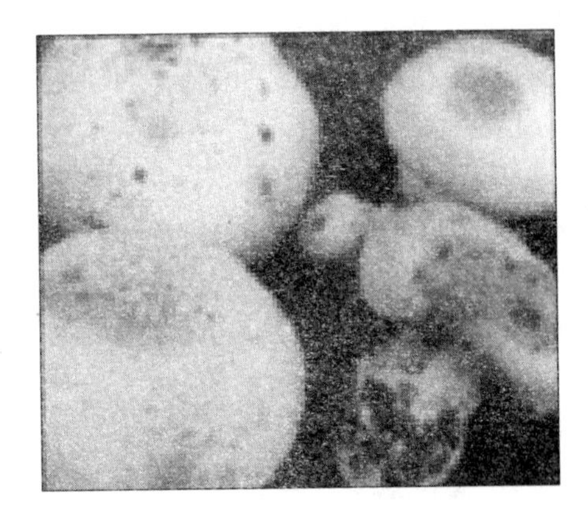

图 5-10 细菌性斑点病病症

②发病原因。a. 病菌广泛分布于空气、土壤、水源和培养料中；b. 制作菌种时，培养料、接种工具灭菌不彻底，无菌操作技术不熟练，都会造成细菌感染菌种；c. 在高温、高湿、通风不良条件下易发病；d. 喷水后菌盖上有凝聚水，有利于病害的发生。

③防治方法。a. 菇房、覆土、培养料、接种工具要彻底灭菌，杀死所有病菌；b. 严格按照无菌操作，尽量避免病菌污染；c. 每次喷水后要加大通风，保持菇体干燥，适菇场内空气相对湿度控制在 85%以下；d. 感病后应立即摘除病菇，并停止喷水。向床面喷洒 1∶600 倍的漂白粉溶液或 0.01%～0.02%链霉素溶液或 5%的石灰水，能有效控制病害蔓延；e. 在覆土表面撒一层薄薄的生石灰粉，可抑制病害蔓延。

（2）菌褶滴水病。主要危害蘑菇。

①病害特征。在蘑菇开伞前没有明显的病症。如果菌膜已经破裂，就可发现菌褶被感

染。在感染的菌褶组织上可以看到奶油色的小液滴，最后大多数菌褶烂掉，变成一种褐色的黏液团。

②发病原因。a. 病菌广泛存在于菇房、覆土、培养料以及不洁净的水中；b. 在高温、高湿、通风不良条件下易发病；c. 菌盖表面有水膜时极易发生。

③防治方法。参照细菌性斑点病防治方法。

3. 病毒性病害　病毒是一类专性寄生物，引起食用菌发病的病毒大多是球形结构；也有杆状或螺线形病毒粒子，这两类病毒粒子比球形病毒大。常见病毒病害有蘑菇病毒病、香菇病毒病。

（1）蘑菇病毒病。又称顶枯病、菇脚渗水病、法国蘑菇病、褐色蘑菇病等。

①病害特征。菌柄伸长或弯曲，开伞早；病菇菌盖小而歪斜，出现柄粗盖小的子实体；菌柄中央膨大成鼓槌状或梨状，有水渍状条纹或褐色斑点，甚至有腐烂斑点。

②发病原因。a. 使用带病毒的菌种；b. 菇房内的床架、培养料灭菌不彻底，病毒通过蘑菇菌丝和孢子或者害虫进行传播。

③防治方法。a. 选用抗病毒能力强的品种；b. 严格选用无病毒区的健壮蘑菇制种，以保证菌种不带病毒；c. 做好菇房卫生，及时清除废料，床架材料要彻底消毒，杀死材料内的带病毒菌丝和孢子，可用5%甲醛喷洒菇房；d. 及时杀灭害虫，防止害虫传播病毒；e. 及时采菇，菇床上如出现病毒病征兆，要摘除患病的子实体，并喷洒2%甲醛溶液消毒，再用塑料薄膜覆盖；f. 对带病毒的高产优质菌种进行脱毒或钝化处理。

（2）香菇病毒病。

①病害特征。在菌丝生长阶段，菌种瓶或菌种袋中产生“秃斑”；在子实体生长阶段，有些子实体出现菌柄肥大，菌盖缩小现象（图5-11），有的子实体早开伞，菌肉薄。

②发病原因。a. 使用带病毒的菌种；b. 灭菌不彻底，菌床上有带病毒的菌丝或孢子进行传播。

③防治方法。参照蘑菇病毒病防治方法。

图5-11　香菇病毒病病症

知识二　食用菌虫害及其防治

食用菌在生长过程中，会不断遭受某些动物的伤害和取食，如节肢动物、软体动物等。在这些动物中，通常以昆虫类发生量最大，危害最重，因而人们习惯地把对食用菌有害的动物，统称为害虫。由于害虫的作用，造成食用菌及其培养基料被损伤、破坏、取食的症状，称为食用菌虫害。

一、蚊　　类

食用菌生产中，人们把菌蚊、瘿蚊、菌蚊、粪蚊等危害食用菌的小个体双翅目昆虫的俗称为菇蚊。常见的有黑粪蚊、平菇厉眼菌蚊、闽菇迟眼菌蚊、嗜菇瘿蚊、巴氏嗜菌瘿蚊、蕈蚊大菌蚊和小菌蚊等。和其他昆虫一样，它们都有卵、幼虫、成虫和蛹四个虫态，主要以幼虫啃食菌丝。

（一）平菇厉眼菌蚊

平菇厉眼菌蚊（图 5-12）属双翅目眼菌蚊科。分布广泛，主要危害平菇、香菇、蘑菇、金针菇、茶树菇、天麻、灵芝等多种食用菌。

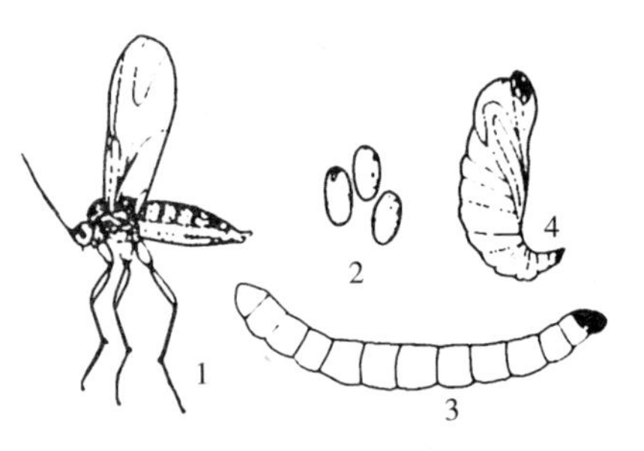

图 5-12　平菇厉眼菌蚊

1. 雌虫　2. 卵　3. 幼虫　4. 蛹

1. 危害特征　以幼虫危害食用菌的菌丝、子实体及培养料。造成菌丝萎缩，菇蕾枯萎，培养料被吃成碎渣和粉末。危害子实体时，幼虫会将菌柄蛀成空洞，菌盖的菌褶被吃光，并伴有难闻的腥臭味，成虫不直接危害子实体。

2. 生活习性　高温下繁殖的成虫体小，产卵少，寿命短；低温下繁殖的成虫体大，产卵量多，寿命长。成虫有趋光性，10℃以上开始飞翔、扑灯；成虫喜腐殖质，常活跃于垃圾、废料和烂菇等处，对光和菌丝香味有明显趋性，常在培养料和出菇期的菌袋两端及子实体上爬行、交尾、产卵。

3. 防治方法　①注意环境卫生，菇房在使用前进行熏蒸处理。②培养料要彻底灭菌后才能够使用。③安装纱门、纱窗，阻止成虫迁入。④利用成虫的趋光性，可用黑光灯或节能灯，灯下放置糖醋毒液的水盆诱杀成虫。⑤及时处理每潮、每季收菇后的菇根、烂菇及废料，收完 3～4 茬菇后，及时清除料块，用于高温堆肥发酵并喷洒 500 倍“虫螨净”或使用“防虫灵”拌料，可有效避免虫卵在废料堆中繁殖。⑥化学防治，防治食用菌虫害应尽量减少用药，在迫不得已的情况下，可使用低毒低残留的农药用熏蒸。菇房喷药前将子实体采收净，以免造成药害，施药 7～8d 后方可采收。常用农药为 2.5％溴氰菊酯1 500～2 000倍液或 50％马拉硫磷1 500～2 000倍液喷雾，均能收到一定的效果，其他如敌百虫、二嗪农也可使用。

（二）闽菇迟眼菌蚊

闽菇迟眼菌蚊（图 5-13）属双翅目眼菌蚊科。是一种发生普遍、食性杂的害虫，能危害蘑菇、平菇、香菇、金针菇、黑木耳、毛木耳、银耳等多种食用菌。

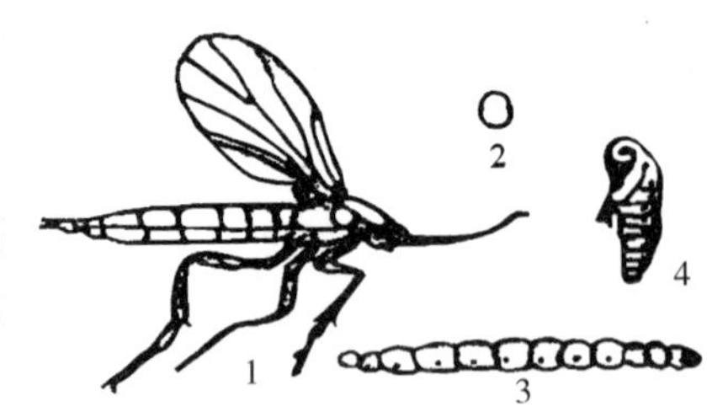

图 5-13　闽菇迟眼菌蚊

1. 成虫　2. 卵　3. 幼虫　4. 蛹

1. 危害特征　以幼虫在培养料表面取食，使之成为不适合食用菌生长的湿黏物。幼虫取食菌丝体，造成菌丝萎缩，菇蕾枯萎，幼虫可从子实体基部钻蛀，造成窟窿，并伴有难闻腥臭味，成虫不直接危害子实体。

2. 生活习性　闽菇的迟眼菌蚊喜欢在畜粪、垃圾、腐殖质和潮湿的环境中繁殖。成虫有趋光性，飞翔能力强。幼虫有群居吐丝的习性，老熟幼虫爬行至土缝或料表面吐丝做茧。

3. 防治方法　参照平菇厉眼菌蚊。

（三）嗜菇瘿蚊

嗜菇瘿蚊（图 5-14）属双翅目瘿蚊科，又名真菌瘿蚊，主要危害蘑菇、蘑菇、银耳、黑木耳等。

1. 危害特征　以幼虫危害各种食用菌。幼虫取食食用菌的菌丝和培养料中的养分，影响发菌，使菌丝衰退；危害子实体时，可使菇蕾受害发黄，萎缩而死。子实体出土后，幼虫集中到菇根上或扩散到整个菇体，经常可见菇体由于幼虫钻入而呈橘红色或淡红色。

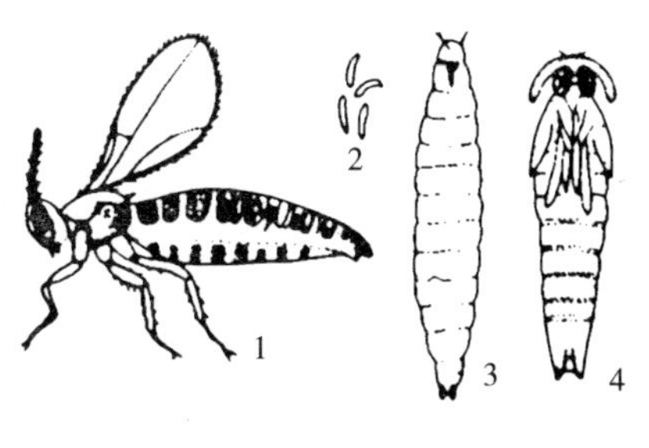

图 5-14　嗜菇瘿蚊
1. 成虫　2. 卵　3. 幼虫　4. 蛹

2. 生活习性　嗜菇瘿蚊有两种繁殖方式。一种是有性繁殖；另一种是幼体繁殖，这是一种无性繁殖，可在短期内大发生。有性繁殖在菇房条件下较少出现，只有在条件恶化时才能见到。该虫害主要以幼虫进行危害，成虫和幼虫都有趋光性，光线强的地方虫口密度大。幼虫喜潮湿环境。

3. 防治方法　参照平菇厉眼菌蚊。

（四）中华新蕈蚊

中华新蕈蚊（图 5-15）属双翅目菌蚊科，又名大菌蚊，主要危害蘑菇及平菇。

1. 危害特征　大菌蚊以幼虫危害，主要靠蛀食子实体的菌柄或菌盖生存，在子实体上留下许多蛀孔，较明显，且有虫粪排出。导致子实体缺乏生气，转变为黄色子实体，生长瘦弱。受害严重的菌柄被食空，菌盖下塌，影响食用价值。受害菇蕾萎缩枯死。

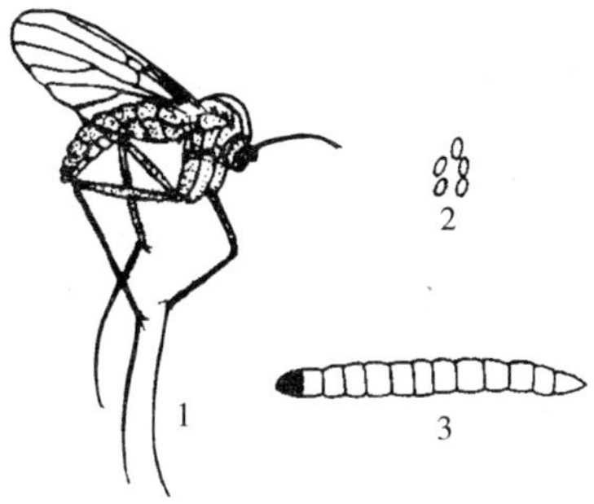

图 5-15　中华新蕈蚊
1. 成虫　2. 卵　3. 幼虫

2. 生活习性　成虫有趋光性，幼虫有群居危害习性，一丛平菇周围常有几十条幼虫，在潮湿环境下容易发生，受害严重。

3. 防治方法　参照平菇厉眼菌蚊。

（五）小菌蚊

小菌蚊（图 5-16）属双翅目菌蚊科。幼虫细长如线状，使许多人误以为是线虫。危害多种菇类。

1. 危害特征　在发菌阶段，幼虫在培养料表面吐丝结网，藏身在网中取食危害菌丝；长出菇蕾至出菇阶段，在子实体及幼菇丛中取食并吐丝拉网，将整个菇蕾及自身罩住，使菇体停止生长而萎缩干枯，严重影响产量和质量。

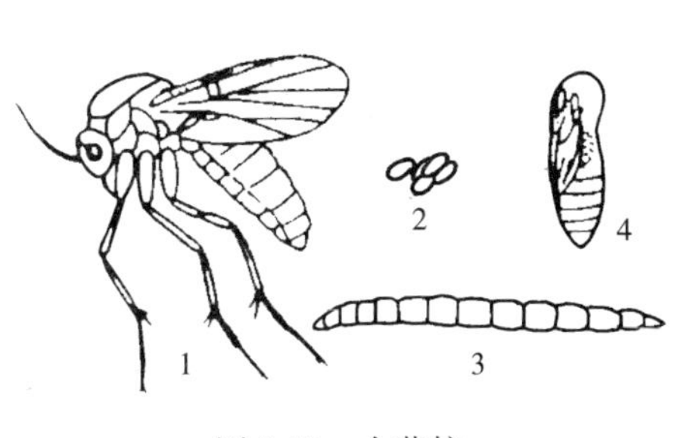

图 5-16　小菌蚊
1. 成虫　2. 卵　3. 幼虫　4. 蛹

2. 生活习性　成虫有趋光性，羽化当天即可交尾产卵，卵堆产或散产，产卵量最多可达 270 粒，一般 20～150 粒。幼虫有群居和吐丝结网的习性。

3. 防治方法　参照平菇厉眼菌蚊。同时应注意保护利用天敌，一种姬蜂对蛹进行寄生，寄生率在 50%以上。

（六）黑粪蚊

黑粪蚊（图5-17）属双翅目粪蚊科。主要危害平菇、香菇、金针菇、黄背木耳等。

1. 危害特征 以幼虫危害培养料和菌丝体，受害后菌丝衰退，菌袋发黑腐烂；幼菇受害后，菇体变小，产量降低；黑木耳耳片受害后，轻者耳片变小、畸形，重者耳片发黑、腐烂，致使食用菌的产量和经济损失严重；金针菇受害后，受害菇整丛的根基部逐渐变黑、发软，后腐烂、倒伏而失去商品价值。

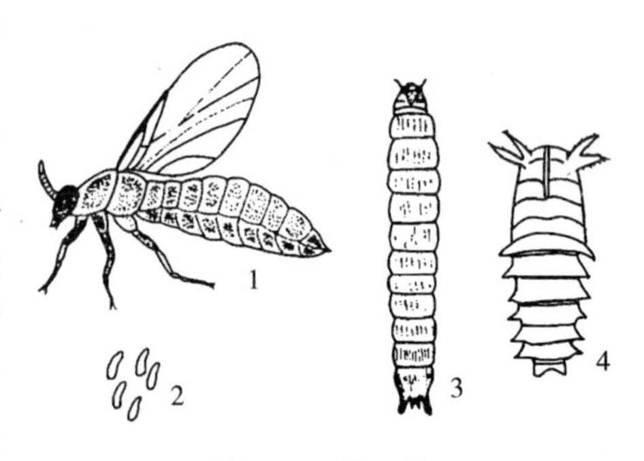

图5-17 粪 蚊

1. 成虫 2. 卵 3. 幼虫 4. 蛹

2. 生活习性 幼虫喜欢潮湿和腐烂的环境，在烂菇和废料中大量繁殖；成虫有群聚成团的特性，喜欢阴暗潮湿的环境，对菌香味有强趋性，常群栖于光线较暗而离地面1.2m以下或2.5m以上高的人活动不易触及的砖缝、壁缝等缝隙处，成虫喜欢在晴朗的天气飞舞交尾。

3. 防治方法 参照平菇厉眼菌蚊。

二、蝇 类

食用菌生产中，人们把果蝇、蚤蝇和厩腐蝇等危害食用菌的双翅目昆虫的称为菇蝇。

（一）果蝇

果蝇（图5-18）属双翅目果蝇科，又名黑腹果蝇、菇黄果蝇等。主要危害黑木耳、银耳、毛木耳等。

1. 危害特征 该害虫主要以幼虫蛀食钻入子实体中取食耳肉，使许多耳片形成许多瘤状突起。受害子实体均肉薄、色淡，容易脱落或造成流耳，幼虫还取食菌丝和培养料，常使菌块表面发生水渍状腐烂，导致杂菌污染。

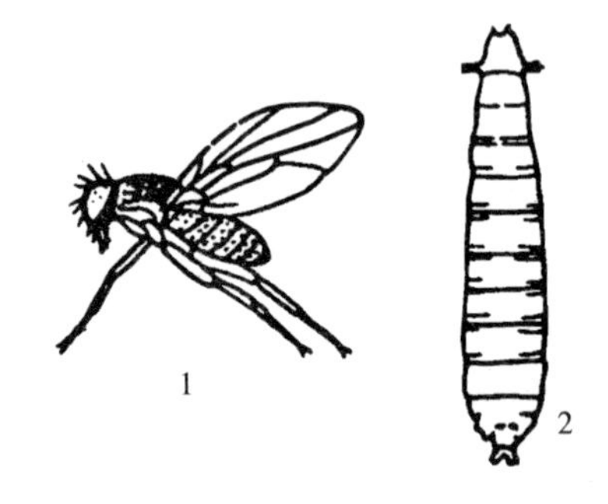

图5-18 果 蝇

1. 成虫 2. 幼虫

2. 生活习性 果蝇长栖息于烂果、垃圾、食品废料等场所并在上面取食、产卵，食性比较杂。

3. 防治方法 参照平菇厉眼菌蚊。

（二）蚤蝇

蚤蝇（图5-19）属双翅目蚤蝇科，又名菇蝇、粪蝇等。主要危害双孢蘑菇、蘑菇、平菇、黑木耳等。

1. 危害特征 主要以幼虫进行危害。幼虫常在菇蕾附近取食菌丝，引起菌丝衰退致使菇蕾颜色变褐，枯萎腐烂。危害菇蕾时幼虫从菇蕾基部侵入，在菇内上下蛀食，咬噬柔软组织，使菇体变成海绵状，最后将菇蕾吃空。耳片被蛀食后形成鼻涕状烂耳。成虫不直接危害。

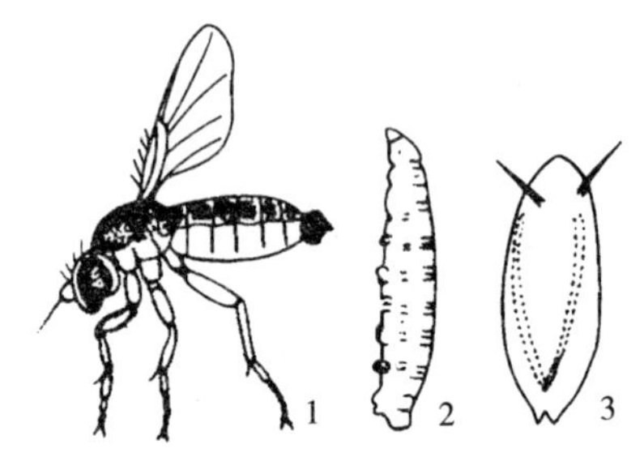

图5-19 蚤 蝇

1. 成虫 2. 幼虫 3. 蛹

2. 生活习性　成虫有趋光性；对发酵料气味有趋向性；成虫极其活跃，行动迅速，不易捕捉；成虫喜在通风不良、湿度大、死菇烂菇多的地方产卵。

3. 防治方法　参照平菇厉眼菌蚊。

（三）厩腐蝇

厩腐蝇（图 5-20）属双翅目蝇科，又称苍蝇，是一种常见的卫生害虫。主要危害平菇、双孢蘑菇、草菇等。

图 5-20　厩腐蝇成虫

1. 危害特征　幼虫危害培养料和菌丝体，受害部位湿化，白色菌丝体消失，进而引起杂菌感染。幼虫取食菇蕾和子实体，引起菇蕾死亡和子实体死亡或腐烂，影响食用菌产量和品质。

2. 生活习性　成虫喜腐臭、不喜光，但对灯光、糖醋液有明显的趋性。以成虫越冬。常在发酵料上集中产卵，出菇期可产卵于袋料表面及子实体基部。幼虫多在培养料表面群居，不钻到培养料深处进行危害。

3. 防治方法　参照平菇厉眼菌蚊。

三、螨　　类

危害食用菌的螨类主要有蒲螨和粉螨，蒲螨类常见的有害头长螨，粉螨类常见的有腐食酪螨。

（一）害头长螨

害头长螨属真螨目蒲螨总科长头螨科。主要危害黑木耳、毛木耳、银耳、香菇、金针菇、猴头菇等。

1. 危害特征　在食用菌生产的各个阶段均能造成危害。危害菌丝时，咬断菌丝，使菌丝枯萎、衰退，菌丝吃光后，培养料变黑腐烂，并传播杂菌；危害菇蕾和幼菇时，使菇蕾和幼菇死亡，被害的子实体表面形成不规则的褐色凹陷斑点，萎缩成畸形菇。害头长螨食性杂，不但取食食用菌的菌丝和子实体，而且还取食和传播木霉、黑孢霉、镰刀菌等杂菌，常给制种和栽培带来很大的损失。

2. 生活习性　害头长螨营卵胎生，一生只有卵和成螨两个时期，卵在母体内直接发育为成螨，然后从母体中钻出。雌成螨从母体中出来后，迅速寻找菌丝或子实体取食。喜阴暗、潮湿、温暖的环境。

3. 防治方法　①以防为主，首先搞好菌种生产场所的环境卫生，减少杂菌污染源，及时处理废弃杂菌瓶，减少虫源。②制作菌种时，将棉塞塞紧菌种瓶，或在棉塞上包一层牛皮纸，防止害螨的发生。③严格引种，防止有害螨蔓延。菌种培养室要定时进行检查。④化学防治，菌种瓶中发生害螨后及时用磷化铝熏蒸杀螨。

（二）腐食酪螨

腐食酪螨属真螨目粉螨科。主要危害蘑菇、香菇、草菇、金针菇等。

1. 危害特征　食用菌菌丝被取食后，使菌丝消退，造成断裂并逐渐趋向老化衰退，子实体被害后菌盖、菌柄上形成大量褐色凹陷洞，洞中有很多小坑，腐食酪螨在坑中群居，有的把小菇蕾全部蛀空，使产量和品质受到影响。

2. 生活习性 腐食酪螨整个生活周期有卵、幼螨、若螨和成螨四个阶段。对温度适应性较宽，取食范围较广。在潮湿、腐殖质丰富的环境下，繁殖快，发生量大。

3. 防治方法 参照害头长螨防治方法。

四、跳　　虫

跳虫属弹尾目，俗称烟灰虫。主要危害双孢蘑菇、草菇、香菇、黑木耳等。最常见的种类是紫跳虫（图 5-21）。

1. 危害特征 跳虫食性杂，危害广，取食多种食用菌的菌丝和子实体，同时携带螨虫和病菌，造成菇床二次感染，导致菇床菌丝退菌；常在夏、秋高温季节暴发。跳虫危害幼菇，使之枯萎死亡；菇体形成后，跳虫群集于菇盖、菌褶和根部咬食菌肉，导致菌盖及菌柄表面出现形状不规则、深浅程度不一的凹陷斑纹，菌柄内部被害后，有细小的孔洞，受害菌褶，呈锯齿状。

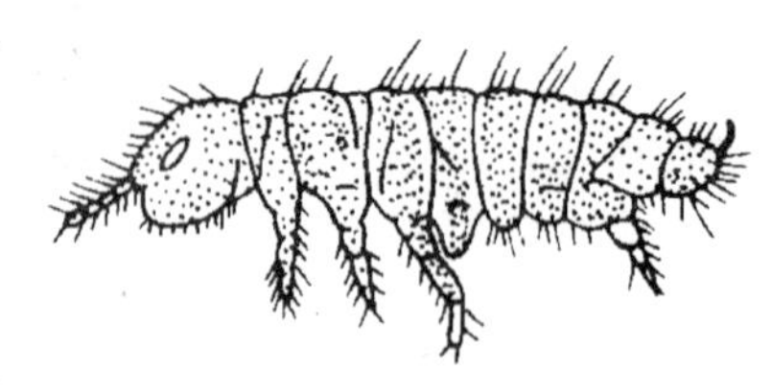

图 5-21　紫跳虫

2. 生活习性 喜潮湿环境，跳虫多发生在通风透气差，环境过于潮湿，卫生条件极差的菇房，不仅在菇房内危害多种食用菌，而且在土壤、杂草、枯枝落叶、牲畜粪便上常年可见。它们可在水面漂浮，且跳跃自如。

3. 防治方法 ①彻底清除制种场所和栽培场所内外的垃圾，尤其不要有积水，防止跳虫的滋生。②跳虫喜温暖潮湿但不耐高温，培养料最好采用发酵料，使料温达到 65～70℃，可以杀死成虫及卵。③菇房和覆土要经过药物熏蒸消毒后方可使用。④菇房安装纱门、纱窗。⑤进行人工诱杀，用稀释1 000倍的 90%敌百虫加少量蜂蜜配成诱杀剂分装于盆或盘中，分散放在菇床上，跳虫闻到甜味会跳入盆中，此法安全无毒，同时还可以杀灭其他害虫。⑥床面无菇时，可用 0.2%乐果喷杀；出菇期可喷 150～200 倍除虫菊酯溶液。

五、线　　虫

线虫（图 5-22）属线虫门线虫纲，主要危害蘑菇、黑木耳、银耳、草菇和平菇等。常见的种类有蘑菇菌丝线虫（又名噬丝茎线虫）和蘑菇堆肥线虫（又名堆肥滑刃线虫）。

1. 危害特征 两种线虫都主要危害菌丝体，以中空的口针刺入菌丝细胞，再吐入消化液，使细胞质解体，然后吸食菌丝的细胞质。使菌丝萎缩死亡而出现退菌现象；若出菇早期受到线虫危害，菌床上常常出现局部或大量小菇不断萎缩、腐烂、死亡的现象，严重时形成无菇区；较大子实体受害后，长势减弱，颜色发黄、变褐，并发黏，腐烂死亡，并散发出刺激性的臭味；线虫侵害菌床后，培养料变质、腐败，外观黑湿，常有刺鼻异味，严重危害时有鱼腥味。

图 5-22　线　虫

2. 生活习性 线虫耐低温能力强，但不耐高温。多数线虫喜欢高湿，培养料湿度过大，利于其大量繁殖。线虫在遇到干旱环境时，适应能力很强，呈现假死状态，互相缠绕成团，起保护作用，这样能够维持生存达数年之久，一旦遇水又能重新活动。

3. 防治方法　①搞好菇房内外环境卫生，及时清除烂菇、废料。②菇房在使用前用敌敌畏或磷化铝熏蒸杀虫。③消灭蚊、蝇，防止其将线虫带入菇房。④出菇期间要加强通风，防止菇房闷热、潮湿。⑤控制好培养料的含水量，防止培养料过湿。⑥由于线虫耐高温能力很弱，发酵堆温可达70℃以上，这时线虫向堆肥边缘移动，所以翻堆时要把边缘部分翻到肥堆中心，利用堆肥高温杀死线虫。⑦培养料局部发生线虫后，应将病区周围的培养料挖掉，然后病区停水，使其干燥，也可用1%的醋酸或25%的米醋喷洒。

六、蛞　　蝓

蛞蝓属软体动物门、腹足纲、蛞蝓科，又名鼻涕虫、软蛭、蜒蚰螺等。主要危害蘑菇、平菇、香菇、草菇、黑木耳等。常见的种类有野蛞蝓、黄蛞蝓、双线嗜黏液蛞蝓（图5-23）。

1. 危害特征　蛞蝓成虫和幼虫均能直接取食食用菌子实体，在菌盖、耳片上留下明显的缺刻或孔洞。有的还啃食刚分化的食用菌原基，导致原基不能继续生长分化成子实体。在取食处常常会诱发霉菌和细菌。此外，在受害部位附近留下白色黏质痕迹，影响产品的外观与质量。

2. 生活习性　蛞蝓雌雄同体，异体受精。以幼体或成体越冬。蛞蝓畏光怕热，喜阴暗潮湿环境。白天常潜伏于潮湿的缝隙中和培养料的覆盖物下面，夜间活动取食。

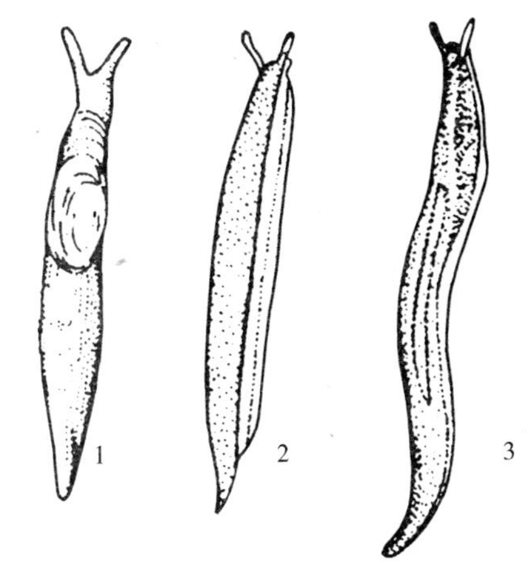

图5-23　蛞　蝓
1. 野蛞蝓　2. 双线嗜黏液蛞蝓　3. 黄蛞蝓

3. 防治方法　①首先做好栽培场所的环境卫生，清除周围的垃圾和杂草，破坏隐蔽场所，并在四周洒上新鲜石灰粉，可有效地杀死或驱除蛞蝓。②下种后的床架脚周围及露地菇床周围撒一圈石灰粉或草木灰，蛞蝓爬过后会因身体失水而死亡，可有效防止蛞蝓夜晚进入菇房危害。③利用蛞蝓昼伏夜出的习性，可在早晨、晚上、阴雨天到菇房进行捕捉，直接杀死或放在5%盐水里脱水死亡。④多聚乙醛对蛞蝓有强烈的引诱作用，用多聚乙醛300g、砂糖100g、敌百虫50g、豆饼粉400g，加水适量拌成颗粒状，撒在菇床周围或床架脚下，诱杀效果良好。

知识三　食用菌病虫害无公害防治措施

随着人们生活水平的不断提高，人们对食用菌的种类、数量、质量都提出了更高的要求，但随着化学农药在食用菌病虫害防治过程中的普遍使用，食用菌农药残留超标，对人们身体健康造成极大的损害，也给农业生态环境造成严重的破坏。因此，推广无公害食用菌防治技术势在必行。

一、无公害防治原则

食用菌病虫害的无公害防治，应遵循“预防为主，综合防治”的原则，主要从选用抗病虫品种；加强栽培管理，形成有利于食用菌而不利于病虫害的环境条件；严格无菌操作规程；物理防治和生物防治等多种途径达到防治的目的，减少农药的使用，甚至不使用农药，农药防治应视为其他防治方法的一种补救措施。

二、无公害防治措施

（一）预防措施

1. 场地的选择和设计要科学合理　场地选择和设计都要科学合理，这对食用菌的无公害生产非常重要。选址应远离禽畜场、垃圾堆、化工厂和人群密集的地方，且要求交通便利，水源充足且清洁无污染。室外栽培时，应选择土质肥沃、疏松、排灌方便、未受工矿企业污染的土壤。原料场和拌料场要与接种室、培养室保持一定的距离；灭菌锅、锅炉房与接种室、培养室的距离要尽量短，这样可以使完成灭菌的菌袋或菌种瓶直接进入接种室，减少污染的机会。同时接种室和培养室要隔开，不能相连。

2. 环境卫生要搞好　搞好环境卫生是有效防治食用菌病虫害的重要手段，也是无公害防治技术的基础。①做好菇场日常清洁卫生工作，将废弃物和污染物及时烧毁或深埋，及时清理周边环境中的杂草、积水及各种有机残体，避免病虫滋生。②对发病严重的老菇房要进行熏蒸、消毒。③发现病菇、虫菇要及时摘除，并进行集中销毁或深埋，不可随意丢弃。

3. 选用优良菌种　应根据当地的气候特点，选择适宜的栽培种类及品种，不得使用老化或受到污染的菌种，应选用健壮、优质、抗病虫害能力强、抗逆性强的菌种。

4. 培养料要发酵，配方要合理　①选用新鲜、无腐烂霉变、干燥的原料做培养料。②草腐菌培养料进行发酵处理，利用堆肥发酵高温杀死病菌虫卵，严格要求进行二次发酵，避免灭菌不彻底造成的污染。③拌料用水的水质要达到饮用水标准，培养料的含水量不能过高。④各种物料混合要均匀，并严格按照配方要求进行配置。

5. 接种操作要严格　严格按照无菌操作程序进行接种：①接种室要严格消毒，紫外线灯与气雾消毒剂要配合使用。②接种人员进入接种室要更换衣帽。③接种前要做好菌种的预处理，手要用75%的酒精消毒，接种工具要用火焰灼烧。④接种时，菌种瓶要用酒精灯火焰封口，动作要迅速。⑤接种后应及时打扫卫生，保持室内清洁。

6. 加强栽培管理　对于不同种类的食用菌，要求按照其对生长发育条件的要求，科学的调控出适宜的温度、湿度、氧气、光线、酸碱度等生态条件，促使食用菌健壮生长，控制和防治病虫害的发生。

（二）防治措施

1. 物理防治措施

（1）设置屏障。在菇房门窗和通气口要安装60目纱网，阻止成虫入内，在地道菇房的进出口保持几十米黑暗，注意随时关灯，防止成虫趋光而入。

（2）人工诱杀。①利用菌蚊幼虫群居吐丝拉网的习性，对这些害虫可进行人工捕捉销毁。②大多数菇蚊喜欢麸皮，利用腐烂的麸皮进行诱杀。③利用跳虫喜水的习性，可以用水诱集后消灭。④利用蚊蛾的趋光性可以用黑光灯或节能灯诱杀，方法是在菇房灯光下放诱盆，内加0.1%的敌敌畏，害虫落入盆中即被杀死；还可在强光处挂粘虫板，粘虫板上涂40%聚丙烯黏胶，对害虫进行捕杀。⑤利用蝇科和螨类害虫对糖醋液有强烈的趋性进行诱杀。⑥利用螨对炒熟的种子香味有很强的趋性，可用炒香的茶籽饼或棉籽饼撒在纱布上，当螨聚集于纱布上后，把纱布在浓石灰水里浸蘸，螨便被杀死。

(3) 水浸法防治害虫。将虫体浸入水中，造成缺氧和促使原生质与细胞膜分离致死。但必须注意栽培块（袋）无污染、无杂菌，菌块经2～3h浸泡不会散，否则水浸后菌块就会散掉，虽然灭了虫，但生产效益也会受到损失。方法是：瓶或袋栽培的可将水注入瓶或袋内，菌棒或块栽的可将栽培块浸入水中压以重物，避免浮起，浸泡2～3h，幼虫便会死亡漂浮，浸泡后的瓶、袋沥干水即放回原处。

2. 生物防治措施　生物防治最大的优点是对人、畜安全、不污染环境、没有残毒，它是实现无公害食用菌生产防治的关键技术。

(1) 以虫治虫。①利用蜘蛛捕食菇蚊、蝇等。②澳大利亚应用小杆线虫寄生眼蕈蚊收到很好的效果。③利用姬蜂寄生小菌蚊蛹、瘿蜂寄生蚤蝇蛹杀死害虫。④利用捕食螨捕食害螨。

(2) 生物制剂防治。①用链霉素防治革兰氏阳性细菌引起的病害。②用金霉素防治细菌性腐烂病。③用玫瑰链霉素防治红银耳病。④利用细菌制剂，如苏云金杆菌、阿维菌素可防治螨类、蚊蝇、线虫等害虫。⑤利用农抗120、井冈霉素、多抗霉素等防治绿霉、青霉和黄曲霉等真菌性病害。

3. 化学防治措施　对食用菌病虫害不提倡使用农药防治，应尽量采用其他方法，在必须使用化学农药时，应选用高效低毒、低残留的药剂如敌百虫、辛硫磷、克螨特、锐劲持、甲基托布津、甲霜灵等，并严格控制使用浓度和用药次数。但化学农药不能在出菇期使用，可在出菇前或采完菇后施药，并注意应少量、局部使用，防止扩大污染。禁止在菇类生产过程中使用国家明文禁用的甲胺磷、甲基1605、甲基1059、氧化乐果、呋喃丹等一切汞制农药及其他高毒、高残留农药。

总之，对食用菌病虫害的防治必须遵循“预防为主，综合防治”的原则，综合应用各种防治方法，创造出不利于病虫害发生的环境，减少各类病虫害造成的损失，最终达到优质、高产、高效、无害的目的。

练习与思考

1. 在食用菌栽培过程中，常见的非侵染性病害有哪些？应如何防治？
2. 在食用菌栽培过程中，常见的竞争性病害有哪些？应如何防治？
3. 在食用菌栽培过程中，常见的寄生性病害有哪些？应如何防治？

应用技能篇

项目六　香菇栽培技术

【知识目标】 完成香菇的认知，掌握香菇的形态结构、生活条件；了解常见香菇栽培品种；掌握香菇生产要求、栽培方式。

【技能目标】 能够根据季节或生产情况制订香菇的生产计划；会处理培养料；能制作栽培料袋；掌握菌皮产生过程及刺激出菇措施，全面掌握香菇的栽培管理技能，能够排场和出菇管理。

任务一　香菇代料栽培

【任务描述】

香菇代料栽培是目前最为普及的栽培方式，这种方式有生产周期短，见效快，原料来源丰富、利用率高，产量高，管理方便等优点。生产开始前，先做好菌种的准备、原辅材料准备、机械准备和菇棚建造工作。这几项工作一定要因地制宜，根据当地的气象条件，进行科学的安排，做好周密的生产计划。要考虑好：什么品种最适合当地的气候条件和市场需求；与生产量相配套的材料准备、人工安排、机械准备等；要根据当地的气候条件和品种特性，选用菇棚的模式（栽培模式）。

香菇袋栽的主要生产过程可概括为：确定栽培季节→菌种制备→菇棚建造→培养料准备→拌料→装袋→扎口→装锅灭菌→出锅→打穴→接种→封口→培菌管理→排场→转色→催蕾→出菇管理→采收→后期管理。

【任务实施】

（一）生产开始

1. 制棒

（1）拌料。人工或机械拌料，料的配比因品种不同而异，高抗品种多加麦麸，弱抗品种少加。水分的添加常采用经验指标：以手捏紧培养料后松开，可看见培养料成团状结构，但团状结构很容易散开为宜。高抗品种多加水，弱抗品种少加水。拌料过程时间尽可能缩短，要一气呵成，不要拖长时间，避免杂菌发酵。

（2）装袋。要求装得紧实，袋口清洁，无破口。装袋可用装袋机，扎口可采用扎口机。

（3）筒袋。目前国内一般采用折幅 15cm×55cm，厚 0.05cm；北方气候干燥，为了培养料保持水分，常采用规格更大的筒袋。

2. 灭菌 及时进行灭菌，农民的经验是灶内叠堆开始前便点火，以便能尽快升温。装灶时叠堆不能太紧实，要让灶内空气流通。灶门要闭紧，但要留有一定孔隙，以排出冷空气，并减缓内部蒸汽产生的压力（图6-1）。

图6-1 灭 菌

在料温升到70℃前，火势要猛，因为35～65℃这个中温区间是一个危险区间，在这个温度下，酵母菌和细菌将大量增殖，进行厌氧呼吸，造成营养损耗和培养料酸败，甚至促使大量细菌芽孢生成，影响香菇菌丝发育和后期产量。过了危险区间，酵母菌和细菌大多死亡，这时可使灶内温度继续上升，即所谓“中间稳”，上大气后可以控制火势，维持灶温则可。这就是“前头猛、中间稳、后头控”的原理。上大气后料温并没有升到100℃，还需继续烧火，料温升到100℃保持12h便可停火。停火后，不要急着开灶降温，还要利用余势完成灶内低温区的灭菌和最大限度地杀死细菌芽孢。

中温灭菌法是近年发明的一项先进的灭菌技术，实践证明，中温灭菌能耗减少50%，灭菌时间缩短50%，发菌速度快，成活率高。中温灭菌技术核心是在适温区间，采用安全的药剂，通过物理和化学两种方式共同作用，抑制厌氧呼吸和兼性的菌类增值，随着料温的进一步升高，最后达到彻底灭菌的目的。采用这项新技术灭菌后，培养料的理化性质改善和细菌芽孢存在量都优于常规灭菌，因此产量和菇质都有一定程度的改善。详见本教材项目十三拓展二。

灭菌工作看似简单，其实很有讲究，一定不能掉以轻心，否则，对产量隐性损失是很大的。注意事项有：①及时进灶、及时加温。②叠堆要留有空间。③前头猛、中间稳、后头控。④经常测温，防止出现低温区（农民称之为死角）。⑤利用余温，温度降到50℃以下再开灶。

3. 接种 接种规范操作要点见本教材项目二知识三。

打孔接种的孔数有2～5个。北方地区为了培养料保水，常做成大袋，折幅达22cm以上，所接的孔数也要相应增加，常用三排，共9孔。打孔数还与栽培季节有关，栽培季节不紧时可少打孔，反之多打孔，甚至三面打孔。

国内接种的方式有超净台接种、接种箱接种、大间接种、篷帐式接种、开放式接种、液体菌种接种等类型。目前比较受欢迎的是开放式接种。开放式接种技术是近年发明的一项先进的接种技术，实践证明，接种速度比常规技术快一倍以上，成活率也比目前农村简易接种箱高，容易操作，劳动强度大大下降。详见本教材项目十三拓展二。

影响接种成活率的主要原因：①灭菌不彻底。②空间杂菌孢子降落。③表面杂菌。④菌种带菌。⑤风箱效应，即手拿菌棒时的袋内空气从接种口进出而带菌。⑥昆虫带菌。⑦培菌管理过程的感染，如刺孔。⑧温差造成的外界水分倒流袋内。⑨破袋。

（二）培菌

香菇栽培的目的是获得优质高产的子实体。而子实体的营养是由菌丝体提供的，因此，培养好菌丝体是香菇优质高产的关键。

培菌过程就是用人工调控的手段，最大限度地满足菌丝对营养和环境的要求，使其能够充分分解、吸收和转化培养基中的营养，并将所吸收的营养，适时地转移到子实体中。

培菌管理过程有叠堆、翻堆、刺孔放气、病虫管理、排场、环境控制等过程。温度、光照的调控是这个阶段的重要工作。

培菌场所一般有室内、大棚、林地等。

接种后菌棒的摆放很有讲究，接种初期，菌丝生物量少，对氧气的需求不大，生物热能的产生也较少，尤其在低温季节，菌棒紧密排放有利于升温和种口保湿。随着发菌斑的扩大，对氧气的需求逐渐增加，生物热能的产生也逐渐增加，这时候一定要及时进行翻堆——将墙式堆放的菌棒疏散为“井”字形、六角形等堆式。翻堆可以结合第一次刺孔放气和挑选坏棒进行。堆放高度和过道也应加以注意，要考虑到当地气候（图6-2）。

图6-2　培　菌

刺孔量、刺孔次数、翻堆次数以能够满足菌丝生长发育氧气需求为度，在此前提下，宜少则少。香菇菌棒的每次振动都会刺激菌丝的活动，总会消耗一部分营养。而发菌过程是对培养料的分解和吸收过程，平稳的发菌是达到优质、高产的关键之一。

杂菌感染、闷堆烧菌、出黄水、虫害和“不时出菇”（受寒潮、振动等影响，在不应该出菇的时候出菇）是培菌阶段常见的障碍。

培菌过程的病虫管理如下：

1. 杂菌防控　主要有毛霉、根霉、黄曲霉、镰孢霉、绿色木霉等竞争危害。

防控手段：主要是培养料要彻底灭菌；清洁环境、减少污染源；菌棒表面保护，不随意搬动菌棒；保持环境干燥，有利香菇菌丝竞争。结合散堆和刺孔，要挑出已感染的菌棒并及时进行适当处理，发现危害斑应及时重新灭菌。

2. 闷堆烧菌的防控　培菌场所要加强通风、遮阳、疏排或人工制冷，经常进行菌棒检查，严防闷堆烧菌。

刺孔后，由于菌丝受到刺激，呼吸骤然加剧，生物热能集中释放，最容易造成闷堆烧菌。因此，高温期间，应避免进行刺孔通气、割袋等操作。在气温较高时，出现发菌受阻、菌瘤大量发生，不得已的情况下进行刺孔通气，应选在天气相对凉爽时进行，最好在晴天的夜间进行。对同一培养室内的菌棒需分批分时进行刺孔，使生物热能分批释放。刺孔后的2～3d内应加强通风散热。

3. 黄水的发生与防控　菌丝在不良的环境条件下，细胞死亡，而分解出黄色液体——黄水。黄水的产生又增加了袋内湿度，阻碍氧气通透，并使菌棒表面富营养化，诱使杂菌的滋生危害，甚至导致香菇菌丝体的死亡和被分解。

主要防控措施：选用高抗品种，主意接种时间的合理安排，尽量使发菌阶段（高抗阶段）来应对夏季高温季节。通过遮阳、通风、减少振动等人工调控措施，降低培养环境的温、湿度。

范例：浙江省庆元县在前些年由于多年应用低抗品种135，加上接种时间安排在春节附近，夏季到来时菌棒已成熟转色，已过了抗性最强的阶段，因此烂棒非常严重。近年大力推广高产高抗的“庆科20”品种，并将接种时间推迟到4～6月三个月，让高温季节与抗性最高的发菌阶段重合，目前已基本解决了高温烂棒的难题。

4. 虫害 发菌阶段害虫主要是双翅目幼虫，即菇蚊和菇蝇的幼虫阶段。危害方式是幼虫啃食菌丝，造成香菇菌丝死亡和引发杂菌侵染。防控措施是清洁环境，减少虫原基数，采用高效低毒的药剂熏蒸或喷雾，或用粘虫板（纸）杀灭成虫，或用腐烂的麸皮加农药诱杀，减少着卵量；有条件的可用隔离的方式，保护菌棒。

5. 避免“不时出菇” 通过接种期调整、发菌速度调整、排场时间调整、减少温差、减弱光照和避免振动等方法，可以最大限度地避免不时出菇。

（三）排场和出菇管理

1. 排场 就是将香菇菌棒按出菇要求在出菇棚内进行摆放。

排场应在出菇季节到来前进行，但有些菇农安排在出菇适温时，利用排场振动来刺激出菇。这也是一个比较好的方法，但对季节的掌握要十分合理。

实践表明，香菇菌棒成熟后，每受到一次振动，菌皮就会加厚一次，营养也会消耗一部分。临近出菇前的无效振动是很不利的。对一些容易出菇的品种，最好在菌棒成熟前进棚，减少出菇时的振动，否则菇量过大，造成质量下降，并因营养透支而造成菌棒早谢。

排场前应将菇棚进行整修，对遮阳设施进行处理，对周边环境进行清扫和杀虫、灭菌。

2. 出菇管理 菌丝成熟后，当适宜出菇季节到来时，便将进入出菇管理阶段。出菇管理包括脱袋（或割袋）、刺激出菇、注水、采收等方面。

（1）转色与菌皮的产生。菌皮的作用类似于木头的树皮，是菌棒上最重要的物理结构，对菌棒的机械支撑和菇蕾的形成起到至关重要的作用。菌皮的形成伴随着菌棒表面颜色由浅到深的变化，这就是转色过程。

菌皮由倒伏的老熟菌丝组成，显微观察下，由菌屑层、菌栓层和结合层构成。菌屑层是最外面类似头皮屑的死亡细胞菌层；菌栓层皮是失去活性的老熟细胞构成的一层致密坚韧的组织；结合层是由老熟细胞和成熟细胞结合的过渡组织，是菇蕾扭结的场所。

在发菌的初期，菌棒内有一定的氧气含量，菌丝均匀分布到培养料中，分解和吸收培养料，这时不会产生菌皮。如果内部缺氧，大量菌丝都聚集到菌棒表面，形成菌瘤，这种菌棒也就会过早、过厚地形成菌皮，对发菌不利。只有当菌丝充分成熟后，菌丝体积累了较多的营养物质，有必要将营养物质转移到子实体中，这时才应形成菌皮。成熟的菌皮，可为菇蕾原基提供扭结场所。

一般状况下，菌棒在培菌中后期自然转色并形成菌皮，但有些品种在不适宜的季节或不适宜气候条件下，如菌龄不够、光照不足或气温较低等原因造成不转色，不形成菌皮。这时应采取措施催生菌皮。催生菌皮的基本原理是促进表面菌丝的形成，使之骤然倒伏。具体操作是先增湿、增温，催生大量表面菌丝，然后突然通风、降温、降湿，表面菌丝倒伏、死亡，便形成菌皮。培养料的干湿度、刺孔数量、品种特性等都影响着菌皮的形成和厚度。在菌棒表面喷水会增加菌皮的厚度。

菌皮颜色一般为褐色或棕褐色，颜色越深，菌皮越厚。并不是所有的品种都适合厚菌皮的，有些品种如香菇 135 品种适合“虎斑色”菌皮，即褐白相间。菌皮过厚容易造成出菇难。

（2）刺激出菇。刺激出菇也因品种不同而采用不同方法。容易出菇的品种应避免刺激出菇，但有些品种没有经过刺激便不能出菇。刺激出菇的主要途径有：①自然温差刺激出菇。②人为拉大温差刺激出菇，白天盖膜保温，晚上揭膜通风，反复数日。③振动刺激出菇。④湿差刺激出菇，使菌棒略偏干，然后注一次冷水。

如果尚未达到出菇条件，比如季节没到，不要轻易刺激出菇，一旦刺激了却出不了菇，不但白白消耗营养，而且会使菌皮加厚，以后就更难出菇了。

3. 补水　菌棒在发菌期间保水性能比较好，到了出菇管理后期，因脱袋、割袋和蒸腾的加快，容易失去水分，因此，补水是出菇管理的重要措施之一。

补水可采用注水、喷水、浸水等方法。浸水对菌丝体损伤最小，效果也最好，但由于注水可以原地进行，不需将菌棒下架或搬到水池中，工作效率最高，因此，注水是比较常见的补水方法。

要根据菌棒轻重来判断是否需要补水和补水量的多少，目前一般用经验判断（用手掂量菌棒）仍是最为准确和最为常用的判断方法。这种非量化的方法在生产中不难掌握。

补水也是湿差刺激出菇的手段之一，但在适宜出菇的季节来临前、休息养菌间隙不要补水。

当一潮菇出完后，要使菌丝有一定的恢复时间，这就是所谓的休息养菌间隙。一般为 10d 左右。此期间应作偏干管理，并不得振动菌棒。休息养菌后，菇疤上新菌丝萌发并且颜色加深，此时可进行补水，刺激下一潮菇蕾的形成。

补水所用的水，一定要用水温较低、含氧量较高的活水，不应是田水和洼塘死水。

4. 采收　按产品要求进行采收，根据卷边度的多少，有薄菇、厚菇之分。

采收前一般不得喷水，以提高产品质量。

采收要求将整个菇柄采去，但不要带走太多培养料。不要将采收过程的废弃物丢废在棚内，以免滋生杂菌。

任务二　香菇段木栽培

【任务描述】

香菇段木栽培是 20 世纪 30 年代日本人发明一种香菇栽培方式，我国在 20 世纪 50 年代后盛行，80 年代后，逐渐被代料栽培取代。而今仅在华中等一些山区还有零星栽培，市场上也还有少量段木香菇出售。

段木栽培的流程为：选树→砍树→截段→打孔→接种→培菌→出菇管理→收获。

【任务实施】

1. 菌种的制备　目前大多采用木屑菌种，也有少量采用木丁菌种，日本和韩国多采用胶囊菌种。菌种的制作见本教材项目三知识五。

2. 菇场选择　应考虑林木资源、水源、地形、海拔等条件。地形上要讲究坐北朝南或东南方向，应是冬暖夏凉的缓坡地带。还应尽可能选高大树木遮阳的地带。

3. 确定栽培季节 一般在5～25℃的温度下都可播种，2～5月完成接种比较适合。

4. 段木准备 砍树应在秋后树叶发黄之后到春天发芽之前这段时间进行，因为这段时间木头营养物质最丰富，水分也最少，树皮和木质部结合最为紧密，树皮不易脱落。选直径在10～20cm的栎树、桤木、楠木、桦树、栲树、榉木、榆树、栗树等硬杂木。木质越坚硬、树龄越长，产量越高。注意不要用木荷、樟科、芸香科、九里香科以及针叶树种做栽培段木，这些木材中含有大量的萘酚类抑菌物质，不适宜做香菇培养料。

去枝裁段，制成1.0～1.2m的段木，切口用石灰水等保护。水分高的树木砍倒后可过一段时间再剔枝裁段。树木或段木搬运过程中要注意保护树皮，无树皮部位水分易散失且不易出菇。

5. 人工接种 要选择适合段木栽培的品种如香菇241、82－2等。按打孔、放种、封口三个工序进行。打孔工具，有通电条件的场地可采用1.2～1.3cm钻头的电钻；条件不允许的，常采用打孔器或皮带冲子、空心冲子来进行接种。如市场上买不到打孔器，可以自制。打孔器又称为接种锤，一端呈锤式，另一端装有皮带冲头，用螺丝固定在锤头上，可以装卸，冲头的内径一般为0.8～1.2cm。

用木屑菌种接种的，打孔接种后，一定要进行封口处理，否则，种口容易风干，菌丝体失去活性。封口可用打孔留下的树皮盖，也可涂上熔化的石蜡。

6. 发菌期的管理 接种后的段木称为菇木或菌材。发菌管理是根据菇场的地理条件和气候条件，对堆积的菇木采取调温、保湿、遮阳和通风等措施，为菌丝的定植和生长创造适宜的生活条件。

香菇段木栽培的发菌期长达8～10个月。这个过程分定植和培菌管理两个阶段。前者将接好种的菇木立即在菇场以“井”字形或堆放，后者是将经一段时间定植的菇木移到通风、更适于菌丝生长的场地重新排放，继续培养。

7. 出菇管理 一定要先补水，再架木。补水有浸水和喷水两种方式。架木出菇一般用“人”字形架木。出菇期要多喷水保湿，防止干热风的侵袭。

要想形成品质较好的花菇，第一，要选用好的品种；第二，段木中的菌丝要发育健壮，含水量要适宜；第三，出菇环境要相对干燥。

8. 采收 当子实体生长到七八成熟时，就应适时采收。过早采收影响产量，过迟又会影响品质。采收时，手指要捏住菇柄的基部，轻轻旋拧下来。

9. 越冬管理 北方寒冷的地区，一般要把菇木“井”字形堆放，再加盖塑料布、草帘等保温、保湿材料安全过冬。南方只要把菇木倒地吸湿就行。但要对白蚁进行防控。

【知识拓展】

（一）香菇概述

香菇［*Lentinus deodes*（Berk.）Sing］，在不同的分类系统中，香菇的分类地位是不同的。目前国际上普遍采用的分类地位是属真菌界、真菌门、担子菌纲、伞菌目、白蘑科、小香菇属——Pegler系统。而在singer系统中，属于侧耳科，香菇属。

香菇的别名很多：香蕈、冬菇、花菇、香信等。香菇是世界上最著名的食用菌之一，在木腐菌中，总产量位居第一。

我国现有栽培的食用菌中，香菇栽培量和出口量都是最大的。我国是世界香菇生产的第一大国。

香菇肉质肥嫩、味道鲜美、香气独特、营养丰富，并具有较高的保健和药用价值，因此深受国内外人们的喜爱，是不可多得的理想的健康食品。

香菇中含有较高的蛋白质、不饱和脂肪酸、糖类、粗纤维、矿物质等对人体有益的物质。所含有的18种氨基酸中有7种为人体必需氨基酸，含有的30多种酶，其中富含其他蔬菜中缺乏的维生素D。

香菇的药用价值很高，含有多种能降低胆固醇，防治心血管、糖尿病、佝偻病，含有抗流感、抗肿瘤的生理活性物质，如香菇多糖等。

中国是最早栽培香菇的国家，一般认为至少已有800年的栽培历史。西晋张华在《博物志》中有“江南诸山群中，大树断倒者，经春夏生菌，谓之椹”的记载，其中“椹”与浙江庆元一带香菇的方言“蕈”近音，有可能指的是香菇，而“大树断倒者”之“断倒”是“伐倒”还是“朽倒”值得推敲，这是人工栽培与野生的根本区别所在。这段文字至今已有1 800年以上历史。

香菇栽培技术经历了原木砍花法栽培、段木栽培、代料栽培和高棚层架代料栽培四个阶段。

1. 原木砍花法　将硕大的原木伐倒，在树皮上剁上斧痕，空气中的天然香菇孢子在斧痕上萌发，在树皮内形成菌丝，经2年以上的培菌管理，形成香菇子实体，这种生产香菇的技术就是原木砍花法栽培技术（图6-3）。这是香菇从野生到人工栽培第一步，其中要经过“作樯、砍花、遮衣、倡花、开衣、惊蕈、当旺、采焙”八道工序，从砍花到收获结束，整个过程经历3～8年，所用的原木种类、周边环境、砍伐季节、斧痕深浅等都十分讲究，都是栽培成败的关键。

图6-3　原木砍花法

国际菇类著名学者张树庭（中国香港）和张寿橙（浙江龙泉）两位专家经多年考证，以大量事实依据，否定了日本人发明香菇人工栽培技术的观点，证明这项技术由浙江省庆元县龙岩村（当时庆元归属于龙泉县）一带的人发明。这是一项独特和神奇栽培工艺，古代菇民在原始森林中利用空气中不可见的香菇孢子播种，经历数年秋去冬回的候鸟式农耕作业，为保护其生产“专利”，用极其神秘的专业言语交流，这在世界农业栽培史上都是绝无仅有的。如今这种古老栽培工艺已不再采用，只留下少量可以解读的历史资料和诸多难以考证的谜团。浙江庆元和龙泉两县人民政府都有意向申报非物质文化遗产。

2. 段木栽培　大约500年前，原木砍花法栽培技术传入日本。1928年，日本人森喜作分离并培养出香菇菌种，20世纪30年代，利用菌种接种的段木栽培技术在日本大量应用。“纯菌种段木栽培技术”在成活率、转化率、人工调控能力和集约程度上都比原木砍花法栽培技术有很大提高，而且生产周期也大大缩短了。这是香菇栽培的第二次革命（图6-4）。

3. 代料栽培　1964年上海农业科学院何园素、王日英等人采用木屑菌种压块栽培香菇获得成功；1980年福建古田农民彭兆旺仿银耳栽培，进行筒袋栽培尝试并取得成功。代料栽培的成活率、转化率和集约程度进一步提高，而生产周期进一步缩短，农作物的下脚料（麸皮、米糠等）在香菇生产上得到利用。这是香菇栽培史上的第三次革命。

图 6-4　段木栽培

4. 高棚层架代料栽培花菇技术　代料栽培技术推广后，人们想利用这项技术栽培香菇中的极品——花菇。1994 年庆元县食用菌科研中心首先攻克了这个技术难题，其主要特点是由产量向质量、由平面栽培向立体栽培、由顺境培养向逆境培养转化。这项成果通过浙江省科技厅鉴定，经国际查新，确认为“国际领先水平”。这项技术的发明和推广，使中国香菇不仅在数量上超过日本，而且在质量上也普遍超过了日本。这项技术的核心是降低棚内湿度，以促使花菇的生成。广大北方地区原本不适合高湿管理代料香菇栽培，而这项技术的发明，使北方地区干燥的气候条件由劣势变成优势，由此引发所谓的“南菇北移”。同时高棚层架栽培技术也为香菇工厂化生产提供可能（图 6-5）。

图 6-5　高棚代料花菇栽培

我国香菇的主产区是福建、浙江、湖南、湖北、河南、河北、陕西、辽宁等地，近年四川、广西、云南、安徽、贵州、黑龙江、山东等地也在大力发展香菇。并且，逐渐由单家独房户的栽培方式向规模化生产的方式转变。多年实践证明，栽培香菇是活跃农村经济、帮助农民脱贫致富的有效途径，同时对于出口创汇和丰富菜篮子工程也有着重要的意义。

（二）香菇生物学特性

1. 形态特征与生活史

（1）形态特征。子实体单生、丛生或群生，早期呈扁半球形，后逐渐平展，淡褐色、茶褐色到深褐色，常有淡褐色或褐色的鳞片，有时有菊花状或网状皴裂，露出菌肉。子实体由菌盖、菌褶和菌柄三部分组成，菌柄上有时有菌环，菌褶两侧长有担子和担孢子。菌盖初期内卷，后开伞伸展。幼时边缘有白色到淡褐色的菌膜，后期渐消失。孢子印白色。孢子无色。

（2）生活史。香菇的生活史是从孢子的萌发开始的，香菇的担孢子从子实体上飞散出来，在条件适宜的情况下，即可直接萌发成单核菌丝，单核菌丝经过质配，形成双核菌丝，进一步生长发育成三生菌丝，三生菌丝经过分化，形成香菇子实体。

2. 生活条件

（1）营养。香菇是木腐性菌，野生香菇生长于阔叶树的朽木上，针叶树、芸香科、樟科、木荷等树种有抑制香菇菌丝生长的物质，不能作为培养基质。代料栽培中，利用阔叶树的木屑作为主要营养基质，并加入麸皮、米糠甚至棉籽壳、玉米芯等农作物下脚料增加营养。为了有利于早期菌丝的生长，常加入 1%的蔗糖。同时，为了提供钙元素并缓冲 pH 的变化，常加入1%的石膏。

现在常用的香菇培养基质配方是：木屑∶麸皮∶石膏∶蔗糖为78∶20∶1∶1，简称782011配方。这个配方至今仍然广泛应用，但在生产中还应根据不同的香菇品种而作相应的调整，高抗品种麸皮的比例要适当增加，而弱抗品种要适当减少。

（2）温度。香菇是一种低温型变温结实性的食用菌。温度是影响香菇生长发育的一个最活跃、最重要的因子。

香菇生长各阶段对温度的要求见表6-1。

表6-1　香菇生长各阶段适宜温度（℃）

生长发育阶段	菌丝生长	子实体分化	子实体生长
温度范围	5～32	8～21	5～26
最适温度	24～27	10～15	10～20

注：以上各温度要求是相对而言的，不同的品种还会有不同的表现。

除此之外，还存在极限温度，即菌丝和子实体的死亡温度，也得从品种、发育阶段和持续时间来考虑。香菇高抗品种“庆科20”在北方栽培过程，放在棚外，冬天经受住－40℃严寒而不被冻死；而2002年在庆元县二十五筛有机香菇基地越夏过程中，棚外连续3d达到41℃的高温下，香菇菌棒安然无恙。

选择适合本地区栽培的香菇品种以及确定适合的栽培播种季节，对香菇生产十分重要。

温差刺激：由于香菇是变温结实型的菇类，所以，没有一定的温差是不会长菇的。对温差的敏感程度也因品种不同而有所不同，一般认为温差刺激需要10℃以上。

（3）水分和湿度。香菇在含水量过多时，其菌丝会缺氧而生长受阻甚至死亡；相反，含水量不足时，菌丝分泌的各种酶就不能通过自由扩散接触培养料进行分解活动，从而营养物质也就不能运输和转换，菌丝也就不能正常生长。

一般木屑培养料的含水量为50%～60%，因料的粗细而有差异，细料孔隙小，不利通氧，培养料含水量要适度降低，粗料则相反。段木栽培含水量为35%～40%。出菇时要求空气相对湿度为80%～90%。较高的湿度有利于子实体的分化和生长，但湿度低可以造成逆境培养而提高质量，如花菇生产时，要加大通风，湿度要降至60%。

（4）空气。香菇是好气性菌，通风良好的环境有利于菌丝健壮生长，有利于子实体分化和生长发育；加强通风，还有利于形成良好的菇形和菇质，盖大柄短，提高商品价值。反之，容易形成畸形菇。

香菇菌丝培养期间，加大通风，让流动的空气及时带走细胞呼吸放出的温度，降低空气相对湿度，能提高菌丝的抗病虫能力，因此，培养场所应尽可能通风，菌棒应疏排、低放，谨防闷堆烧菌和黄水发生。

（5）光照。香菇是喜光性菌类（相对而言），但在菌丝培养阶段不需要光线，光线过强反而会抑制菌丝的生长。营养生长阶段转入生殖生长阶段前，要进行光照处理，以促成菌棒转色，形成菌皮。因为最早的野生香菇菌丝体在没在光线的木材内生长，而在昏暗林间结实。这个遗传特性在漫长的进化过程被固定下来。

子实体分化和生长发育需要一定的散射光，光线过暗，子实体分化少，易形成盖小、柄长的高脚菇，菇体颜色浅淡；但光照过强，子实体的分化也会受到影响，甚至不能长菇。

在生产中，我们所建造的菇棚就是模拟野生状态下的散射光环境，遮阳设施的荫蔽度一般要达 65%～80%。但北方的花菇栽培中经常白天敞棚日晒，晚上盖棚保温。这是逆境培养的手段，容易形成花菇，并提高白天棚内温度。

（6）酸碱度。香菇是喜酸性菌。其适宜的 pH 一般为 3～7，最适在 5 左右。在微碱性的培养基中香菇菌丝也可以生长，但随着碱性增加而受到抑制。为了缓冲培养料中的 pH 变化，代料香菇配料时一般要加入 1%的石膏粉。

（三）常见的栽培品种

生产人员对品种的认识与育种和分类上的品种概念有一定的差异。生产中，人们对一个品种的认识，主要是菌龄、温型、子实体形状、色泽和质地以及其他一些特性。品种的特性与菌龄密切相关。所谓的菌龄，就是某品种菌丝体在 25℃恒温和合适的培养条件下，到生理成熟所需要的天数。但通常人们总是把在某区域培养一般所需要的天数作为菌龄。应该指出的是，不同的区域的有效积温是不同的，也就是说，能使香菇菌丝生长发育的温度的总和是不同的，因此，通常生产上所说的菌龄只是一个十分粗放的说法，正式的菌龄要通过很长时间严格测定。

从菌种的类型上，有长菌龄、中长菌龄、短菌龄之分，一般而言，60～90d 的为短菌龄品种，90～120d 的为中长菌龄品种，120d 以上的为长菌龄品种。

从对温度的适应性上区分，可分为高温型、中温型和低温型三类，也有分为高温型、中高温型、中温型、中低温型和低温型五类的。目前对这些类型的量化还有争议。日本的古川久彦（1985）提议，一个品种出菇高峰低于 10℃定为低温品种，10～20℃为中温品种，20℃以上为高温品种。

高温型品种往往就是短菌龄品种，同时，常表现为广温型特性。

图 6-6　庆科 20

目前常见品种有由庆元县食用菌科研中心选育的香菇 241 系列、庆元 9015（939）、庆科 20（图 6-6）及国内其他育种单位育成的香菇 135、菇皇 1 号、Cr04、武香一号、申香系列等，但市场上同种异名现象非常普遍，如庆元 9015 在被一位技术员引进到河南省西峡县时，为了商业保密而改称为 9608，至今，整个西峡及周边地区都将此品种称为 9608。菌种管理规范化工作正在进行中。

（四）香菇栽培技术的创新与发展

20 世纪 80 年代完成了代料香菇露地栽培技术研究与推广，90 年代，完成了高棚层架代料栽培花菇技术。全国各地按照这两种模式，根据各地的自然条件进行因地制宜的技术革新。如浙江云和县将代料香菇露地栽培技术发展为半地下式栽培，很好地利用了地温和地湿，并成功地进行香菇与水稻和轮作搭配，实现一季稻一茬菇的目标；河南省贾身茂等引进庆元的高棚层架代料栽培花菇技术，并根据北方的具体情况，增大筒袋直径，以解决培养料保湿问题；缩小菇棚高度，以解决因白天光照吸热、晚上盖帘保温的需要而进行的每日一次的揭帘盖帘操作，形成泌阳小棚花菇栽培模式。

此后，虽然没发生栽培模式的技术革命，但在生产的各个环节上都有一些重要的创新与进步：

1. 代料香菇胶囊菌种的成功研制与推广　这是日本人发明并在段木香菇上应用的一种新形菌种（图 6-7），庆元吴克甸等从韩国引进，并着手在代料香菇上应用试验。之后，庆元县食用菌科研中心经多年研究，取得最后的成功，并完成国产化生产。近年这项技术已在全国推广应用。

2. 中温灭菌技术　见本教材项目十三拓展二。

3. 开放式接种技术　见本教材项目十三拓展二。

4. 覆土栽培技术　这是目前反季节夏菇栽培中，最为常见的一种栽培方法（图 6-8）。由福建长汀县的技术人员发明。其特点是夏初将培养成熟的菌棒脱袋后排放在建好菇棚的田中，在菌棒上盖上沙质泥土，利用土壤相对低温，并利用水位调整来控制菌棒的水分和含氧量。其优点是降低夏季出菇温度，利用流水自然补水，投入少，能反季节生产；其缺点是菇品含有沙子，高温、高湿情况下容易出现绿霉危害。

图 6-7　胶囊菌种

图 6-8　覆土香菇

2007 年后，浙江龙泉、庆元一带，出现了秋季覆土栽培的新栽培方式，基本原理与反季节覆土栽培一致，主要优点是菇柄变短，水分管理比较容易，产量较高。但地栽香菇菇品携带泥沙，并有农残风险。

5. 水培香菇技术　该技术是 2006 年后本教材编者与同事根据履土栽培技术进行改进的一项新技术。其特点是菌棒上面不履土，而是用水位调整来控制菌棒的水分和含氧量，看上去就像是将菌棒放在水池里培养（图 6-9）。其核心技术是在菌棒出菇前，用活水将菌棒漫淹 3d 左右，然后下降水位到菌棒高度的 1/3 处，以待出菇。采菇后，排干田水以休息养菌，约 10d 后，进入下一潮菇的管理。

图 6-9　水培香菇

6. 机械的普及与创新　随着食用菌产业的发展，对食用菌机器需求不断增加，各地发明并推广了不少食用菌机械，如专用蒸汽发生炉、培养料拌料机械、菌棒扎口机等。

7. 其他创新 山东一带利用白杨树林进行林地香菇栽培，也取得较好的效果，这项技术将以较快速度发展，成为我国香菇一种主栽方式之一。黑龙江、辽宁等地一些科研单位，采用加大菌种用量，强化香菇的竞争能力，进行半生料栽培。有些地方还利用林地履土栽培或庄稼里套种香菇，虽然会遇到不少困难，但至少也是一种有益的探索。

另外，一些关键共性技术有待突破，比如，在花菇栽培中，要保持菇棚干燥，就不能脱袋喷水，目前采用的是极费人工的割袋出菇的方法。生产上需要有一种技术和产品，能实现脱袋不喷水条件下保持香菇菌棒水分。有些菇农采用脱袋后涂蜡的方法，这是不可取的。

练习与思考

1. 列表比较原木砍花法、段木栽培、代料栽培三者在菌种、培养基质、人工调控、生物转化率和生产周期等方面的特点。

2. 试述代料香菇栽培的几个主要栽培过程。

3. 香菇菌棒接种孔数几个为好？为什么？

项目七　双孢蘑菇栽培技术

【知识目标】 掌握双孢蘑菇的生长特性，了解双孢蘑菇生产良种及常见的栽培方式，全面掌握双孢蘑菇的栽培管理技能。

【技能目标】 能做好双孢蘑菇的生产场地的规划，能够采用常用的发酵技术进行料的处理，合理按照操作流程进行双孢蘑菇的生产，因地制宜采取方法，提高出菇的产量和质量，做好双孢蘑菇的采收及加工。

任务一　双孢蘑菇的室内层架式栽培

【任务描述】

双孢蘑菇栽培多采用室内床栽，也可采用室外畦地栽培。随着生产工艺的不断提高，培养料日趋丰富，双孢蘑菇产量不断提高。室内层架式栽培是最常见的栽培方式，各地在生产实践中已积累了较成熟的经验。此外，露地畦床栽培、塑料大棚栽培的方式也被普遍采用。还有油菜地套栽法、双季栽培法等，都能体现因地制宜的特点。不论采用何种栽培方式，都由双孢蘑菇生物学特性所决定，其技术要求都有共同之处，其区别在于环境变化，对管理措施上提出不同要求。

双孢蘑菇的栽培工艺流程为：栽培季节和菌种准备→菇房与菇床设置→配料→前发酵→后发酵→铺料播种→发菌管理→覆土→出菇管理→采收。

【任务实施】

（一）栽培季节安排

我国的双孢蘑菇生产是在自然条件下进行的，对自然条件的依赖性十分明显，因此，合理地安排栽培季节是生产成功的首要条件。确定双孢蘑菇的栽培季节，必须遵循两个原则：第一，要根据双孢蘑菇菌丝生长和子实体形成所要求的最适温度范围；第二，要根据栽培地区全年气温的变化，能最大限度地利用气象条件。双孢蘑菇栽培周期较长，受环境影响较大，我国自然情况下一般 1 年栽培 1 次，时间从下半年 9 月至翌年 4 月底（指长江流域）。一般说来，我国以长江为界，越往北，双孢蘑菇播种时间应越早；越往南，双孢蘑菇播种期应越迟。如河北、河南、山东、山西、安徽、江苏等地一般应选择 8 月，而上海、浙江、江西等地则宜安排在 9 月，福建、广西、广东等地则以 10～11 月为宜。如有控温设备则可实行周年栽培。国外实行周年栽培，1 年可达 4 次，其中，荷兰 1 年可达 6 次。

（二）菇房设施

当今世界各地生产仍以室内栽培为主，虽然菇房的结构及内部设施和使用性能有很大的差别，但都能在不同程度上满足双孢蘑菇生长发育所必需的环境条件。我国尚无统一的标准菇房，南方多采用砖木结构的专用菇房或简易菇棚，北方的菇房多为泥墙草顶，西北则以半地下式的地沟菇房较为常见。不论采用何种形式的菇房，其基本条件都必须符合以下要求：菇房应具备良好的保温、保湿性能和通风换气条件；菇房大小要适宜，使之能合理利用空间，便于管理，并可避免室外气温变化对室内温度造成较大的波动；要有良好的环境卫生条件，便于拆卸、清洗、消毒，有利于防治病虫害。床架要南北向排列。菇房栽培体积（空间）的利用率为10%～11%，菇房面积的利用率为20%～22%。即1 000 m^3 体积的菇房，有效栽培面积在200～220m^2。床架不论采用何种材料，均应方便生产结束后进行处理。每季菇结束后都要彻底清理和消毒，特别是老菇房尤为重要。

（三）双孢蘑菇培养料的配方

双孢蘑菇是典型的腐生真菌，通常发生在腐熟的粪草有机质上，因此又被称为草腐菌或草生菌。但严格地说，它不是草生菌而是粪生菌，畜粪的含量和质量则是决定双孢蘑菇产量至关重要的因素。双孢蘑菇培养料的重要构成是畜粪和草料，培养料必须有足够的数量和良好的质量。从理论上讲，生产1 000g 双孢蘑菇需要 220g 干物质，其中 90g 干物质构成双孢蘑菇子实体的组成部分和残留在堆肥内的菌丝，130g 干物质作为能源被消耗。在高产菇房中，培养料中畜粪、草料一般每平方米 35～45kg，培养料的厚度要达到 18～20cm。培养料的质量主要是指营养完全、物理性状好和碳氮比（C/N）适当。适宜的C/N 约为30∶1，堆制后为（15～17）∶1。C/N 高，形成贪肥，不能满足双孢蘑菇生长的需要；C/N 低，往往造成游离氨增加，发菌困难，或菌丝生长虽好，但不能及时从营养生长转入生殖生长，产菇少。现将常用配方介绍如下：

（1）稻麦草2 100kg、牛粪1 650kg、猪粪1 650kg、人粪尿1 650kg、菜籽肥 200kg、尿素 16.5kg、石灰 50kg、石膏 50kg、过磷酸钙 33kg。

（2）稻草 500kg、牛粪 500kg、饼肥 20～25kg、尿素 3.5kg、硫酸铵 7kg、过磷酸钙 15kg、碳酸钙 15kg。

（3）稻草1 000kg、豆饼粉 15kg、尿素 3kg、硫酸铵 10kg、过磷酸钙 18kg、碳酸钙 20kg。

（4）麦草 500kg、马粪 500kg、饼肥 20kg、尿素 10kg、过磷酸钙 15kg、石膏粉 15kg。

（5）稻草（麦草）500kg、牛粪 500kg、棉籽饼（或豆饼）20～22kg、尿素 3.5kg、硫酸铵 7kg、过磷酸钙 14kg、碳酸钙 15kg。

（6）稻草（麦草）350kg、干猪（牛、马）粪 700kg、棉籽饼（豆饼、菜子饼）40kg、尿素 6kg、过磷酸钙 20kg、碳酸钙 15kg、鸡粪 1.4kg。

（7）稻草（麦草）600kg、干猪（牛）粪 400kg、棉籽饼（豆饼）25kg、尿素 4kg、硫酸铵 7kg、过磷酸钙 16kg、碳酸钙 15kg。

此外，也可采用无粪培养基栽培双孢蘑菇，无粪培养基配方中的氮源是靠添加饼肥、尿素等含氮量高的物质解决的，各地可因地制宜选用。常用畜粪主要是猪粪、牛粪、马粪，此外还有人粪尿和鸡鸭粪。猪粪为热性速效微酸性肥料，质地较疏松，出菇早而快，但后劲不足。牛粪中奶牛产奶期的粪质最好，黄牛粪其次，水牛粪最差。牛粪为冷性长效微碱性肥料，难腐熟，但肥效长，后劲足。牛粪晒干后才能使用。马厩肥是双孢蘑菇栽培的传统粪肥。

（四）培养料的配制发酵

发酵类型有一次发酵法、二次发酵法和增温发酵法三种。若采用一次发酵，在播种前25～30d进行；若采用二次发酵，应在播种前20d左右进行，须翻堆3次；增温发酵剂发酵约在播种前16d进行。一般二次发酵技术性高，有利于高产，降低了劳动强度，用增温发酵，发酵时间短，效果佳。这里以二次发酵法为例介绍：

1. 培养料的前发酵　所谓前发酵，也称为堆料，或称为第一次发酵，发酵时间一般为20d左右。前发酵的作用是利用好热性微生物繁殖活动产生的高温杀死虫卵和杂菌，并使料中复杂的大分子物质转化为简单的、易被双孢蘑菇菌丝吸收的小分子化合物。发酵过程中要求升温快、堆温高、堆温短，这样才能使堆制后的培养料腐熟发酵质量好，物质损失也比较少。具体步骤为：预湿→建堆→翻堆。

（1）预湿。干粪在堆料前7d用水预湿，每100kg干粪加水约110kg。拌湿前先将干粪捣碎过筛，去除杂物，然后加水拌湿后做成方形堆，高度不超过1m，并于第三天翻堆1次。稻草等原料草堆料前2～3d亦要用10%石灰水预湿，预堆前最好能将草料进行截段或碾压处理。双孢蘑菇菌丝不能利用未经发酵分解的栽培材料，培养料堆制发酵是双孢蘑菇生产的重要环节。制备优质有选择性的双孢蘑菇堆肥，能为双孢蘑菇丰产奠定物质基础。培养料堆制发酵过程是极其复杂的化学、物理和生物变化的动态过程，发酵微生物活动在完成这一过程中起着重要的作用。经过发酵处理的培养料，其理化性质出现很大变化，还能通过发酵时产生的高温使培养料无害化。培养料的堆制时间应进行科学设计：掌握在播种后当地自然温度在22～26℃，经过20d的营养生长，自然气温逐渐下降至适宜出菇温度为合适。培养料堆制的技术关键是调节和控制培养料的含水量和通风，创造合适的发酵条件。在水分上必须做到先湿后调，先重后轻。生产上称为“一湿、二调、三不动”，即在堆料和第一次翻堆时，水要浇透；第二次翻堆时，根据干湿情况适当调节水分；到最后一次翻堆时，最好干湿适宜，不再浇水。

（2）建堆时间。一般在播种前30d左右开始堆料，陕西秦岭以南一般在7月中下旬堆料，秦岭以北以7月下旬或8月初为宜，长江中下游地区可选在8月中旬左右堆料，各地可根据本地气候条件灵活掌握。

（3）建堆场地选择。选择离菇房近、便于搬运、地势高燥、排水良好、地面平整的空地，最好在水泥地面上建堆。

（4）建堆方法。堆的大小以宽2m、高1.5m左右为宜，长度不限，堆顶呈龟背形。先用草料铺底，厚20～30cm，要求厚薄一致，四边整齐。草上撒1层粪料，厚5cm。然后1层草、1层粪地堆叠上去，直至堆高1.5m为止。大约铺10层草、10层粪，顶层用粪肥全部覆盖。如有条件，草料采用2层麦草、1层稻草最为理想。辅助物质如饼肥、尿素等，在建堆时分层加入，最好加在第三层至第八层靠中部位置，以便充分发酵和吸收。为了调节堆料中水分，每铺一层粪草后，都要适当浇点水。浇水应掌握底层不浇水、中层少浇水、上层多浇水的原则，直至堆料四周有少量水溢出为止。若堆后第二天仍有水渗出，表明调水合适。建堆完毕，堆中插一支温度计，以便观察堆温上升情况。堆建好以后，晴天用草被覆盖，避免风吹日晒。雨天覆盖塑料薄膜，严防雨水渗入，雨停再将薄膜掀去。堆的四周要开小沟，低处再挖一个小坑，使堆料内渗出的水聚集在坑内，便于回浇于堆上，以免养分损失。

（5）翻堆。翻堆就是将堆积的粪草抖松拌和，把处在料堆下面培养料翻到上面，上面的翻到下面，四周的翻到中间，其目的是改善堆内空气条件、调节水分、散发废气并促进有益微生物继续生长，有利进一步发酵，并再次使堆温回升，以达到培养料的均匀分解、彻底腐熟的目的。翻堆次数视堆制要求而定。如常规一次性发酵，一般要翻堆4～5次。第一次翻堆在建堆后第六天进行，第二次翻堆在第11天进行，第三次翻堆在第15天进行，第四次翻堆在第18天进行，最后一次在第21天进行，整个发酵过程约为21d。如进行后发酵的则只翻堆3次即可。翻堆的方法是：当料堆温度上升到65～70℃后开始降温时即进行第一次翻堆，一般为建堆后的第五天至七天。翻堆时将处在料堆下面培养料翻到上面，上面的翻到下面，四周的翻到中间，要求充分抖松拌匀。以后每次翻堆方法均与第一次相同。最后一次翻堆时需在料堆底部地面的中央，顺堆长方向排上2排砖，2排砖的距离是12cm，上面再用砖横向铺平，即组成了通风道。通风道每隔1m处取掉上面的一块砖，直立一根约10cm粗木棒，用粪草把木棒围紧，再在砖面上铺放一层毛竹或木柴棍，竹、棍间距离以粪草掉不下去为宜。然后再将粪草堆放在上面，粪草堆放完毕后，把直立的木棒拔去即成拔风洞。拔风洞顶部用塑料薄膜覆盖，用以防雨和保温。若堆放的培养料过湿，可将两端通风洞口打开；天气干燥，可将洞口堵塞，以促进有益微生物活动。

（6）调节堆料水分。翻堆时堆料中水分调节要掌握“一湿、二调、三不动”的原则，最后一次翻堆最好不要浇水，如必需浇水也只能浇1%的石灰水，以免生水带进杂菌和病原菌。

（7）添加辅助物质。结合翻堆进行。第一次翻堆时添加饼肥、石膏和石灰，第二次翻堆时加入一半的过磷酸钙，另一半在第三次翻堆时加入。这些辅助物质既可以改善培养料的物理结构，又有利于双孢蘑菇菌丝的生长发育。

2. 培养料的后发酵 也称二次发酵或巴氏灭菌。培养料二次发酵是20世纪80年代以来采用的培养料堆制新工艺。培养料通过二次发酵，由于高温型放线菌等有益微生物的充分繁殖，可形成大量菌体蛋白及各种维生素和氨基酸，供菌丝吸收利用；能杀灭有害微生物和残存在培养料中的幼虫和虫卵，减少病虫害，可少用或不用农药，降低蘑菇产品的农药污染；经过升温处理，培养料的游离氨被蒸发，可避免播种后氨气对菌丝的抑制作用，有利菌丝恢复定植；能显示增产效应，一般可增产20%以上，高者可达40%，菇的品质好，一级菇比率高，还可加快双孢蘑菇生长，菇床转潮快。

国外的二次发酵是专用隧道中进行的，可实行全过程的自动检测控制。我国的二次发酵过去采用室内升温二次发酵，将培养料分散在菇房床架进行二次发酵。

室内升温二次发酵法，采用二次发酵法的菇房不宜过大，以60～100m^2为宜，要具备一定的密封条件。根据二次发酵的升温方式，对前发酵结束时的培养料含水量要求略有差别。用煤炉、火道坑干热加温，培养料含水量需调至70%～75%；若采用锅内蒸汽加温，含水量可调至65%～70%。培养料进房前，应按常规方法对菇房进行彻底消毒，并将门窗、屋顶缝隙全部密封。培养料进房要选晴天，进料要快，集中堆放在床架的中间三层。因顶部床架二次发酵后料易偏湿，底层温度常偏低而使二次发酵不彻底。

菇房升温有多种方法，可用废气油桶做蒸汽发生器，卧放室外灶台上，加热后产生蒸汽，用导管输入室内。每 100m^2 菇房用油桶 2～3 只。此法升温快，受热均匀，但能耗较大。亦可在培养料进房后，在菇房过道及地窗口放 10～12 只煤炭炉，上置盛水大铅锅产生蒸汽，热能利用率较高，但加热不均匀，培养料易干燥。近年，蒸汽发生炉的应用已十分普及，相比土制蒸汽发生器，蒸汽发生炉使用方便，更加节能，产汽量更大，但购买成本相对较高。可根据菇房空间大小和培养料的情况选用蒸汽发生炉。

二次发酵的技术关键在于温度的控制。具体方法是将前发酵结束（第三次翻堆后 3d 温度达 50℃以上时）的培养料趁热搬进菇房内，上架堆成 15～18cm 厚，或在床架中间按纵向堆成垄式，两侧不堆。然后紧闭门窗，用煤炉或蒸汽加热，使料内温度在 1～2d 上升到 57～60℃，维持 6～8h，随后降温到 50～55℃，维持 3～5d 进行控温发酵。最后打开门窗通风换气降温，后发酵的技术关键是对温度的控制。后发酵的过程可分为 3 个阶段：

（1）升温阶段。后发酵使料温上升到 60℃左右，维持 6～8h，这是巴斯德消毒阶段，其作用是进一步杀灭料内的杂菌和害虫，促进嗜热微生物大量繁殖，有利于腐殖质类物质的形成。

（2）持温阶段。巴斯德消毒结束后，将料温降至 50～55℃维持 3～5d，以供嗜热微生物处在最佳生态条件，使堆料残留下的氨转化为氮源，加速基质降解，同时产生聚糖类物质、烟酸、B 族维生素及氨基酸等，有利于双孢蘑菇菌丝吸收。

（3）降温阶段。料温逐渐降低到 45～50℃约需 12h，当料温降至 45℃时，必须立即打开门窗，使料温迅速下降。

采用上述工艺时，在加温期应注意定时通风换气，每隔 3～4h 通风 1 次，每次 4～5min；在控温期要通入一定量新鲜空气，防止出现厌氧发酵。二次发酵的培养料，进房时的含水量应比播种时高 10%～15%，如含水量不足，在升温前用 pH8～9 石灰水喷雾调整；二次发酵结束时要检查培养料含水量，如在 60%～62%，应用石灰澄清水予以调整。

后发酵因经过一次高温，水分损失较多，因此进行后发酵的料要适当湿一些，含水量在 68%～72%，同时后发酵过程中要注意保湿，使发酵结束后的培养料含水量在 60%左右。进行后发酵的培养料，前发酵时间应缩短到 15～18d，只翻堆 3 次。另外，后发酵升温、降温都不能太快，否则会阻止料内废气的散发，导致播种后双孢蘑菇菌丝生长受阻，并易导致鬼伞等杂菌的发生。同时还要适当通风，避免造成厌气发酵。因此后发酵需要有一定经验的人来掌握。

发酵好的培养料的标准是：培养料为褐色或咖啡色，手握培养料能成团，松手落地即散，捏紧料时稍有点水珠溢出，含水量为 62%。草茎有弹性，稍拉即断，有香味而无氨味。

（五）播种及管理

发酵完成后的培养料，先用水调节至湿度合适，将料翻拌铺平，拣去粪块杂物，料温在 28℃左右时即可播种。

1. 播种方法 双孢蘑菇一般采用穴播、条播和撒播法。播种时要根据种型、培养料和菇房状况、气候条件来选择适宜的播种方法。如采用谷粒种或棉壳种者多采用撒播和料面覆盖相结合的播种方法。

2. 播种后的管理 从播种到覆土是料层的发菌阶段，管理的重点是调节好菇房内的空气和湿度。在正常的气候条件或较干旱年份，播种后 2～3d 以保湿为主，室温 25～26℃，保持料面湿度，要求空间相对湿度 70%～75%，使菌种块迅速萌发并恢复生长。至 7～8d

菌丝已长满料面，直达覆土层，这时以换气为主。菌丝在料面继续生长，促进料内菌丝的生长。若遇到湿润年份，采用开门发菌，让室外湿气和新鲜空气进入菇房，有利发菌。若发现培养料中的菌丝生长一半时，不再向下伸展，要进行插料发菌，即用两根竹竿，把竹头削尖，插向料底层，用力往上抬，以排出底层中郁积的二氧化碳、游离氨等不良气体，改善料内的通气条件，促使菌丝向底层料中伸展，尽快长满全菇床。此外，还要注意这期间的病虫防治工作。

（六）覆土与覆土后的管理

覆土是栽培双孢蘑菇的重要措施之一。菇床覆土有以下作用：覆土能降低料面水分蒸发，使之保持一定的湿度，并供给子实体生长所需水分；覆土的导热性差，对外界温度有缓冲作用；在覆土层内氧气减少，二氧化碳浓度较高，能抑制菌丝生长，促进菌丝扭结，在覆土层内形成一个相对稳定、有利出菇的小气候环境。覆土后，由于覆土中的某些微生物，如臭味单细胞杆菌的代谢产物，可诱导双孢蘑菇子实体原基的形成；而蘑菇菌丝的某些代谢产物，如乙烯、丙酮之类挥发性物质，不但能刺激原基的发生，又能激发覆土层中微生物的活动，形成有利于双孢蘑菇生长的生态环境。覆土层的营养比较贫乏，进入覆土层的菌丝生长受到抑制，再加上覆土对菌丝的机械刺激，能促进蘑菇由营养生长转入生殖生长。出菇后，覆土层还具有支撑子实体生长的作用。

1. 覆土材料的准备 覆盖材料要求疏松柔软，持水力强，一般以壤土为好。我国目前栽培双孢蘑菇采用的覆土分为粗土和细土两种，并且将粗土、细土分开进行两次覆土；也有不分粗土、细土而进行一次性覆土的。粗土一般采用沙壤土，其优点是毛细管多，吸水、保水性能好，便于菌丝长入粗土内；细土一般取黏壤土，可使喷水后不易板结，水容易流入粗土中。国外多采用草炭土为覆土材料，我国一般采用田园土、也有采用砻糠土（细土2 700 kg，砻糠 125kg，混合均匀，调水适度）做覆土材料的。覆土的粗土要求直径为 2～3cm，细土直径以 0.5～1.0cm 为宜。粗细土粒要分开存放。土粒用量是每 20m² 栽培面积用 1m³，其中粗土占 1/3，细土占 2/3。取土时须弃去表层土，取地表 10cm 以下土壤，以免带进虫卵和杂菌。覆土材料应在播种后即着手准备。粗土宜选毛细孔多、团粒结构好的沙壤土，土质疏松，通气性好，吸水性和持水性良好，有利于贮藏水分和双孢蘑菇菌丝穿土。细土宜选土质偏黏的黏壤土，土粒结构较紧密，喷水后不松散，土层不板结，水分容易渗到粗土层，能保持粗土中的水分。粗土粒过大、过僵，持水性差，水易流入料面，菌丝在土层内生长不良，易出畸形菇，甚至料面菌丝萎缩；粗土粒过细、过松，则透气性不良。细土粒过小、过松，喷水宜板结，土层通气差，菌丝板结，不易产菇，产量降低；细土粒过大、过僵，持水性差，水分易流入粗土层，使细土层偏干、粗土层偏湿、结菇部位深，影响双孢蘑菇产量和质量。一般每平方米菇床用粗土 22～25kg、细土 10～12kg，每 100m² 床面应具备土 5.5m³。覆土使用前，先置阳光下晒 1d，然后用 0.5%敌敌畏液或 4%～5%浓度的甲醛液喷洒，每1 000 kg 干土用药液 5～6 kg。喷药液后将土粒堆成堆，加盖薄膜 15～20h，以消灭土粒中的害虫。

2. 覆土的时间与方法 覆土时间要看菌丝生长情况而定，当菌丝已布满料面，“吃料”到 2/3 深度时就可以覆土，一般在播种后 15d 左右。覆土时，先将料面整平，并稍加压实，先覆粗土，将粗土均匀排列于料面，隔 5d 后再覆细土或用粗、细土混合，一次性地覆盖在料面上。等大部分菌丝扭结、20%～30%原基形成，再薄薄撒 1 层消毒细土，直到看不见原基为止，以免喷水时水珠直接伤害双孢蘑菇菌丝。覆土完毕，立即用稀泥浆将床架每层培养料四边封闭，2d 后用细竹竿或其他工具将床四边扎一些小孔，让孔内能长出子实体。用泥浆封闭四边的优点：一是保温、保湿，防止培养料水分散失；二是增加出菇面积，提高单产。

3. 覆土后管理　覆粗土后 2d 左右，按先湿后干原则进行调水。若粗土含水量在 18%～20%，可以不调水；如水分不足，应在 3d 内分多次喷水。调水时要求轻喷、勤喷、打循环水方式进行，直至最后一次喷水结束，用手指捏土粒，扁而不散并稍有裂口、不黏手，土粒内无白心为宜，以控制菌丝往粗土表面生长。覆细土后的水分调节，应坚持先干后湿，并要求慢调水，防止因急于早出菇而调水太快。一般覆细土后停水 1d。第二天开始喷水，每天 1 次，每次用水量 0.9kg/m^2 左右。这样前期细土比粗土稍干，促使菌丝继续在粗土层生长，充分长入粗土内部，以后逐渐调水，增加细土湿度，使菌丝在粗细土之间生长。

4. 出菇水的调节与通风管理　一般情况下，出菇前要喷 2 次结菇重水。覆细土 3d 后，当气生菌丝普遍长到细土缝，有的已长上细土时，打开全部门窗进行大通风 2～3 次，以抑制菌丝生长，并促进绒毛菌丝扭结为线状菌丝，进而形成原基。这时要补盖 1 层细土，将看到的菌丝及原基覆盖保护好。每天喷水 2～3 次，每次喷水量 0.9kg/m^2。喷结菇重水后要进行大通风，气温适宜时可昼夜长期打开门窗；气温高时白天关闭门窗，晚上打开门窗。结菇重水调足后 3d 左右，当大批子实体长至黄豆粒大小时，及时喷出菇重水，用水量 1.8kg/m^2，要求 2d 内调足，方法同结菇重水。这次喷重水主要是供给土层中已形成的子实体，使之迅速长大出土。用好结菇水和出菇水，是双孢蘑菇水分管理的关键。但也要注意以下两点：一是高温情况下（室温在 23℃以上）不可喷重水；二是喷水时菇房一定要大通风，否则很容易引起死菇和滋生杂菌。

（七）出菇管理

双孢蘑菇的秋菇管理主要包括水分管理、通风换气、挑根、补土、增施追肥等措施，以提高秋季的出菇量。

1. 水分管理　双孢蘑菇子实体生长所需的水分，主要是从粗土中吸收，其次是从细土、空气中吸收。出菇后土层喷水原则，主要掌握看菇喷水，即菇多时多喷，菇少时少喷；前期多喷，后期少喷。具体做法是：在秋菇前期，即第一、第二、第三潮菇大批出土、并长到黄豆大小时，都要喷 1 次重水，每次喷水量为 1.3kg/m^2。每天 1～2 次，连喷 2d，使细土能搓得圆、不黏手，含水量在 20%左右；粗土捏得扁，有裂口，含水量在 18%左右。采菇前土层不要喷水，以防采摘时菇盖变红。喷水时间最好在早、晚温度较低时进行。秋菇后期（即第四潮菇后），随着气温下降，出菇密度减少，菇潮不明显，喷水要轻喷、勤喷并逐渐减少喷水量，每天喷水 0.5kg/m^2 左右，使粗土、细土较前期略干些，保持细土松软潮湿。总之，在水分管理上，除看菇喷水外，还必须结合气候、菇房保湿性能、菌丝生长情况、土层厚薄等进行灵活管理。双孢蘑菇出土后，菇房内的空气相对湿度要保持在 90%～95%，尤其是秋菇前期气温较高、水分蒸发快的情况下更为重要，这样既可以满足子实体表面直接从空气中吸收水分，又能防止土面水分的大量蒸发。为此，晴天时要在地面、走道的空间、四周墙壁和草帘上，每天喷水 2～3 次；阴雨天可开门窗让湿空气进入菇房，以增加菇房空间湿度。

2. 通风换气　一般气温在 18℃以上时，菇房通风以不提高室内温度为原则，同时又要尽量不降低菇房温度，所以通风多安排在夜间或雨天进行。到秋菇中期后，气温降至14℃以下时，通风应放在白天，开少量南面地窗以提高菇房温度。

3. 挑根与补土 每潮菇采收后，要及时挑除残留在床面上的发黄老根或死菇，否则会影响新生菌丝生长和阻碍子实体形成，还会腐烂发霉。每次挑除老根和死菇后，应立即补盖新鲜湿细土，然后喷水保湿。

4. 增施追肥 秋菇后期，即第三潮菇采收后，因培养料养分已大量消耗，为了提高双孢蘑菇产量和品质，并促使菌丝生长健壮，可以进行追肥。常用的追肥有：①0.1%～0.2%尿素，可结合喷水进行。②1%葡萄糖，在菇蕾黄豆大小时喷施。③培养料浸出液，这是碳、氮含量丰富的完全肥料，能满足双孢蘑菇对各种营养元素的需要，成本低，效果好。一般用剩余培养料晒干配制，用5倍开水浸泡于缸中，闷3～5h，过滤冷却后喷施。也可用剪切下来的菇脚加水煮开取滤汁冷却后喷施。

（八）冬季管理

冬季管理的主要技术指标，是要恢复和保持好料内和土层中菌丝的生活力，为出好春菇打基础。为了达到这个目的，需采取以下技术措施。

1. 收水打洞 秋菇后期，随着气温下降，出菇减少，土面蒸发降低，要及时减少床面喷水，以保持土层透气良好。同时在床架反面对培养料普遍进行1次打洞。打洞的方法是：用直径2cm的尖头木棒，每隔13～15cm打1洞，以增加料内的透气性，散发有害废气，使料内菌丝有养息复壮的机会。

2. 通风保湿 秋菇基本结束后，进入寒冷冬季，菇房除加强保湿措施，使之尽量不要结冰外，每天还必须给予适当的通风。一般情况下中午可开南面窗通风1～2h，天暖无风情况下，也可开南北的窗户通风1h，气温特别低应停止通风，尽量使室温保持在0℃以上。

3. 适当喷水和松土除老根 冬季气候干燥，床面仍有一定蒸发量。为了不使菌丝过干而影响菌丝正常的代谢活动，一般15d左右喷1次水，用水量0.5kg/m^{2}左右，保持细土不发白，捏得扁，搓得碎（含水量15%左右）即可。松土除老根在雨水节气前后（2月下旬）气温升到5℃时进行。松土前增加菇房通风1～2d，可将细土刮到一边，用竹签插入土层至料内撬动粗土，拣掉干瘪的黄老菌丝，随后将细土重新铺平；若土层菌丝生长一般，无板结现象，直接用竹签插入土层与料内，松动粗土，挖去变黄的老根和死菇，再补盖一层新细土，若料内菌丝较差，冬天最好不要动土，到3月中旬春菇出土前，将粗细土轻轻松动一下。

4. 喷好发菌水 松土除老根后，为了促进土层内断裂的菌丝重新萌发生长，需及时补充土层中水分，即喷好发菌水，发菌水应选择在低温以后，温度开始回升且稳定在6℃以上时进行，时间在2月底。发菌水的用量应根据土层干湿而定，一般1kg/m^{2}左右，使喷水后细土捏得扁、搓得圆；粗土捏得扁，无裂缝，含水量在18%～20%。喷发菌水最好在中午前后气温较高时进行，喷水时要打开南面上、下窗进行通风，喷水后待土面水珠消失后关闭上、下窗，然后挂好潮湿窗帘保温、保湿，促进菌丝早日萌发。

（九）春菇管理

春菇管理主要包括水分管理和防低温、抗高温管理，以保证春季的正常出菇。

1. 水分管理 春季调水不可过早，以免低温损伤新发菌丝；但也不能过晚，否则出菇推迟，影响产量。春菇开始调水的时间要求在气温稳定在10℃以上时进行，一般在3月初左右。春菇前期调水应在中午进行，先少后多，轻喷、勤喷，遇到寒潮低温不喷，不能太快、太急，早期避免喷重水，否则土层中的菌丝受到损伤，影响出菇，同时应喷后及时关闭门窗保温。后期调水应放在早、晚进行。4月上旬以后菇房内空气相对湿度应增加，要经常进行空间喷雾，并特别注意防止西南风吹进菇房，以免引起小菇死亡和菌丝萎缩。

2. 防低温、抗高温　早春气温极不稳定，因此特别要注意前期防低温，后期抗高温。前期调水不可过早、过湿，否则遇到气温突然下降，会造成严重损失；通风放在中午气温较高时进行，以利提高菇房湿度。4月中旬后春菇正处于旺盛期，此期间会出现25℃以上高温，应提前做好抗高温准备，如墙面刷白，屋面盖草，高温时要采取白天少通风，夜间多通风。当室温在18℃以上时，白天不喷水，傍晚或清晨喷水，避免高温、高湿造成不良后果。春菇旺产期间追肥与秋菇相同。

（十）采收

双孢蘑菇长至标准大小时应及时采收。如留得过大，影响质量，过小采收则产量不高。鲜菇的收购一般分3个等级，但鲜销对规格要求不严，只要不是开伞菇，大小均可。凡是开伞菇、畸形菇、泥根菇、空心菇、薄皮菇以及有病虫杂斑菇都属于等外菇。因此，必须适时采收。双孢蘑菇的采收方法有两种，即旋菇法和拔菇法。菇密时，将菇轻轻旋转采下，以免带动周围小菇；丛生在一起的球菇，采收时要用小刀小心切下，并采大留小；出菇稀的地方，可直接将菇拔起。采下的双孢蘑菇要及时修整，即用小刀把菇柄下部带有泥土的根部削去。刀口与菇柄垂直、平整，柄的长短应符合商品要求。同时不要在风口处切削，以防止吹风后引起菇色变红，影响加工色泽，降低商品价值。削菇时，要将不同等级的双孢蘑菇分别盛放。另外，在存放及运输过程中，要轻拿、轻放，防止碰伤、挤压或变色。

任务二　室外栽培双孢蘑菇——林套双孢蘑菇

【任务描述】

利用树行间隙，通过一定的设施进行的双孢蘑菇栽培。

【任务实施】

（一）生产季节

7月中旬至8月中旬堆制培养料，8月下旬播种，9月中旬覆土，10月初至12月中旬为秋菇生长期，12月下旬至翌年3月上旬为越冬期，次年3月中旬至5月下旬为春菇生长期。

（二）工艺流程

备料→堆料（搭建菇棚）→进棚→播种→发菌管理→覆土→出菇管理→采收。

（三）菌种及原料准备

每栽培111m^2双孢蘑菇需稻麦草2 000kg、干牛粪或鸡粪800kg、豆饼100kg、尿素30kg、过磷酸钙50kg、石灰50kg、轻质碳酸钙25kg、石膏50kg、蘑菇健壮增产素5kg。搭建菇棚所需的有毛竹、农膜、铁丝、草帘等。选用优质、高产、抗逆性强、适应性广、商品性好的品种，如AS2796、F56等。根据生产季节，4月上、中旬生产一级种；5月上、中旬生产二级种；6月下旬至7月中旬生产三级种。

（四）菇棚建造与整理

1. 地棚（弓形棚）**建造** 在3年生以上，行距8～10m的杨树林地，用竹竿、水泥柱或木桩搭建半圆形塑料大棚，棚宽6m或因地制宜掌握，棚长20～25m，棚高1.5～1.7m，棚内中间纵向设0.5m宽走道，横向每隔1.5m留0.3m宽作业道，用塑料薄膜覆盖整个菇棚，膜外加盖草帘，棚顶设拔气筒，两侧设通风窗，两头做简易启闭式门道。

2. 中架棚建造 在3年生以上，行距8～10m的杨树林地，用竹竿、水泥柱或木桩搭建长方形基面“人”字形棚顶塑料大棚，棚宽6～7m、棚长20～25m、棚檐高1.8～2.0m、顶高2.8～3.0m，棚内一侧留0.7m宽走道，与走道垂直设四层床架，床架长5.3～6.3m，宽1.2～1.5m，上、下层间距0.5m，底层离地面0.2m，床架间留作业道宽0.6m。棚内的房架与床架间紧密连接固定，确保整体结构牢固安全。用塑料薄膜覆盖整个菇棚，膜外加盖草帘，棚顶设拔气筒，两侧设通风窗，两头做简易启闭式门道。菇棚整理：新菇棚在进料前4d封闭所有通气孔，按立方米用硫黄20g点燃，40%甲醛溶液20mL加10g高锰酸钾分别熏蒸1d。进料前1d，用30%克霉灵500倍液将棚内地面、棚架及立柱分别喷洒1次，喷后将地面撒1层石灰粉。

3. 旧菇棚使用 旧菇棚在进料前7d，将菇棚地面整平，撒上1层石灰粉，然后将菇棚灌1次大水。前4d，用5%的石灰水将棚内全部喷洒1遍，喷后将菇棚用薄膜封闭，用硫黄20g/ m^3 点燃熏蒸1d。前2d，每立方米用40%甲醛溶液30mL加高锰酸钾15g进行熏蒸密闭1d。前1d，用30%克霉灵500倍溶液将棚内地面、棚架及立柱分别重喷1次，喷后将地面撒上1层石灰粉。

（五）培养料堆制发酵

1. 预湿 建1个深1m、宽2m、长度不限的预湿池，用塑料农膜铺垫池底及四周，把草料放入其中，用0.5%的石灰水浸泡24h，待其充分吸足水后捞出。

2. 建堆 建堆场地要求平坦坚实、无积水、排水通畅、远离污染源及畜禽活动场所。将预湿过的草料，按照先草后粪的顺序层层加高，每层厚约0.2m。建成堆宽2.5～3.0m、高1.6～1.8m、长度不限、四周垂直、堆顶呈龟背形的发酵堆。添加的化肥大部分在建堆时加入，至少加入50%，边建堆边喷水，建堆完后有水渗出堆外为原则。晴天用草被覆盖，雨天用塑料薄膜覆盖，严防雨水淋入，雨后及时掀开薄膜通气。

3. 翻堆 地棚栽培采用一次发酵法，建堆后一般要经过5次翻堆。5次翻堆的时间间隔为7d、6d、5d、4d、3d，上面的草料翻到下面，外面的草料翻到中间，干料与湿料充分拌匀、抖松，每次翻堆高度不变，宽度逐次缩减到2m。翻堆时调节好料堆水分是关键，第一次翻堆可适量加水，以堆内水不外溢为度；第二次翻堆适量加水，紧握一把草料指缝间有4～5滴水下滴为宜；第三次翻堆酌情加水，紧握一把草料指缝间有2～3滴水下滴为宜；第四、五次翻堆一般不加水，如缺水需用5%石灰水调节。第一次翻堆时分层等量加入全部饼肥、尿素、过磷酸钙、石膏和蘑菇健壮增产素，第二、三次翻堆时分层加入石灰。

中架棚栽培采用二次发酵法，前三次翻堆要求与一次发酵法相同，第三次翻堆后2d，将料移入菇棚，堆在层架上，用汽油桶改装的简易蒸汽发生器，最好应用蒸汽发生炉对棚室内加温，1～2d内料温达到58～60℃，保持10h，然后打开菇棚门和拔气筒进行换气，使新鲜空气进入棚内，当中层料温降到48～52℃时，维持4～6d。

发酵结束后的培养料颜色变为灰褐色到黑褐色，手握培养料柔软而有弹性，不黏手，无氨味，无异味，含水量62%左右，pH为7.2～7.5。

（六）料床布置及播种

1. 料床布置　地棚栽培采用“热式进棚”法，当发酵好的堆料温度还未散失前，趁热搬料进棚，平铺在畦面上，铺料厚度20～25cm；中架棚栽培的把床架上二次发酵结束的培养料均匀分摊开，铺料厚度25cm左右。

2. 播种　每111m^2栽培面积需用质量合格的500mL瓶装谷粒菌种150瓶。当培养料温度下降到28℃以下且无氨味时开始播种。先将70%的菌种均匀混播在料内，第二天将30%的菌种撒播在料面上，整平后轻轻压实，立即盖膜。

（七）播种后至覆土前管理

以控温保湿通风促发菌为主，播种后3d不动膜，第四天观察薄膜内层水珠情况，水珠少不动膜，多则立即抖膜，将水珠抖于走道内，然后立即盖膜，发菌期间盖膜时间7～10d，一般抖膜2～3次。视棚内湿度情况决定通风管理，一般从不通风到适当少量通风，播种后若有氨味应立即通风，若无氨味可密闭3～4d后适当通风，气温在25℃以下时一般不通风，28℃以上时可适当通风，30℃以上加强通风，以便菌种萌发吃料，经过10～15d菌丝可长满料面。

播种后必须预防各种杂菌、虫害发生，在盖膜后喷2.5%天王星和30%克霉灵1 000倍混合药液于棚内床架、走道及膜上，以后每隔5～7d喷1次，一直到覆土时结束。对于污染严重的料面要及时清理出去，深埋或焚烧，以免扩散。

（八）覆土及覆土后管理

1. 覆土材料选择与制备　每111m^2栽培面积取地表30cm以下、无草根、无杂物的清洁土壤5m^3，无虫害、无霉变的稻壳200kg，将稻壳在3%～5%的石灰水中浸泡48h捞起与准备好的散土充分搅拌，并均匀喷入2.5%天王星和30%克霉灵800倍混合药液25kg，整个料堆水分掌握在握能成团，落地能散为宜（如干可加2%石灰水），成堆后覆盖农膜，密封3～5d，覆土前1d揭膜，让剩余药味散发后再充分拌匀，调整水分（用2%石灰水）备用。

2. 覆土　播种后15d左右，菌丝深入料层2/3时进行覆土，覆土厚度3～4cm。

3. 覆土后管理　覆土后，当天喷2.5%天王星和30%克霉灵1 000混合药液（0.2kg/m^2），3d后根据菌丝的生长情况开始调水，一般不通风。若菌丝爬土快，喷水量就大；菌丝爬土慢，喷水量就小。通常每天喷水2次，每平方米床面每次喷水150～300mL。

（九）秋菇期管理

1. 水分管理　覆土后10d左右，当覆土层中有大量毛状菌丝，并有米粒大小原基出现时开始喷出菇水，每平方米喷水1kg，连喷2～3d。喷出菇水后7d，原基长到豆粒大小，喷1～2次保菇水，每次每平方米喷水1kg，促进幼蕾生长。在菇蕾生长过程中，水分管理以晴天多喷，阴雨天少喷；菇多时多喷，菇少时少喷；前期多喷，后期少喷为原则。每天喷水1～2次，每次每平方米不少于0.5kg，一直保持到菇峰落潮，然后逐渐减少用水量，以利养菌，直到下一批菇蕾出现，再喷重水。

2. 通风管理　棚温18℃以上时，早晨或晚上通风，拔风筒昼夜打开；室温15℃以下时，尽量多开向阳窗通风；室温降至10℃左右，只能开向阳窗通风，阴雨天要关闭拔风筒。

3. 转潮期床面管理　每潮菇采收结束后，要及时剔除床面上的老根、死菇和碎屑；对采菇后床面上留下的小坑穴，用湿润的土壤填平；遇到病虫杂菌发生时，在转潮期间用2.5%天王星和30%克霉灵1 000倍混合药液喷洒防治。

（十）越冬期管理

当气温降至5℃及以下时，床面不再出菇，进入越冬期。越冬期间床面不喷水，注意保温，每天中午开向阳窗通风1～2h，在天暖无风情况下，中午也可向阳、背阳窗同时打开，使空气对流通风1h，排出棚内二氧化碳。

次年2月下旬至3月上旬，对床面进行一次全面松土，剔除老根，并及时调水、通风，喷施蘑菇健壮增产素，促进菌丝生长。

（十一）春菇期管理

当棚内温度稳定在10℃左右时，开始喷出菇水，采用轻喷、勤喷的方法，忌用重水，每次每平方米喷水不超过0.5kg，随气温升高再适量增加用水量。后期菇棚通风要防止干热风吹袭菇床。每潮菇结束后停水1～2d，在床面喷施1次蘑菇健壮增产素，提高菌丝活力。发现病虫危害时，在转潮时用2.5%天王星和30%克霉灵1 000倍混合药液喷雾防治。

（十二）产品采收

按照收购标准，适期、分批采收。采收过程中所用工具要清洁、卫生、无污染。采菇前床面不喷水，第一、二潮菇高峰期，1d需采菇2～3次。采菇时，动作要轻快，左手食指、拇指轻捏菇柄，稍向下用力旋转，拔起即可，右手持小刀轻轻切下泥根。切根要平整，一刀切下，做到菇根长短一致，注意菇体整洁，防止菇体带泥屑。分级要严格按照加工要求，分清一、二级菇，将畸形、红斑、病斑、鳞片、虫蛀菇剔出。每天采菇结束后及时将老根捡出，菇穴用土填平。

【任务探究】

出菇管理中容易出现的问题

栽培双孢蘑菇的原料大多是农、林副业的下脚料和畜禽粪类。原料丰富，取材方便，价格低廉。栽培方式可分为床架式栽培、箱式栽培、地畦式栽培等。这些方式既可在室内栽培，也可在温室进行。双孢蘑菇对生态环境要求极为严格，在生长发育中若遇到环境变化，生理功能会受到不利影响，在出菇管理中常出现以下不正常现象：

1. 地雷菇　前期菇床通风过强烈，导致粗土层含水量偏低，加之覆细土过迟，菌丝难爬上土层，造成出菇部位偏低；过早喷出菇水，而且喷水量过大、过急，菌丝下沉，使子实体原基在培养料面和粗土层之间形成；播种太迟，气温较低，而且通过菇床上的气流过猛，菌丝也难爬上土，出菇部位较深。因此，覆细土不宜过迟，粗土层调水之后，减少菇房通风量，保持一定的空气相对湿度，促使菌丝爬上覆土层。

2. 畸形菇　受虫害、病菌侵袭以及覆土的霉变，还有出菇期通风不足，菇房内二氧化碳浓度过高，会导致菇柄伸长，菌盖展不开，形成畸形菇。因此，冬季采用炭火加温时，要注意通风。

3. 空心菇　当气温高、水分供应不足或气温过低时，菇生长缓慢，在菇床面停留时间过长，均会产生空心菇现象。

4. 薄皮菇　培养料过薄，未充分发酵，或覆土过薄，通风不良以及高温高湿环境，均易产生薄皮菇。

5. 硬开伞　在子实体正常发育时，突然受寒流影响，使培养料温度下降（在11℃以下），子实体中的糖及含氮物质被迫转运回培养料内维持菌丝体的生长，致使子实体发育减慢。若气温突然回升，暴露在空间的子实体继续发育，水分养分等一时供应不上，从而迫使菇体硬开伞。

6. 死菇　菇床上小菇突然萎缩、变黄，最后死亡。主要原因是子实体原基形成时，气温突然回升，使菇体发育加快，水分及营养供应不上，造成子实体原基成批死亡。

7. 红根　出菇前高温阶段用水过多，覆土层含水量过大，培养料偏酸、追施糖料过多及通风不良等都可能形成红根。应注意使覆土的含水量保持在22%～25%，避开高温时喷水。追肥要适当，糖分要适量。如发现红根，可适当喷些石灰清水。

8. 水锈斑　在蘑菇多次喷水后，要求打开门窗0.5～1.0h通风换气，以保持室内空气新鲜。否则，菇房内湿度过大，就会使蘑菇表面滞留小水滴，时间稍长形成铁锈色斑点。

此外，某些药物、油类物质及气体如柴油、敌敌畏、加温火炉产生的一氧化碳、二氧化碳等，还可导致其他若干种畸形菇发生，应根据具体情况，认真分析原因，对症下药。

【知识拓展】

（一）双孢蘑菇的生物学特性

双孢蘑菇［*Agaricus bisporus*（Lang）Imback］又名蘑菇、洋蘑菇、白蘑菇等，在真菌分类学中隶属于担子菌亚门、层菌纲、伞菌目、伞菌科、蘑菇属（黑伞属）。是世界上商业化栽培规模最大，普及地区最广，生产量最多的食用菌。目前全世界有80多个国家和地区栽培双孢蘑菇。双孢蘑菇的人工栽培始于法国路易十四时代（1643—1715）。国外的双孢蘑菇生产，如法国、荷兰和美国等主要是工厂化栽培，一次性投资大，产量高、质量好；我国现阶段主要是利用废旧房屋、室外空地等进行棚架式栽培，以手工操作为主。根据子实体色泽不同，双孢蘑菇又分为三个品系：法国品系，如白蘑菇；英国品系，如棕蘑菇；哥伦比亚品系，如奶油蘑菇。我国多栽培白蘑菇。但平时也把几种蘑菇属的食用菌称为蘑菇，包括双孢蘑菇、大肥菇、棕色蘑菇等数种，而北方很多地方甚至把所有食用菌都称为蘑菇，这是很不规范的。

1. 双孢蘑菇的形态特征　双孢蘑菇是由菌丝体和子实体组成。菌丝白色透明，有分支和横隔，经多次分裂后形成蛛网状的菌丝体，菌丝体进一步发育形成菌丝束，菌丝束再进一步分化成菇蕾，随后分化成子实体。子实体多群生或丛生，菌盖宽5～12cm，初半球形，后平展，白色、光滑，略干渐变淡黄色，边缘初期内卷。菌肉白色，厚，伤后略变淡红色。菌褶初粉红色，后变褐至黑褐色，密，窄，离生，不等长。菌柄长4.5～9.0cm，粗1.5～3.5cm，白色，光滑，近圆柱形，内部松软或中实。菌环单层，白色，膜质，生于菌柄中部，易脱落。孢子印深褐色，孢子褐色，椭圆形，光滑，1个担子多生2个担孢子，罕生1个担孢子。栽培双孢蘑菇的主要品种有As2796、F56等。As2796菌株鲜菇圆正，无鳞片，有半膜状菌环，菌盖厚，柄中粗、较直、短，组织结实，菌褶紧密，色淡，无脱柄现象。F56菌体白色，菌盖厚、柄中粗，无脱柄现象，与As2796形态特征相似，产量高，品质好。

2. 双孢蘑菇的生活史　双孢蘑菇是一种次级同宗结合的食用菌。每个担子上产生2个担孢子，这两个担孢子都是异核，减数分裂后，每两个核进入一个担孢子，担孢子萌发时形成1个双核的能产生子实体的菌丝体。

（二）双孢蘑菇对生活条件的要求

人工栽培双孢蘑菇要获得优质高产，首先必须了解双孢蘑菇生长对环境条件的要求，以便根据其各个生长发育阶段的特点，采取相应的栽培措施。双孢蘑菇在生长发育中所需的生长条件主要有营养条件和环境条件。不同的生长阶段，对上述条件的要求也不相同。

1. 营养 双孢蘑菇是一种腐生真菌，完全依靠培养料中的营养物质来生长发育。双孢蘑菇可以利用的碳源有葡萄糖、蔗糖、麦芽糖、多聚戊糖、淀粉、木质素、纤维素、半纤维素及某些有机酸。但双孢蘑菇不能直接利用培养料中的纤维素、半纤维素及木质素等，必须依靠其依赖嗜热性和中温性微生物分泌的酶将大分子纤维素进行分解为简单的糖类后，才能吸收利用。双孢蘑菇只能吸收利用化学氮肥中的铵态氮，不能同化硝态氮。所以补充氮源的化肥是尿素、硫酸铵、碳酸铵等。双孢蘑菇生长还需要一定的磷、钾、钙等矿质元素及铁、钼等微量元素。因此，配制培养料时，除了用粪草等主要原料外，还要按照一定的比例加些尿素、硫酸铵、过磷酸钙等化肥以及石膏、石灰等，以满足双孢蘑菇生长发育的需要。

2. 湿度 双孢蘑菇子实体的含水量在90%左右，菌丝也有很高的水分，因此，在栽培过程中，菇房的湿度和培养料的含水量，对双孢蘑菇菌丝的生长和子实体的发生、发育都有极密切的关系。适宜菌丝生长的培养料含水量为60%～65%，过湿透气性差，发菌稀疏无力；过干则停止生长。菌丝生长期间，栽培房内的空气相对湿度应控制在70%左右，超过75%，遇到高温极易发生杂菌；低于50%，培养料水分蒸发过多，会造成培养料失水偏干，也不利菌丝生长。出菇时的空气相对湿度要求与菌型有关，气生型菌株要求稍偏干，出菇期间，栽培房的空气相对湿度应控制在80%～90%，空气相对湿度超过90%，子实体易出现烂菇、染菌现象；低于70%，子实体生长缓慢，菌盖外皮变硬，甚至发生龟裂；低于50%，停止出菇。对覆土的要求，粗土含水量16%，细土含水量18%左右，出菇期间覆土层的湿度应保持在18%～20%。

3. 空气 双孢蘑菇是好气性真菌，在整个生命活动过程中，不断吸收氧气，放出二氧化碳。由于培养料的继续分解也放出CO_2，所以在双孢蘑菇生长环境中，由于CO_2的积累，往往引起氧气的缺乏，影响生长发育，因此，菇房应经常通风换气，以供其呼吸等生理需要，而菇房的通气强度，应根据不同的生长发育阶段而定。发菌期间，可将CO_2控制在0.2%以下，低浓度的CO_2对菌丝生长有促进作用。子实体形成和生长期，需要的氧气较多，对CO_2敏感，应控制在0.06%～0.20%。如果菇房积累了太多的CO_2，对菌丝和子实体都有毒害作用，菇房内CO_2含量在0.2%～0.4%时，菇盖变小，菇柄细长，小菇很容易开伞。当菇房中CO_2含量0.4%～0.6%时，则不能形成子实体。

4. 温度 温度是双孢蘑菇生长发育过程中最主要的生活条件，温度的高低，直接影响菌丝的生长速度和扭结子实体的数量及质量。双孢蘑菇菌丝在4～32℃都能生长，最适温度为22～26℃，这样的温度菌丝生长适中、浓密、健壮有力。温度在25℃以上时，菌丝生长虽快，但较稀疏，易衰老。温度超过28℃，菌丝生长速度反而下降。当温度超过32℃时，菌丝生长明显缓慢甚至停止生长。这种现象在夏季制作双孢蘑菇纯菌种时，可发现菌种瓶（袋）中的菌丝发黄和分泌出黄色水滴。温度低于15℃，菌丝生长缓慢。

双孢蘑菇子实体分化要求的温度比菌丝生长阶段低，从5～22℃都能产菇，但最适温度为13～18℃。在这样的温度内，子实体生长适中，菌柄粗壮，菇盖厚实，菇质好而且产量高。高于18℃，子实体生长快，数量多，密度大，朵形小，产生高脚薄皮菇，品质差。温度升到20℃以上，子实体的生长就要受到抑制。室温连续几天在22℃以上，会引起死菇。在温度较低的条件下（12～15℃），子实体朵形较大，菇柄短，菇盖厚，菇肉组织致密，品级较优，但个数少，产量低。室温在5℃以下，子实体停止生长。

子实体成熟后，在14～27℃温度内部能散发孢子，18～20℃最适于孢子的释放。低于14℃或高于27℃，子实体不散发孢子。孢子萌发的最适温度为23～25℃，一般7～15d萌发。

5. 酸碱度（pH）　双孢蘑菇菌丝在pH5.0～8.5均能生长，以6.8～7.0最为适宜。由于灭菌过程中pH下降，菌丝在生长过程中会不断产生酸性物质，使培养料酸度增加，这样对双孢蘑菇生长不利，却有利于某些霉菌的发生和生长。因此，生产中培养料的pH应适当调高，控制在7.0～7.5，覆土的pH应调至7～8。如果培养料偏酸，可用石灰乳喷洒调节，亦可在配制培养基时添加0.2%磷酸二氢钾或少许碳酸钙起缓冲作用。

6. 光照　双孢蘑菇的菌丝生长和子实体分化发育都不需要光照，在完全黑暗的条件下，生长的子实体颜色洁白，菇肉肥厚细嫩，朵形圆正，品质优良。双孢蘑菇最忌直射光，强光使菌柄伸长弯曲，菌盖歪斜，菇色变黄，质量降低。因此，菇房内最好保持微暗，避免阳光直射入菇房。

（三）主要栽培品种

1. As2796　半气生型，菌盖厚，不易开伞，成菇率高，子实体生长适宜温度14～20℃。耐肥水，转潮快，高产，是国内大面积栽培的主要品种。

2. F56　匍匐型，耐水、耐肥。菇体圆整，中小型，无鳞片，菇质致密，高产。转潮快，出菇整齐，菇潮均匀，子实体生长最适温度15～17℃，抗逆性强。

3. 新登96　高温型，出菇温度20～32℃，抗高温，耐贮藏。

4. Asl671　气生型，出菇适温12～18℃，较耐肥水，转潮不明显，后劲较强。

练习与思考

1. 双孢蘑菇的生物学特性是什么？
2. 栽培双孢蘑菇的场地有哪些要求？
3. 栽培双孢蘑菇培养料的发酵技术有几种？
4. 双孢蘑菇培养料的二次发酵法达到的发酵标准是什么？
5. 如何进行双孢蘑菇的覆土技术？
6. 怎样进行双孢蘑菇的子实体阶段管理？

项目八　黑木耳栽培技术

【知识目标】了解黑木耳最佳栽培季节的确定方法；能选择优良菌种；能分析与处理黑木耳生产容易出现的技术问题，掌握黑木耳全程生产管理。

【技能目标】会布置黑木耳出耳场地，会划口摆放，能够制订黑木耳栽培生产计划。

任务一　代料黑木耳露地栽培技术

【任务描述】

黑木耳露地栽培技术是黑木耳代料栽培的一种主要方式。20世纪末由浙江龙泉市和云和县农民发明的“代料黑木耳露地微喷栽培技术”已推广到全国20多个省、区，特别是辽宁、吉林、黑龙江、内蒙古、山东、山西、河北等地发展较快。此法不用搭棚，可以在大田内进行，也可在房前屋后空地做床，操作方便，出耳管理简单，节省人工。地栽黑木耳恢复了黑木耳的自然生长习性，上面用激光打孔的简易微喷管喷水，下面返上地面潮气，使耳片能够充分生长，耳片可以均匀受光，产量高，质量好。

本节结合北方多年来的袋式栽培技术，进行栽培方式的比较。

【任务实施】

（一）确定栽培季节

地栽黑木耳应根据菌丝生长和子实体生长所需要的环境条件，因地制宜合理安排生产季节，我国大部分地区可安排春、秋两季进行栽培。栽培“春耳”一般在10月1日到元旦生产原种，元旦到3月初生产栽培袋，5月下旬陆续下地出耳。生产时间应根据当地的气候条件适当提前或延后；秋季栽培8月初至9月末制袋接种，9～11月出耳。如果在生产过程中延迟或遇到气候异常情况，在北方地区春耳栽培过晚就会形成“伏耳”，南方栽培过晚会形成“冬耳”。伏耳质量差，而冬耳质量好。

（二）选择与处理栽培原料

1. 栽培原料的选择　用棉籽壳、木屑、稻草等不同的培养料生产，黑木耳的长势、产量和质量会有差别。以棉籽壳为主料生产的黑木耳长势好、产量高，但胶质粗硬；以木屑为主料生产的黑木耳耳片舒展、产量高，胶质柔和；以稻草和麦秸为主料生产的黑木耳胶质比较柔软。多种原料混合使用，一般比单一使用好。生产时在各种培养基中加入15%～30%的木屑，有利于提高黑木耳的产量和质量。

栽培黑木耳对添加的原材料有一定的要求。如用陈木屑要比新木屑菌丝生长快，玉米芯要粉碎得细一些，麦麸、米糠要大皮的粗糠，黄豆粉或豆饼粉一定要粉细。另外，培养基的酸碱度影响黑木耳菌丝和杂菌生长速度。调高 pH 可抑制杂菌生长，但过大也会影响黑木耳菌丝生长发育。在栽培配方中，适当添加石灰，调高培养基的 pH。而糖和麸皮是黑木耳感染病、虫的主要原因，在栽培中可适当减少。

不同的栽培原料拌料时的处理方式也不相同，棉籽壳装袋前加水预湿，使其充分吸水，并进行翻拌使其吸水均匀。代料栽培黑木耳最好是粗细木屑混合使用，最佳比例是粗木屑占30%～40%，拌料前预湿；细木屑占 60%～70%。这样搭配可以解决培养料中水分与通气之间的关系，能降低污染率，提高产量。

2. 常用的配方

（1）木屑（阔叶树）78%，麸皮（或米糠）20%，石膏粉 1%，蔗糖 1%，料水比 1：（1.0～1.1）。

（2）棉籽壳 90%，麸皮（或米糠）8%，石膏粉 1%，蔗糖 1%，料水比 1：（1.2～1.3）。

（3）玉米芯（粉碎成黄豆大小的颗粒）70%～80%，木屑（阔叶树）10%～20%，麸皮（或米糠）8%，石膏粉 1%，蔗糖 1%，料水比 1：（1.2～1.4）。

（4）木屑 42.5%，玉米芯 43%，麸皮 10%，玉米面 2%，豆粉 1%，糖 1%，石膏 0.5%，料水比 1：（1.2～1.4）。

（5）木屑 45%，棉籽壳 45%，麸皮（或米糠）7%，蔗糖 1%，石膏粉 1%，尿素 0.5%，过磷酸钙 0.5%，料水比 1：（1.1～1.2）。

（6）木屑 29%，棉籽壳 29%，玉米芯 29%，麸皮 10%，蔗糖 1%，石膏粉 1%，尿素 0.5%，过磷酸钙 0.5%，料水比 1：（1.2～1.4）。

3. 选择与制备菌种 一般选择菌丝体生长快、粗壮、菌龄合适、纯正无污染的菌种。栽培种的菌龄在 30～45d 为宜，这样的栽培种生命力强，可以减少培养过程杂菌污染，也能增强栽培时的抗霉菌能力。

在北方春季生产，为充分利用培养室、降低生产成本，最好进行早、中、晚品种搭配，可在不同的时间生产而相同时间下地、出耳。

地栽黑木耳应选用抗逆性强、高产优质的黑木耳品种，如长白 7 号、长白 10 号、黑916、新科、黑 958、黑丰 1 号、黑 29、黑 931 等。长白 7 号、黑 916、黑 29 等为中晚熟品种，在代料栽培过程中，长满菌袋后应后熟 1～2 月，达到有效积温后，才可进行开袋催耳。在南方栽培区，一般采用黑 916、新科品种，前者抗性强、产量高，但耳片背筋粗，品相不如新科。

黑木耳采用二级菌种繁育体系，最好采用罐头瓶生产黑木耳原种。一般选择菌丝体生长快、粗壮、菌龄合适、纯正无污染的菌种。菌龄在 30～45d 为适宜，这样的栽培种生命力强，可以减少培养过程中的杂菌污染。

（三）制备菌袋

1. 配制培养料 拌料时各种培养料按比例称好，把不溶于水的代料混合均匀，再把可溶性的蔗糖等溶于水中，分次掺入料中，反复搅拌均匀，培养料含水量在 65%左右。然后将料堆积起来，闷 30～60min。

2. 制备料袋 采用17cm×33cm×0.045cm规格聚丙烯折角袋或低压乙烯折角袋。如采用高压灭菌、机械划口就应选择聚丙烯折角袋，如采用常压灭菌、人工划口则选择聚丙烯或低压乙烯折角袋。袋最好薄一些，能保证料与袋不分离，减轻“脱壁”现象。人工装料时要求层层压实，松紧适度，培养料不能有明显空隙或局部向外突出现象，手触料袋有弹性。当料装至袋深2/3时，将料面压平，中间用圆木棒在培养料中打孔，孔径约2cm，深度约为料深的3/4，然后用湿布清除袋表面及袋口部位的培养料，在袋口套上直径3.5cm、高3cm的塑料颈圈，并将袋口外翻，用橡皮筋固定在塑料颈圈上，再用棉塞封口，外面用牛皮纸包扎。常规方法灭菌。

3. 接种 灭过菌的料袋，待料温降到30℃以下时接种，接种室或接种箱要在接种前彻底消毒，接种操作要迅速准确，严格做到无菌操作。接种量为每袋栽培种接30～40个栽培袋。接种时将菌种均匀撒在培养料的表面。接种后，最好将塑料袋放在5%的石灰水中浸泡一下，棉塞上可撒已过筛的石灰。

(四) 发菌管理

将发菌室温度升高到30℃左右保持24h，用0.2%的多菌灵液喷湿室内的墙壁和菌架，再用15g/m^{3}硫黄熏蒸消毒。接种后应立刻将菌袋搬到培养室的多层架上，料袋口朝上。袋与袋之间摆放不要太挤。一般30 m^{2}培养室可培养1万袋左右。

培养室温度要先高后低。菌丝萌发时，温度在24～25℃为宜。10d后，温度降至18～20℃，由于袋内培养料温度往往高于室温2～3℃，所以培养室的温度不宜超过25℃。特别是在培养后期即菌丝长到培养料高度1/2以上，温度超过25℃，在袋内会出现黄水，并由稀变黏，这种黏液的产生，容易促使霉菌感染。空气相对湿度控制在55%～65%。后期如雨水多，在培养场地撒些石灰，以降低空气相对湿度。培养室应保持黑暗，以免菌袋尚未发透时，便过早地形成黑木耳原基。黑木耳是好气性菌类，在生长发育过程中，要始终保持室内空气新鲜，每天通风换气1～2次，每次30min左右，促进菌丝生长。

发菌期间，不宜多翻动。因为塑料袋体积不固定，用手捏时料袋变形，把空气挤出袋口，当手去掉时，料袋复原，就有少量的空气入内。这样就有可能进入杂菌孢子。要及时检查，污染料袋及时进行隔离或清除处理。

每隔7～10d要进行1次空间消毒，可在培养室内喷洒0.2%多菌灵溶液，以降低杂菌密度，同时，四周撒一些石灰，以减少霉菌繁殖的机会。一般35～40d菌丝可长满全袋，此时，不要急于进入出耳阶段，应调控温度、湿度等条件，使菌袋转入后熟期，即使其进行继续发菌，以最大程度的继续分解基料营养、增加生物量、储备出耳能量，以达到一旦进入出耳管理，即可形成爆发出耳的生产效果。约经15d，即可发现大部分菌袋的接种块处有原基现出，此时，即可转入出耳管理。

(五) 出耳前的准备

1. 用品的准备 生产1万袋黑木耳需准备场地667m^2，3m长的草苫子200片，微喷管200m，纱窗或晾耳筛子10m^2，与床长相等的塑料膜210m。代用料袋栽培露地摆放出耳，需17cm×33cm×（0.04～0.05）cm的低压聚乙烯折角袋10 000～13 000个。

2. 出耳场地的选择与整理 选择水源方便、能灌能排的地方，最好选择平地或六阳四阴的林地，保证出耳整齐一致。南北向或顺坡作畦床，采取地面平床或地上床的形式较好。

畦床长、宽因地制宜，一般宽 1.1～1.5m，作业道宽 50～60cm，床四周应挖排水沟，避免积水。低洼易涝、排水不好的地块应做地上床，床面高出地面 20～25cm。耳床四周沿畦边间隔 40cm 打木桩，于床上架距床面高 45～50cm 的棚架，摆放枝条、杂草类遮阳设施或遮阳网，气温长时间超过 30℃时，相邻 4 个畦床用 8m 宽，遮光率 80%～85%的遮阳设施遮阳，进行二次遮阳、降温，防止杂菌污染。棚下以架条拱起宽 2m 的薄膜，留少量膜边透气，不压实。

3. 铺设雾灌设施　安装时，主管连接水源，与菌袋摆放的横向一致；带微喷孔的支管直接伸入菌袋间，与菌袋摆放的纵向一致。一般每个摆放单元安装 1～2 条幅宽 5cm 软质自动喷雾管，催芽期微孔口面朝下，润湿床面，待耳芽出齐、封住割口后，返微孔口面向上，雾化喷水管理。若无自动喷水管，催芽期可侧沟内铺膜灌水，以宽膜罩沟保湿；几个单元设置一个分控水阀，或者生长一致的同一管理区域设置一个分控水阀。

（六）出耳管理

越来越多的业主不再采用划口，而是采用刺孔的方法。手工刺孔或机械刺孔速度快、操作简便、效率高，耳型小且耳芽细。

1. 刺孔摆袋

（1）菌袋处理　将经后熟培养的菌袋去掉棉塞、套环，袋口最好用绳扎死，或用木棍塞入袋内，用 2%高锰酸钾液擦或洗一遍消毒，待药液晾干后再划口。

（2）划口（刺孔）　采用“扎眼”法将传统的一字口或“V”形口改成钉眼大小的小孔，短袋一般采用钉子扎眼，深度 0.5cm 左右，每个菌包开孔 80 个左右，对于单片性状品种，可扎 80～120 个。南方长菌棒每棒扎 180 个，深度 2cm。也可采用袋料黑木耳刺孔机刺孔，1 人操作，日可扎8 000～10 000袋。小孔生产的黑木耳朵形好、易成片、耳根小，且生长健壮、品质好、场价格高、经济效益好。

（3）摆袋　划口（刺孔）后，每隔一个菌床分别进行集中育耳，以便于分床操作。将菌袋隔畦密排于催耳床内（图 8-1），袋距 2～3cm。内铺一层3～5cm 厚的细沙或碎炉渣，最好在畦面铺编织袋，或铺一层带洞的地膜，畦埂覆盖旧地膜，以免浇水、下雨、揭帘时耳片溅上泥沙。床上盖经高锰酸钾或1 000倍甲基托布津浸泡消毒后的湿草帘或遮阳网和塑料膜（或用小拱棚），连接好每个育耳床上的微喷管或微喷水带接头，保持地面和草帘潮湿，空气相对湿度 80%左右，温度 20～25℃，早晚把帘子卷起通风 1h 左右，若遇雨天盖上塑料布。

图 8-1　北方袋栽式做床排袋（左）与南方陆地栽培模式（右）

7～10d子实体原基形成。

南方菌棒摆放应选在晴天进行。在接种口菌斑基本合拢时，及时把菌棒挑到田间，进行刺孔并摆放。最好经太阳暴晒数日，表面菌丝有所减少。经一次菌棒倒置转向，光照相对均匀。不久，刺孔口出现灰白菌丝，称为回菌。此后，便可逐渐加大湿度，进行催蕾。

2. 耳基形成期管理 待集中育耳7～10d，当黑色原基封住划口线后，最好原基上分化出锯齿状曲线耳芽时，揭开草帘，疏散出耳（图8-2）。菌袋间距15cm左右，行间距25cm，摆袋时仍按“品”字形排列，耳床中间应留25cm宽地面不摆袋，用于摆放微喷带，此时应把喷水口调至往上喷。按上述方法，一边铺塑料膜和放微喷带，一边摆放菌袋，待耳床全部摆完菌袋后，把每床的微喷带接头安装并对接封闭好。由划口到形成珊瑚状的黑线，期间要保持床面湿度80%～90%，温度15～25℃，以18～23℃最佳。隔2～3d，在无风早晚时将塑料膜掀起，抖去积存水珠，并辅以短暂通风，只要温度不超过25℃，无须天天通风。

图8-2 疏散出耳

3. 耳芽期管理 继续保持床面、草帘湿润。湿度不够，可向草帘喷雾水，使帘子湿润不滴水，切忌直接向菌袋喷水，因幼嫩的耳芽吸水过多会使细胞膨胀破裂，导致感染。床温低于18℃，加盖薄膜增温；床温超过25℃，加盖一层草帘遮阳降温、保湿。待原基长至1.0～1.5cm时，适当加大通风量，可在清晨和傍晚卷起草帘两端，从床侧加强通风，每次1～2h，间隔2～3d 1次。草帘厚或连阴天，早晚可揭开草帘通风透光。

4. 子实体生长期管理 即从开片到子实体成熟期。这期间耳芽生长较快，此期保持床温15～25℃，湿度90%～100%。随着耳片的渐渐长大，应逐渐加大喷水和通风量，大湿度、大通风是黑木耳迅速长成的关键。在水分管理上，要遵循“干长菌丝，湿长耳”的规律，采用“干干湿湿”的管理方法，白天畦床内湿度小，傍晚和清晨喷水提湿，便出现干湿交替，利于黑木耳正常生长。傍晚掀起草帘，喷一次雾水，盖上草帘；次日晨向草帘再喷一次水。晴天、高温时多喷，阴天、低温时少喷；床温超过26℃，应增加向草帘喷水次数以降温。

5. 采耳 当耳片充分展开，边缘起皱、变薄、变软，色泽转淡，耳根收缩，或部分耳片腹面出现白色粉状物（孢子粉）时，要及时采收。晚采影响产量和质量，遇高温高湿还会导致流耳。

采耳前1～2d停止喷水，揭掉草帘，让阳光直射，使耳片稍干，待次日晨露水干后再采。最好选择在晴天采收，以利晒耳。黑木耳采收应该采大留小，分次采收，采收方法有两种：第一种方法是连根采收，即采摘时一手把住塑料袋，一手捏住子实体根部，把子实体连根采下，这种方法缺点是耳根带有培养基，或者将耳根留在培养基上，影响产量；第二种方法是割耳法，就是用刀将耳片在耳根基部成朵割下，黑木耳质量好，黑木耳主产区多采用这种方法。如耳片上有泥沙，要洗净。后摊于晾晒席（或沙网）上暴晒，2d后可晒干，装入塑料袋中防潮避光贮存出售。注意将拳耳、流耳、烂耳、未开片的黑木耳单独装袋贮存。

6. 采后管理　采完一潮后将耳床清理干净，用克霉王溶液等消毒；晒干床面、草帘；清除菌袋上耳根，晾晒（避开中午强光）1d，再盖上草帘，停水3～5d以养菌。然后进行灌床、草帘消毒等环节按第一潮出耳方法管理。出第二、三潮耳时，因出耳后劲不如头潮耳，耳片生长缓慢，故要减少喷水次数与喷水量。当耳片生长明显停滞时，要掀起草帘，将耳片、床面晒干，盖上草帘，2～5d后再喷水，注意勤喷、喷雾，耳片继续生长。浇水注意浇就浇透，干就干透，否则影响黑木耳正常生长。

任务二　吊袋栽培黑木耳

【任务描述】

吊袋出耳是在搭建的专用棚中挂袋，每串间行距为20cm，袋与袋间距为12～15cm，一条绳可吊10袋左右，每行间距为40cm。此法的优点是省地（1万袋占地140m^2）、易管理、烂耳少、病虫害轻，缺点是湿度不易控制、产量低。

【任务实施】

（一）栽培季节的确定

黑木耳代料栽培季节，应根据菌丝生长和子实体生长所需要的环境条件，因地制宜、合理安排。我国大部分地区可安排春、秋两季进行栽培。具体栽培时间可根据各地的气候条件、栽培模式、管理技术等自行调整。春季栽培从11月初至翌年2月中旬培养栽培种；一般夜间平均气温稳定在0℃以上，即4月下旬开始割口育耳管理；5～6月出耳。秋季栽培8月初至9月末制袋接种，9～11月出耳。

制种日期一般是将计划出耳的日期向前推3个月。菌袋生产、制种日期掌握宁早勿晚的原则，可根据培养温度、装料多少、菌株特性等具体情况测算。

装袋灭菌、冷却接种、发菌管理、采收加工等参照黑木耳立式地栽技术相关内容，这里重点介绍耳棚的搭建和出耳管理。

（二）搭建耳棚

出耳场地可以用栽培室、室外简易阴棚或荫蔽适当的林地。室内栽培宜选用光线较充足，保湿、透气良好的房间，为了提高栽培场地的利用率，可设置栽培架。室外要求环境清洁卫生、水源充足、空气相对湿度大、通风好、避风向阳。

室外耳棚内生产黑木耳是一种常用方法。耳棚内地面铺上沙石，并开有排水沟。棚体的骨架可采用竹木结构或因地制宜，就地取材进行搭架。棚体为拱式造型，搭建一个宽6～8m、长13～15m、中间立柱高3m、两边立柱高2.5m的立体吊袋简易栽培棚。出耳棚中间留1m宽栽培作业道，在作业道两边每隔3m左右立起同四周等高并绑紧对齐的立柱。在固定好的架子的最上面，每隔25～30cm拉1根10号铁丝或木杆，两头固定好，用于吊袋绑绳。棚顶部盖一层塑料膜，并用遮阳网或草帘遮阳，棚架四面和棚顶用草帘或作物秸秆围好。两侧留有门和通气窗。

（三）吊袋划口

接种发菌50d后，菌丝长到袋底，以手触摸富有弹性，培养料略有收缩，袋壁上出现皱纹时即可吊袋划口。吊袋前最好用5%的石灰水浸泡1min，待干燥后去掉棉塞和颈圈，把袋口折回来用线绳扎好，把菌袋绑在铁丝绳上。划口后将袋系在一根尼龙绳上挂在耳棚顶木杆或铁丝上，袋间距5～6cm，每根绳系8～10袋，整串吊挂，最下部菌袋距地表20cm，上、下层耳袋位置要相互错开。或用“S”形吊钩吊挂在出耳架上，每串间距为20cm，袋间距12～15cm，每行间距为40cm。

（四）出耳期管理

育耳期保持棚内温度20～24℃，每天往地面喷2～3次水，经常在温室外往四周草帘上喷水，保持棚内空气相对湿度85%左右。

1. 耳基阶段 栽培袋置于强光或散射光下经过5d，开孔处即可见到米粒状耳芽发生。该阶段要求温度18～20℃，空气相对湿度保持在90%～95%，每天向空间喷雾数次，但不要直接喷在袋上。可以在栽培袋上覆盖薄膜或盖纸、盖布，以防止划口处菌丝失水。

2. 耳芽阶段 耳芽形成后，每天喷水3～4次，因立体吊袋数量多，喷水时要求上层菌袋多喷、勤喷，下层菌袋少喷、微喷。应灵活掌握喷水量，但中午气温高时不能喷水。做到耳片平展不卷边、有光泽湿润感，即达到最佳标准。要加强通风。由于黑木耳子实体的生长需要大量的散射光和一定量的直射光，耳片才能肥厚、色泽较深，因此，耳棚宜保持“七阳三阴”。

3. 耳片阶段 由小耳片长大到成熟，约需10d，黑木耳展片期需要湿度在90%～95%，温度范围是15～20℃，并要注意通风换气，干湿交替。要“看耳给水”，即耳片舒展而又不积水渍为适度。

4. 采收及采收后管理 当耳片充分展开，边缘内卷，耳基变细，颜色由黑变褐时，即可采摘。采收前1～2d停止喷水。采收时，用小刀尖从耳根处挖出整朵黑木耳，或用手拧下整朵耳片。采收应在晴天进行，耳片采收后要及时修整，烘干或放在带网眼的帘上晒干。烘烤温度不超过50℃，温度太高，黑木耳会黏合成块，影响质量。黑木耳干后，及时包装贮藏，防止霉变或虫蛀。

采收后，耳场内及其周围要全面喷洒消毒液和杀虫液1次。清理菌袋表面的耳基和小耳等，停水2～4d，减少光照，使菌丝恢复生长。第二潮新耳芽出现前仍不要往袋洞口上喷水，棚内湿度控制在85%～90%。耳芽出现后管理同第一潮耳，一般可出2～3潮耳。

任务三　段木栽培黑木耳

【任务描述】

段木栽培黑木耳，就是在阔叶硬杂木上（如柞木段）打孔，然后在孔内接种出耳的方法，也称为段木栽培法。采用木段生产的黑木耳生长缓慢、生长期长、营养成分种类全面、营养成分含量高、耳片薄、耳根小、口感硬实、无污染。段木栽培黑木耳的生产流程为：准备耳木→选择耳场→接种→发菌管理→出耳管理和采收。

【任务实施】

（一）准备耳木

适合黑木耳生长发育的树种很多，但在不同树种的段木上其生长状况明显不同，一般质地较硬的阔叶树种好，针叶树不宜使用。一般选用壳斗科、桦木科等的树种，如麻栎、栓皮栎、槲栎、白栎、华氏栎等；此外，枫杨、枫香、榆树、槐树、柳树、桑树、悬铃木、榕树等也是产区常用的树种。砍树时期是从树木进入休眠之后到新芽萌发之前。树龄以8～10年生为宜，树干的粗细以直径10cm左右为最好。树砍倒后，不要立即剔枝，留住枝叶可以促使树干很快干燥，同时有利于树梢上的养分集中于树干。待15d左右再进行剔枝，剔枝时，要留下1cm枝座，据截成1.0～1.2m的段木。把截好的木段，架晒在地势高燥、通风、向阳的地方，堆高1m左右。在架晒过程中，每隔10d左右上下里外翻动1次，促使段木干燥均匀。架晒的时间要根据树种、木段的粗细和气候条件等灵活掌握，一般架晒30～40d，段木有七八成干，即可进行接种。

（二）选择耳场

耳场环境的好坏直接关系到黑木耳的生长发育和产量。耳场应选在气候温暖湿润、昼夜温差小、空气流通、阳光充足、距水源近、耳木资源丰富、交通方便的地方，坡度以15°～30°为宜。场地选好后，要清除枯枝烂叶，挖好排水沟，在栽培前给地上施以杀虫药剂，并用漂白粉、生石灰等进行1次消毒。

（三）接种

接种是栽培黑木耳成败的关键工序。接种时间，一般以日平均气温稳定在5℃以上开始接种，10～20℃最为合适。具体时间因各地气候条件不同而有差异，春季适当提早接种，有利早发菌，早出耳，同时早期接种气温低，可减少杂菌、害虫的感染。接种前，接种人员的手要用75%的酒精消毒，所用工具用2%来苏儿消毒。接种时用直径11～12mm的电钻打穴，把菌种塞入孔内，用树皮盖盖上，轻轻打紧。接种深度以打入木质部1.5～2.0cm为宜，接种的密度，一般纵向距离8cm左右，横向距离4.5～5.0cm，排成“品”字形或交错成梅花形均可。段木的两端密度要大，避免杂菌侵入。注意打眼、接种、封盖应连续进行。

（四）发菌管理

1. 上堆发菌　接种后，为保持较高的温度、湿度和足够的空气，以促使菌种在耳木中早发菌、早定植，提高成活率，必须将耳棒上堆，这是接种成功与否的一个重要步骤。其方法是将接种好的耳棒（接种后的段木称耳棒），排成“井”字形或鱼背形小堆，堆高1m，耳棒之间要留5～6cm的空隙以利良好通气，用塑料薄膜严密覆盖，周围用土压住，周围撒杀虫剂，防止蚂蚁上堆吃菌丝。要注意监测调节堆内温度、湿度，一般堆内温度应保持22～28℃，湿度保持60%～80%，上堆后每隔6～7d翻堆1次，调换耳棒上下左右内外的位置度，使温度、湿度一致，发白均匀。第一次翻堆不必洒水，以后每翻1次洒1次水，一般经1个月左右，黑木耳的菌丝已长入耳棒，即可散堆排场。使其吸收地面潮气，接受阳光和新鲜空气，促使子实体形成。

2. 散堆排场　排场时将耳棒间距2cm平铺在栽培场地上，场地最好有些坡度，以免雨天场地积水。在段木排场时期内晴天早晚各喷水1次，以保持段木的湿度。每10d左右要翻动1次，使吸潮均匀，避免好湿的杂菌感染。经30d左右的排场，耳芽大量丛生时，便可立架。

（五）出耳管理

有耳芽发生时，应先锯开1～2根段木，检查菌丝生长情况、耳芽是否大量发生、耳片是否强壮。如果菌丝只在播种穴周围生长，耳芽为播入菌种的菌丝长出，就不能作起架管理。否则，由于湿度加大，黑木耳子实体尚未长大就会腐烂，反而会严重地影响产量。起架采用“人”字形，即做一个牢固的横杆架，其横杆距地面70cm左右，然后把耳棒交叉斜靠在横杆两侧，构成“人”字形，每棒间距5cm。坡度30°～60°，具体因天气而定，一般随雨量减少而减缓坡度。

耳棒起架管理，必须协调好耳场的温度、湿度、光照和通气条件，特别要抓好水分管理，段木含水量保持在70%左右，空气相对湿度控制在85%～95%。水分管理采用干干湿湿交替的方法进行，有利于子实体的形成和长大。喷水的时间、次数和水量应根据气候、耳棒干湿和幼耳生长情况而灵活掌握，每次采耳后停止喷水3～5d，让耳棒在阳光下晒一段时间，使其稍加干燥，菌丝恢复生长后，再行喷水以刺激下批耳芽的形成。

段木栽培黑木耳时间较长，一般是一年种三年收，每年秋末冬初，气温下降，菌丝生长缓慢乃至休眠，停止出耳，即进入越冬期。这个时期的管理方法是将耳棒集中，仍按“井”字形堆放在清洁干燥处，上面覆盖草或树的枝叶保温、保湿，防止冬季低温危害菌丝，若天气干燥应向耳棒上适当喷水保湿，翌年气温回升后，耳棒上发生耳芽时，再散堆上架管理。

（六）采收

黑木耳长大后，要勤收细拣，确保丰产丰收。春耳和秋耳要摘大留小，伏耳要大小一起摘，因为伏天温度高，虫害多，细菌繁殖快，会使成熟的耳片被虫吃掉和烂掉。拣耳时间应是早晨露水未干、耳片潮软时。

【任务探究】

（一）雾灌应注意的问题

原基形成期少喷、细喷、勤喷，防止原基干缩；耳芽分化期较原基形成期增加雾灌的时间和流量；耳片伸展期要连续喷雾，7d左右耳片就可生长达到采收标准。每次雾灌时间应在0.5～2.0h。雾灌时间的长短与气候、耳基含水量等条件密切相关。天气干燥、温度高，耳基含水量低，雾灌时间可适当延长；反之，雾灌时间可适当缩短。耳基前期吸水速度较快，水的利用率高，每次雾灌不得少于0.5h，两次灌水间隔0.5h左右；中后期，灌水间隔可拉长到1.0～1.5h。

（二）畸形耳发生的原因及防止措施

1. 拳状耳 表现为原基不分化、耳片不生长，球状原基逐渐增大，也称拳耳、球形耳，栽培上称不开片。主要原因是出耳时通风不良，光线不足，温差小，划口过深、过大或分化期温度过低。

预防措施：划口规范标准；耳床不要过深，草帘不要过厚；分化期加强早晚通风，让太阳斜射，刺激促进分化；合理安排生产季节，早春不过早划口，秋季不过晚栽培，防止分化期温度过低。

2. 瘤状耳 表现为耳片着生瘤、疣状物，常伴虫害和流耳现象。发生的原因：①高温、高湿、不通风综合作用的结果，害虫和病菌相伴滋生会加重瘤状耳的病情；②高温、高湿季节喷施微肥和激素类药物也会诱发瘤状耳。

预防措施：选择适宜出耳时期，避开高温、高湿季节，子实体生长期要注意通风；为抑制病菌与虫害滋生，应多让太阳斜射耳床，高温时节慎用化学药物喷施。

3. 黄白耳 表现为耳片色淡，发黄甚至趋于白色，片薄。发生原因是光线不足，通风不良；采收过晚，耳片成熟过分；种性不良。

预防措施：采用林地或全光育耳法；草帘不宜过厚，早晚多通风见光；及时采收，保证质量；生产时选择优质菌种，禁用伪劣菌种或转袋（管）次数过多的菌种用于生产。

4. 单片耳　表现为黑木耳不成朵，三两单片丛生，往往耳片形状不正。发生的原因主要有：菌种种性不良；栽培袋菌丝体超龄或老化；培养基配方不当，营养不良或氮源（麦麸子、豆粉等）过剩；原料过细，装袋过紧，培养基透气性差。

预防措施：严把菌种关，不购伪劣菌种，不用谷粒菌种。发菌期防止低温，防止菌丝吃料慢而延长发菌期。严格配料配方，不用过细原料。装袋要标准。

【知识拓展】

（一）黑木耳概述

黑木耳［*Auricularia auricula*（L. ex Hook）Underw］，亦称木耳、光木耳、云耳、细木耳、黑菜、木蛾等。属担子菌亚门、层菌纲、木耳目、木耳科、木耳属。

黑木耳口感细腻清脆，滑嫩可口，味道鲜美，营养丰富，历来是我国人民的美味佳肴。不但蛋白质丰富，而且富含多种维生素和矿物质。黑木耳也有一定的药用价值，具有滋润强壮，清肺益气，镇静止痛，清涤胃肠等功效，它所含的多糖体也具有显著的抗肿瘤活性，是中医在治疗寒湿性腰腿疼痛、手足抽筋麻木、痔疮出血、痢疾、崩淋和产后虚弱等病症的常用配方药物。是纺织、水泥、采矿、清洁和化工厂工人的理想保健食品。黑木耳中的核苷酸类物质可降低血液中的胆固醇含量，黑木耳中的腺嘌呤核苷有显著抑制血栓形成的作用。因此，黑木耳还是中老年人的优良保健食品。

1. 生产概况　世界上生产黑木耳的国家主要集中在亚洲的中国、日本、菲律宾、泰国等，但以中国产量最高，约占世界总产量的96%以上。黑木耳栽培在我国已有1 400多年的历史。20世纪50年代前，是靠自然接种法生产黑木耳；50年代，我国科学工作者经过艰苦的努力，成功地培育出纯菌种，并应用于生产，改变了长期以来的半人工栽培状态，不仅缩短了黑木耳的生产周期，产量也获得了成倍的增长，质量也有显著提高。70年代末开始采用代料栽培黑木耳，现在代料栽培已经成为黑木耳最主要的生产方式。我国黑木耳产区分为三片：东北片——辽宁、吉林、黑龙江；华中片——陕西、山西、甘肃、四川、河南、河北、湖北；南方片——浙江、云南、贵州、广西、广东、湖南、福建、台湾、江西、上海。

2. 生产模式　我国人工栽培黑木耳，历来都是利用栎树、枫树、榆树等阔叶树的段木进行栽培，生产周期长（一般3年），产量低。随着国家天然林保护工程的实施，木材产量逐年削减，木段栽植黑木耳受到了限制，代用料栽培黑木耳已成为黑木耳生产的主要方式。与段木栽培比较，黑木耳代料栽培有以下特点：充分利用自然资源，节省木材；产量高，生产周期短，经济效益显著；产品质量好，营养价值高；适合广大农村家庭栽培，又可集中进行工厂化生产。

（二）黑木耳的生物学特性

1. 黑木耳的形态

（1）菌丝体。黑木耳菌丝体白色，紧贴培养基匍匐生长，绒毛状，毛短而整齐。菌丝不爬壁，生长速度中等偏慢。在温度适宜的情况下，约15d长满试管斜面。菌丝体在强光下生长，分泌褐色素，使培养基变成茶褐色。显微镜下，菌丝纤细，粗细不匀，分支性强，常呈根状分支，有锁状联合。

（2）子实体。子实体新鲜时半透明，胶质有弹性，干燥后缩成角质，硬而脆。子实体初生时为杯状，后渐变为叶状、浅圆盘形、耳形或不规则形。耳片分背、腹两面，腹面也称为孕面，生有子实层，能产生孢子，表面平滑或有脉络状皱纹，呈浅褐色半透明状。背面凸起，青褐色，密生短绒毛。子实体单生或聚生。

2. 生活条件

（1）营养。黑木耳是木腐生菌，菌丝分解纤维素和木质素的能力较弱，再加上菌丝细弱，生长速度较慢，配料时尽可能营养丰富。在代料栽培时，阔叶树木屑、棉籽壳、玉米芯、大豆秸、稻草等是很好的碳源培养料。麸皮、米糠、豆粉、大豆饼粉等可以很好地满足黑木耳对氮源和维生素的需求。

（2）温度。黑木耳属中温型恒温结实性菌类。在不同生长发育阶段对温度有不同要求，其菌丝体在6～36℃均能生长发育，但以22～28℃最适宜。菌丝对低温有很强的抵抗力，－30℃也不会被冻死，待温度升高后仍可恢复生长。子实体分化的适宜温度为15～28℃，最适为20～24℃。子实体发育的适宜温度为16～20℃。

在适湿范围内，温度低时，子实体生长慢，成熟时间长，但菌丝生长健壮、耳重、色深、肉厚，质量好；温度越高时，子实体生长越快，成熟时间越短，但耳轻、色浅、肉薄，质量差；高温、高湿条件下，子实体易腐烂，出现“流耳”。

（3）水分和湿度。黑木耳不同生长发育阶段对培养基质的水分和空气相对湿度有不同的要求。一般菌丝生长阶段，代料栽培时培养基的含水量在60%～70%，要求空气相对湿度60%～70%；子实体形成和发育阶段空气相对湿度应保持在80%～95%。

（4）光照。黑木耳不同生长发育阶段对光照的要求不同，菌丝生长阶段一般不需要光照，在黑暗和微弱散射光的环境中都能正常生长，但是，由于光线对黑木耳子实体原基的形成有促进作用，光线不足，子实体生长发育不正常，黑暗环境中很难形成子实体。因此，在子实体分化和发育阶段必须有散射光和一定量的直射光条件下，才能生长出色黑、肉厚、朵大的健壮子实体。

（5）空气。黑木耳属好气性真菌，在菌丝体和子实体的生长发育过程中，都需要足够的氧气。在菌丝体生长阶段，若培养材料细密，含水量又偏高，势必影响氧气的供应，菌丝生长缓慢而且稀疏，在子实体生长阶段，要保持耳场（室内）的空气流通，防止郁闭环境，以保证黑木耳的生长发育对氧气的需要，避免烂耳和杂菌的蔓延。

（6）酸碱度。黑木耳适宜在微酸性的环境中生活，一般以pH5.0～6.5最为适宜。代料栽培时，先适当调到偏碱，通过自然发酵，即达最适宜程度。

（三）品种

1. 品种分类

（1）按栽培方式。可划分为段木种和代料种两大类型。一般段木种只适于段木栽培；而代料种都是从段木种中筛选和驯化而来的，因此，代料种可代料栽培，也可段木栽培。目前，常见的段木种有Au022、冀杂3号、Au86、Au110、陕耳1号、陕耳3号、燕耳k3、黑4号、延边7号、吉黑181、吉黑182等。代用料栽培黑木耳菌种常见的有888、冀诱1号、冀杂3号、沪耳1号、沪耳2号、沪耳3号、陕耳1号、吉黑182、杂交22、黑29、981、延边7号、黑916、938、9809、木8808、黑威8号、黑威9号、黑木耳9211、Au8、Au139、Au022、单片5号、长白7号、长白10号、黑丰1号、黑958、黑931、新科等。各地应根据当地气候特点及市场需求选用适合的菌种。

（2）按其形状。可分为菊花形和多片形，袋栽黑木耳一般选择多片形。

（3）按其后熟所需的温度。可分为早熟种、中熟种和晚熟种，早熟种一般菌丝快长满袋时划口，即可出耳，此时产量也最高，如果不及时划口就会影响产量；晚熟种菌丝长满袋后需要后熟过程，如果提前划口，容易染菌。在北方春季生产，发菌期在冬季，为充分利用培养室、降低生产成本，最好进行早、中、晚品种搭配。

2. 常用品种的特性

（1）黑 29。早熟品种，出耳温度 15～25℃，后熟 10d，半菊花状，朵大，肉厚，耳根小，抗烂耳，高产，木段、代料栽培均可，平均每袋产量 0.035kg。

（2）丰收 2 号。属中温中早熟品种，出耳温度在 15～25℃，菌丝长满袋后，在 20℃需后熟 20d，从接种到采收 115～120d，耳片厚，有耳筋，单片鲜重 150～180g，色黑，口感好，抗杂菌、抗病虫害，抗烂耳能力较强，平均每袋产量 0.04kg。

（3）黑 916。中熟品种，出耳温度 15～25℃，菊花状，后熟 30d，朵大，肉厚，高产，抗杂，木段、代料栽培均可。

（4）长白山 7 号。中温晚熟品种，出耳温度 8～26℃，有效积温2 200～2 300℃，后熟 30d，单片肉厚，颜色稍黄，15℃后熟 40～50d，10℃后熟 60～70d，木段、代料栽培均可，平均每袋产量可达 0.04kg 以上。

（5）延明 1 号。中晚熟品种，后熟 30d，半菊花状，耳根细，朵大，肉厚，抗烂耳，抗杂，高产，木段、代料栽培均可，每袋平均产量达 0.04kg 以上。

（6）大院 18 号。属中晚熟品种，出耳温度 15～25℃，有效积温1 800～2 100℃，菌丝长满袋后 20℃需后熟 20～30d，抗逆性强，半菊花状，耳根细，朵大，肉厚，色黑，抗烂耳，抗杂、高产，木段、代料栽培均可，平均每袋产量在 0.04kg 以上。

（7）延农 11。中晚熟品种，出耳温度 15～25℃，后熟 20d，半菊花状，朵大，肉厚，代料栽培，平均每袋产量 0.04kg。

（四）商品黑木耳分级

商品黑木耳干品的分级标准、检验方法、检验规则和等级评定国家都已颁布相关规定，并且在全国各地实施。一般黑木耳分为三级，具体包括色泽、耳状、大小、厚度、干湿比、含水量和杂质等 7 个方面，每项都有详细的要求，具体内容见表 8-1。

表 8-1　黑木耳分级

指标 \ 等级	一级	二级	三级
耳片色泽	耳面黑褐色，有光亮感，背暗灰色	耳面黑褐色，背暗灰色	多为黑褐色至浅棕色
朵片大小	朵片完整，不能通过直径 2cm 筛眼	朵片基本完整，不能通过直径 1cm 筛眼	朵片小或成碎片，不能通过直径 0.4cm 筛眼
干湿比	1∶15 以上	1∶14 以上	1∶12 以上
耳片厚度	1mm 以上	0.7mm 以上	0.3mm 以上
杂质	不超过 0.3%	不超过 0.5%	不超过 1%
含水量	不超过 13%	不超过 13%	不超过 13%
拳耳	不允许	不允许	不超过 1%
流耳	不允许	不允许	不超过 0.5%
流失耳、虫蛀耳、霉烂耳	不允许		

练习与思考

1. 试述黑木耳棚架吊袋栽培及立式地栽的管理要点。
2. 出耳期间空气相对湿度为什么要求“干干湿湿”?
3. 制订一个 667 m^2 露地摆放袋栽黑木耳 6 月中旬鲜耳采收的生产方案。

项目九　平菇栽培技术

【知识目标】完成平菇的认知，了解平菇的生产要求、生产良种及常见的栽培方式，全面掌握平菇的栽培管理技能。

【技能目标】能够根据季节或生产情况制订平菇的生产计划；会处理培养料；能制作栽培料袋；能够进行出菇后期高产管理。

任务一　平菇的熟料栽培

【任务描述】

熟料栽培是指培养料配制后先经高温灭菌，再进行播种和发菌的方法。熟料栽培的突出优势是菌丝长势快、杂菌污染少、产量较高、可周年进行栽培，它是大规模工厂生产采用的栽培方式。但进入20世纪90年代以后，其熟料栽培弊端逐渐显现出来：一是随着劳动力价格的提高，煤、柴等燃料价格的上涨，熟料栽培明显费工费时，费用增大；二是灭菌的培养料要求在严格的无菌条件下接种，稍有不慎就会造成严重污染；三是灭菌不彻底，杂菌污染更加猖獗，给菇农造成巨大的损失。平菇熟料栽培的生产工艺流程主要包括栽培前的准备、培养料配制、播种、发菌期管理、出菇管理等技术环节。

【任务实施】

（一）适宜的栽培季节

根据平菇生长发育对温度的要求，春、秋两季是平菇生产的旺季。平菇有各种温型的品种，设施栽培可一年四季进行。确定栽培季节时，不但要考虑到当地的气候条件和出菇要求的温度，而且还要考虑到各季节平菇的市场行情或销售价格。只有综合考虑，才能取得更好的经济效益。

（二）栽培前的准备

1. 生产条件

（1）用具。主要有拌料工具、接种工具、盆、水桶、秤等。

（2）设备设施。主要有灭菌锅、接种箱或超净工作台、恒温培养箱、培养室、日光温室等。

2. 菌种的准备　依据栽培季节选择抗逆性强的品种，要多选几个品种，同一品系的菌种要实行轮换栽培。有条件的最好自制栽培种，以降低成本。栽培种的菌龄在30～45d为宜，为了得到适龄菌种，必须切实做好制种时间与栽培时间上的衔接。

在菌种培养过程中，由于平菇菌丝生长粗壮、速度快，需及时检查杂菌，防止出现菌丝体将杂菌覆盖的现象，导致培养结束后，菌种从表面上看纯正健壮，其实已经污染了杂菌，最终给生产带来损失。

3. 栽培原料的准备 不同原料栽培平菇的产量有所不同。在制定配方时应注意针对平菇对营养的需求特点，合理搭配碳素营养和氮素营养，做到碳素和氮素营养平衡。常用的配方有：

（1）玉米芯50%，豆秸47%，麸皮2%，石灰1%。

（2）玉米芯78%，麸皮20%，蔗糖1%，石膏1%。

（3）稻草76%，蔗糖1%，石膏1%，麸皮20%，过磷酸钙2%。

（4）棉籽壳70%，麸皮12%，过磷酸钙1%，稻草15%，糖1%，石膏1%。

（5）阔叶树木屑82%，石膏3%，石灰2%，麸皮（玉米面）10%，过磷酸钙2.5%，尿素0.5%。

（三）培养料配制

按配方比例称取各物质，将主料与不溶性的辅料先混匀，再将糖等可溶性辅料溶解于水中制成母液，分批洒入培养料中，充分搅拌，力求均匀。配制好的培养基用手紧握时，手指间有水溢出而不下滴为宜，即含水量约为60%。准确测定料堆含水量的并非易事，需经长期实践才能掌握。为了防止培养料过湿，应缓慢加水，逐渐调湿。

配好料后略放置10～20min，让水分从表面吸入颗粒内部后，再酌情洒些水，即可开始装料。

（四）装袋

塑料袋可选用23cm×40cm×0.05mm的聚乙烯筒膜。手工装袋要边装料边振动塑料袋，把料压紧压实，做到外紧内松，使料和袋紧实无空隙，用橡皮圈或绳扎紧；为了减少灭菌前微生物自繁生物量，配好料后，3～4h内结束装袋并开始灭菌，否则料会发热、泛酸。有条件的可用装袋机装料，最好有周转筐，装好一袋放入筐内一袋。料袋放入筐中灭菌，既避免了料袋间挤压变形，又利于彻底灭菌。

（五）灭菌

用简易常压灭菌包灭菌时，在平地安放木排，下面插入蒸汽管道，在木排上铺垫透气材料，上面码放需要灭菌的料袋，上面用保温被盖严，四周与地面压牢、压严。开始灭菌时，先留出离蒸汽管最远的一个角不压，用砖头或木棒撑起来，以便排出冷气，待排出的蒸汽到90℃时，再过10min，撤去支撑的砖头或木棒，并将此角压严。继续供汽，直到太空包鼓起来，待料袋中心温度升至100℃开始计时，保持12～14h，也要遵循“攻头、促尾、保中间”的原则。太空包灭菌最适合在日光温室内就地灭菌，就地接种，可减少搬运过程，在节省劳力的同时，也降低料袋的破损率，提高成功率。

出锅前先把冷却室或接种室进行空间消毒。把刚出锅的热料袋运到消过毒的冷却室里或接种室内冷却，待料袋温度降到28℃以下时才能接种。

（六）接种

1. 菌种瓶（袋）的预处理 菌种培养期间瓶肩（袋口处）必然粘附大量尘埃颗粒和杂菌。为了减少接种过程中杂菌飞扬、扩散，可将菌种瓶（袋）放在0.2%～0.3%高锰酸钾溶液中浸泡 1～2min。接种前将料袋、栽培种及各种接种用具一起放进接种室，熏蒸或喷雾消毒。

2. 接种方法 接种时用灭菌镊子将菌种搅成玉米粒般大小的碎块，两人操作，其中一人持菌种袋（瓶），另一人持料袋。在酒精灯火焰无菌区内，打开料袋，迅速将菌种均匀地撒在袋料表面，形成一薄层。然后将袋口套上塑料环，将塑料袋口翻下，再在环上盖上牛皮纸或报纸，用橡皮筋箍好即可。按此方法，完成另一端的接种，并封好袋口。操作时，动作要快，防止杂菌污染。熟料栽培用种量，一般为培养料干料重的 5%～8%。

（七）发菌管理

采用双区制栽培体系，即发菌和出菇分别在不同的场所进行。将发菌室熏蒸消毒，密闭 24h 就可以将菌袋搬入进行发菌管理。合理排放菌袋，适时进行倒袋翻堆和通风，控制好发菌温度，发菌场所尽量保持黑暗。菌袋的排放形式一定要与环境温度变化紧密配合，菌袋采用单排堆叠的方式排放，菌袋排放在地面上，也可搭床排放，以充分利用空间。堆放层数及排与排之间的距离视气温而定，温度低时，菌袋可堆 6～8 层，排距 20cm 左右；气温高时，堆放 3～4 层，排距 50cm 左右；菌袋采用“井”字形摆放，以 4～6 层为宜，当气温升高至 28℃以上，以 2～4 层为好，同时要加强通风换气。正常情况下，每隔 7～10d 要倒袋翻堆 1 次，以调节袋内温度与袋料湿度，改善袋内水分分布状况和透气状况，促使菌丝生长一致，经过 30d 左右，菌丝即可长满袋。

（八）出菇管理

发好的菌袋南北向单行摆放，两头接种的菌袋，解掉袋口的扎绳，将袋两端袋口的塑料膜卷起，露出料面，菌袋可横卧在红砖上。架高的目的使空气对流性好，利于底层菌袋子实体的生长（图 9-1）。菌墙不得超过 1.5m。菌墙行间留 80～100cm 的过道。过道最好对着南北两侧的通风口。菌袋堆放好后，向地面、墙壁、空间喷雾，使环境内空气相对湿度提高到 85%～90%。温度可根据品种的温型需要调控。原基阶段不要直接向袋口喷水，以免原基萎缩死亡，随着菌盖的形成及长大，可逐步向菇体上喷水，喷水时要结合通风，防止湿度过大而烂菇，每天喷水次数依天气变化灵活掌握，出菇室要有充足的散射光。

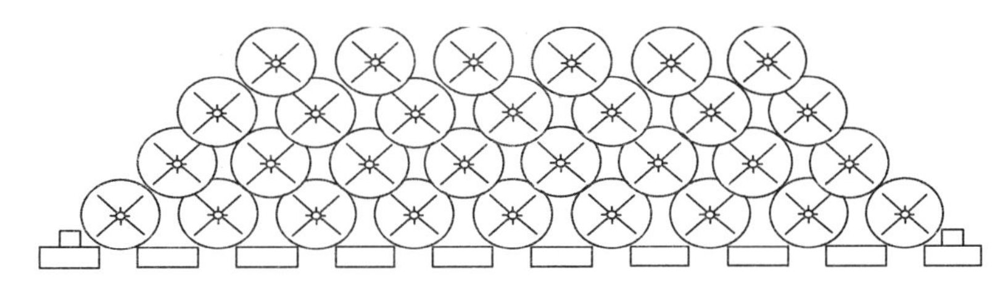

图 9-1 平菇墙式出菇摆袋示意

（崔颂英．2007．食用菌生产与加工）

当子实体长到八成熟时，要及时采收，采收前 3～4h 应提高出菇室内空气相对湿度，降低空间孢子量，防止人体吸入过量孢子而引起过敏。菇体上要少量喷水，以保持其鲜度，盖缘不易开裂。

采收时，若是单生菇，则要一手按住菇柄基部，一手捏住菇柄轻轻旋扭；若是丛生菇，则用利刀紧贴菌袋表面，将菇体成丛切割下，以免将培养料整块带下。第一潮菇采收后，清理袋口表面的老菌皮及菇根，停止喷水，加大通风，使袋内菌丝恢复生长。几天后再喷水提高空气相对湿度，促进袋口原基形成，再按上述方法进行出菇管理。

（九）出菇后期高产管理

常规管理出 1～2 潮菇以后，菌袋内培养料因水分被大量消耗而干缩，并在培养料的表面形成一层较硬的菌膜，降低了培养料的透气性、透水性，造成补水困难，袋栽平菇后期采用覆土或抹泥处理，能显著提高产量。

1. 畦式覆土 将菌袋脱去筒膜后摆放在日光温室或室外畦床内，覆土后让其出菇。方法是挖宽 0.8～1m、深 15～20cm、长 5～6m 的畦床，室外两侧要设排水沟，畦床做好后，向床内撒石灰，将菌棒立放或平放于畦内，菌棒间隔 1cm 左右。空隙用处理后的菜园土填满，再覆厚 2～3cm 的土层，稍后向畦内注清水，以中间存水不渗为止，以后如果土面干燥要继续喷水，以保持湿润而又不积水为度。室外阳畦见有原基出现时，在畦面覆盖一层用石灰水浸泡处理过的稻草，同时起拱搭棚，把塑料薄膜放在拱棚上，再覆盖草帘或遮阳网遮阳。日平均温度控制在 15℃左右，并且温差在 10℃左右，环境湿度在 80%～90%，加强通风，当菇蕾有明显菌盖分化后可直接向其喷水，每天 2～3 次，5～7d 形成原基。

2. 双层墙式覆土 将菌袋脱去筒膜用泥土把菌棒垒成墙让其出菇。双层墙式覆土是将出 1～2 潮菇的菌袋解开，并将袋口的塑料剪断，使两端露出 2cm 左右的菌料，再将开口的菌袋卧式沿棚方向摆成两排，菌袋间距 3cm，行间距 20cm，间隙用处理过的菜园土填实。每卧一横排后，覆土 1～2cm，上层的摆放方法同第一层，可叠 6～8 层。在堆顶筑出一小水槽（图 9-2），在双排菌墙中间填土处，依次打 3～4 个 0.5cm 深的洞，便于出菇管理过程中灌水。

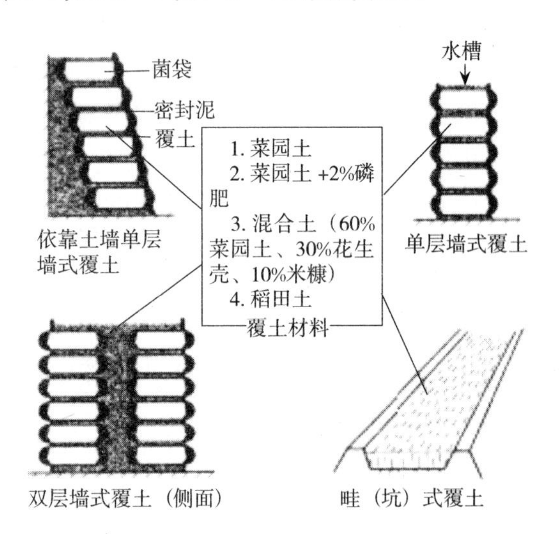

图 9-2 覆土方式

3. 单层墙式覆土 封口泥要选用含沙少的黏土，使用时加 3%～5%的石灰水和泥。营养土应选用疏松肥沃的菜园土，使用时可拌入 2%的过磷酸钙，若能加 1/3～1/2 的炉灰更好。

筑墙时分段进行。因为筑菌墙是采收 1～2 潮的菌袋，尤其是采收第一潮的菌袋采收时间不集中，可将 3～5d 内能采收的菌袋作一批，每批筑一段。筑菌墙时将菌袋脱去筒膜平摆 1 层，菌棒间的距离为 1～2cm，上面放 1 层消毒处理过的黏泥，再摆 1 层菌棒，再放 1 层黏土，像砌墙壁一样，逐层垒砌，堆高可达 1.5m 以上。堆好后用宽幅地膜跨放在高墙两侧，增加菌墙小区空气相对湿度。其余管理方法参照出菇期管理。

4. 依靠土墙单层墙式覆土 筑墙时要离开土墙一定距离，向上逐层内缩 2～3cm，这样可防止菌墙外倾倒塌。菌墙整体确定后，在菌墙位置外缘用泥筑成一条宽、高均为 2～3cm 的泥埂，在泥埂和土墙间填 2～3cm 的营养土，用 0.5%的尿素液浇透，将出完 1～2 潮菇的菌袋脱掉薄膜，对准泥埂排放，在菌筒上又抹 1 层糊泥。如此层层排放至 1m 左右，顶面用糊泥抹平，或做成加水浅槽。出菇管理主要是保持土壤湿润，手背靠在糊泥上有凉感为度。

任务二　平菇的生料袋栽技术

【任务描述】

生料袋栽是指培养料不灭菌，采用拌药消毒栽培食用菌的方法，是我国北方地区大规模栽培平菇的主要方法。生料栽培的优点是：操作简单、不需特殊设备、投资少、耗能少、方法简便、见效快、便于推广。出菇时由于养分充足、菌丝粗壮，菇体肥大，转潮快，产量高。缺点是：用种量大，购买菌种费用大，易受不良环境和气候影响，尤其是高温季节和多年栽培的场地易导致栽培失败。生料栽培的方式很多，应用最为广泛的是袋式栽培，平菇生料袋式栽培主要包括栽培前的准备、培养料配制、播种、发菌期管理、出菇管理等技术环节。

【任务实施】

（一）确定栽培季节

平菇生料栽培应选择气温较低、湿度较小时进行，南方一般在 11 月底至翌年 3 月初；北方一般在 10 月上旬至翌年 4 月。

（二）栽培准备

1. 栽培场所的准备　空房、日光温室、地窖、防空洞、半地下菇棚等。

菇房建造可把现有的空房、地下室等，改造为菇房。有条件的也可以新建菇房。菇房应坐北朝南，设在地势高、靠近水源、排水方便的地方。屋顶、墙壁要厚，门窗安排要合理，有利于保温、保湿、通风和透光。另外，可建造简易菇房，即从地面向下 1.5～2.0m 的半地下式菇房。在菇房内设置床架，床架南北排列，四周不要靠壁，床架之间留 60cm 宽的走道。上下层床面相距 50cm，下层离地 20cm，床面宽不超过 1m，床面铺木板、竹竿或秸秆帘等。

2. 菌种准备　选择抗逆性强的低温型品种，最好多选几个品种，分批投料。同一品系的菌种要实行轮换栽培。播种量一般为干料重的 15%～20%，1t 原料需购买 20 瓶左右的原种，有条件的最好自制栽培种，以降低成本。制种日期一般是将计划播种的日期向前推 1 个月。选择菌丝体生长快、粗壮、菌龄合适、纯正无污染的菌种。制种日期掌握宁早勿晚的原则，可根据培养温度、装料多少、菌株特性等具体情况测算。

3. 培养料的准备　可根据当地原料资源情况选用合适的配方。常用的培养料的配方：

（1）玉米芯 78%、玉米面（或麦麸）20%、石灰 2%，另加 0.1%的多菌灵。

（2）玉米芯 40%、豆秸 40%、玉米面 18%、石灰 2%，另加 0.1%的多菌灵。

（3）木屑 78%、米糠（或玉米面）20%、石灰 2%，另加 0.1%的多菌灵。

（4）棉籽壳 99%、石灰 1%，另加 0.1%的多菌灵。

可根据当地原料资源情况选用合适的配方。

（三）配制培养料

拌料方法同熟料栽培。在生料栽培时，使 pH 达到 8 左右是保证获得成功的重要措施之一。在培养料中加入干料重的 1%～3%的石灰。抑制产酸微生物的活动，使培养料的 pH 始终处于较适宜状态；它能中和菌丝自身代谢产生的有机酸类，以免培养料 pH 下降而影响菌丝生长。添加石灰应遵循宁多勿少的原则。在平菇生料中加入 0.1%～0.2%的多菌灵或

0.1%～0.5%的高锰酸钾溶液可较好地防治杂菌污染，而且对菌丝无不良影响。

（四）播种

1. 栽培袋的准备 一般选择直径 23～25cm 的低压聚乙烯筒料，裁成长 45～50cm 的筒袋。用缝纫机将薄膜袋中间扎 3 行孔眼作通气孔，行间距 1cm；距筒袋口两端 5cm 处分别横向扎 3 行孔眼作通气孔，行间距为 1cm，然后将一端作透气性封口备用。也可于播种封口后，在袋表面菌种处打若干孔便于通气。

2. 播种 播种前要准备好透气塞，用无霉变的玉米芯（或稻草段）截成 5～7cm 小段，用浓石灰水浸泡 1d 晒干备用。装袋前先将一透气塞扎在袋的一端，播入块状菌种，接着放 10cm 左右厚的培养料，用手按实，铺 1 薄层菌种，再装料，装 5 层菌种 4 层料或 4 层菌种 3 层料。接种量为干料重的 15%～20%，两端用种量各占总用种量的 2/5，中层 1/5，中部菌种分散摆放在四周，端部菌种撒在整个料面上，大小菌种块均匀分布。菌袋要装得外紧内松，光滑、饱满、充实。菌袋装满料后，在中间塞上透气塞，将袋口扎牢（图 9-3）。使透气塞（即玉米芯或稻草段）的一端在扎口处外露。注意要将透气塞顶住菌种，使菌种与培养料充分接触，以利菌种定值。在低温季节播种时，也可不用透气塞，播种后在菌种部位用针刺孔 8～10 个，以利透气。

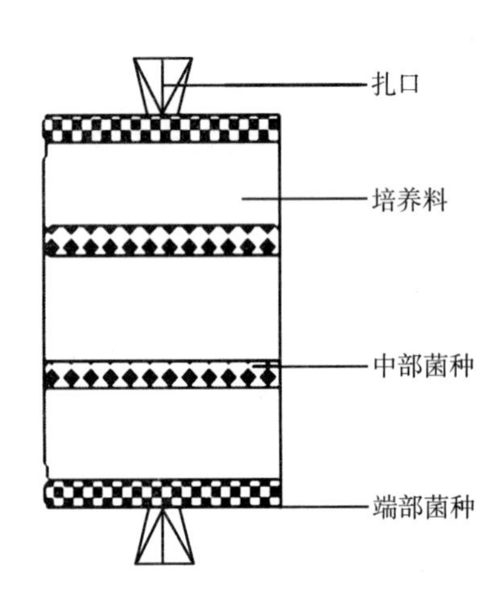

图 9-3 平菇生料装袋播种示意
（崔颂英．2007．食用菌生产与加工）

装袋与接种应注意以下几点：特别注意袋内料的松紧度，装料不可过紧，否则通气不良，菌丝生长受影响，但也不可过松，否则菌丝生长疏松无力，影响产量；菌种不易掰得太大或太碎，以杏核大小为宜。切不可用手搓碎，更不能捣碎菌种，否则损伤菌丝，甚至菌丝死亡。接种环境要求清洁、无尘，操作者更应注意个人卫生，用 75%的酒精棉球擦手。

（五）发菌期管理

1. 培养室的消毒 接种后的栽培袋可搬运到菇棚内发菌，亦可采用露地发菌。菇棚使用前要清理干净，熏蒸消毒，密闭 24h，就可以将菌袋搬入进行发菌管理。

2. 栽培袋的摆放 栽培袋可直接摆放在地面上，也可摆放在室内床架上，根据气温决定菌袋袋层高度。气温在 20℃左右时，“井”字形堆放 3～4 层，25℃以上时，一般不堆放。

3. 温度调控 在生料栽培过程中，菌丝生长阶段对温度的要求非常严格。因此，正确掌握适宜的发菌温度是保证平菇生料栽培成功的关键。生料栽培在菌丝生长过程中会产生较多热量。在低温季节，这些热量对菌丝生长很有益处，但在高温季节装袋发菌，或在低温季节为保温、升温而采取码袋发菌时，袋内热量得不到散发，会导致“烧菌”。烧菌发生区域的基料上不会再有平菇菌丝生长，严重时整垛烧菌，损失惨重。

一般播种后 2d 料温开始上升，每天要注意料温变化，当料温上升到 28℃时要立即采取降温措施，如打开门窗、进行倒堆、适当减少摆放层数。

（六）出菇期管理

菇房在使用前要进行消毒，尤其是旧菇房，更要用硫黄或甲醛、高锰酸钾熏蒸消毒，以减少杂菌污染。当菌丝长满培养袋后，将菌袋重新摆放。菌袋应南北单行摆放，有出菇床架的摆放床架上，无出菇床架的可就地摆放，堆高10～15层，行间留80～100cm的通道，通道应对着南北两侧的通风口。当菌丝布满培养料后1～2周，袋内出现菇蕾，要解开扎线，拉开袋头，暴露料面，以促使菇蕾迅速生长。

此阶段是能否获得高产的重要时期。管理重点是控制较低的温度，保持较高的湿度，加强通风换气，促进子实体形成与生长。

1. 拉大昼夜温差　平菇为变温结实性菌类，利用昼夜自然温度的变化、开门窗等措施，加大昼夜温差，使昼夜温差为8～10℃，促使平菇原基及早发生。菇棚温度控制在10～20℃，超过20℃，子实体生长较快，菌盖变小，而菌柄伸长，降低产量与品质；温度低于10℃，子实体生长缓慢，低于5℃，子实体停止生长。低温季节，白天注意增温保温，夜间加强通风降温；气温高于20℃以上时，应加强通风和进行喷水降温。

2. 提高空气相对湿度　菇棚空气相对湿度应控制在85%～90%，不能低于80%。晴天每天早、晚向墙壁或半空中喷雾水，保持地面潮湿。但不可将水喷到料面上，以防影响菇蕾发育。阴雨天减少洒水次数或不洒水。当子实体菌盖直径达2cm以上时，可少喷、细喷、勤喷雾状水，补足需水量，以利于子实体生长。

3. 增加光照　出菇棚保持较强的散射光，一般以人能正常看书看报即可。子实体生长需要一定的散射光，散射光可诱导早出菇、多出菇；黑暗则不出菇，光照不足，出菇少，色淡、畸形。但不能有直射光，以免把菇体晒死。

4. 加强通风　子实体生长需要大量的新鲜空气，气温高时每天通风3次，每次20～30min；低温季节，每天1次，每次30min，以保证供给足够的氧气和排出过多的二氧化碳。氧气不足和二氧化碳积累过多，将出现子实体畸形，表现为菌柄细长，菌盖小。

（七）采收

与熟料栽培相同。

任务三　平菇生料阳畦栽培

【任务描述】

所谓阳畦，就是在地上长方形的浅坑，其上覆盖塑膜和草帘等而建成，也称小拱棚。各地根据地理、气候条件不同，阳畦的建造还有些差异。有些在畦壁北侧的畦坝上筑有低矮的土墙，如河北省的阳畦。有些阳畦则不筑土墙，仅在畦壁北侧的畦坝上多垫些土，使其成为南低北高的畦壁，如山西省的阳畦。由于打土墙比垫土费工，所以，现在的阳畦一般都改为在北侧的畦坝上垫土。

平菇阳畦栽培法是一种适合农村大面积生产的生料栽培法。适宜于房前屋后、林间空地、葡萄架下、耕地或果园的充分利用，不需要专门设备、成本低、产量高，简便易行，技术易于掌握，是一种普及性的栽培方式。

【任务实施】

（一）选择栽培季节

平菇阳畦栽培因受外界气候影响较大，播种时间要根据当地气候情况而定。一般秋季在8月下旬至11月，北方早于南方；春季栽培在2月至4月上旬。春播要早，秋播宜晚。以华中、华东地区为例，可分为秋播、冬播和春播。秋播在9月下旬至10月上旬，一般经30～40d可出菇；冬播在10月下旬至11月下旬，10月下旬播种，经2个月可出菇，11月下旬播种，需80～90d即翌年3月初气温回升时方可出菇，菇床水分蒸发快，表面干燥，容易造成污染；春播在2月以后接种，虽然气温较低，发菌慢，但不易感染杂菌。

（二）选地作畦

1. 场地选择 场地选建在壤土或黏土的阔叶林下较理想，如林间空地、果园间隙地等。要求靠近水源，排灌方便，背风向阳，保水性好。

2. 建造方法 地选择好后要进行全盘规划，根据地形先安排出通道和阳畦的位置，而后开沟筑畦和筑操作道。畦床呈南北向，宽1.2～1.5m，深度视土壤干湿情况而定，南方一般深10～15cm即可，北方25～30cm；长度一般不超过10m，畦与畦间留50cm的人行道。床中央留1条10cm左右宽的土埂，并在土埂上挖浅沟以便灌水。挖好畦床后，再用1%石灰水或石灰粉消毒。如果是空地或耕地栽培，挖出的土堆在畦北面，筑起30～40cm高的墙，畦南筑起15～20cm高的墙。畦四周挖1条排水沟，搭上竹竿或木架以利于接受阳光热量及盖塑料膜或草帘。畦底要挖成龟背形，以便于培养料发热均匀。

（三）配制培养料

平菇培养料资源丰富，棉籽壳、麦秆、稻草、木屑、甘蔗渣、玉米芯、油菜籽壳均可培养，但以棉籽壳产量最高，经济效益好。阳畦栽培的培养料应就地取材。如用棉籽壳作培养料，应同时加入过磷酸钙2%、石膏粉3%。阳畦栽培的成败的关键在于切实控制好培养料的最终含水量，在保证一定的透气情况下，应尽量提高培养基的含水量。由于栽培原料的质量、干湿度存在着差异，阳畦栽培培养料配制时，料水比控制在1∶（1.6～1.8），即培养料盛装在箩筐中，见有水珠滴下，但不成串为宜。一般来说，在经验不足时，料水比的控制宁可稍偏湿，不可偏干。还必须指出的是料水比例应结合原料的质地、栽培地点、栽培季节、栽培方法等因素综合考虑。

生料栽培平菇，尤其是在气温过高、培养料过厚和栽培原料陈旧的情况下，容易使培养料发黑、变黏。播种前将培养料进行堆积发酵，能有效防止霉菌污染。

（四）铺料与播种

播种前若畦内太干燥可于播种前1d灌水，若畦内地下水位高、菜地或多年的栽培场地则应在畦内铺上薄膜再播种。铺料厚度因季节而异，秋播、冬播出菇期长，每平方米投料20～22.5kg；春播出菇期短，每平方米投料12.5～15kg，准备越夏的，可增加到17.5～20kg，不宜过厚。

播种方法视生产规模而定，在生产量不大的情况下，可用穴播法和表面覆盖法播种，穴距10cm×10cm，穴深1.5～2.5cm，每穴放入核桃大菌种1块，将料面拍平后，在表面撒播1层菌种。穴播菌种用量占70%、表面撒播菌种占30%。进行大批量生产可用层播法，先在畦床铺1层培养料5cm左右培养料，撒1层菌种，这一层菌种约占总量的2/5。然后再铺1层培养料，再撒上1层菌种，这层菌种量多些，约占总量3/5。菌种的总用量一般为干料的15%左右。菌种上覆盖一些培养料，以刚盖住菌种为宜。而后用木板轻压料面，使菌种与培养料紧密结合，并每隔40cm纵向插1通气孔到料底。播种完毕，紧贴畦面覆盖1层消毒过的报纸，再盖1层塑料薄膜。然后在畦上架设木棍，覆盖塑料薄膜，并将四周压紧，进入发菌期管理。

（五）发菌期管理

播种后经常观察畦内温、湿度和菌丝生长情况，当料温超过24℃时，应支起塑料薄膜通风降温，防止高温烧菌。播种10d左右，如果没有杂菌生长，就不再掀动无色薄膜，以免增加杂菌感染的机会。在正常情况下，约20d菌丝布满畦面，呈白色绒毛状，即可掀去紧贴料面的报纸和薄膜，加强通风透气，促进原基形成。这时畦上搭上阴棚。在出菇前，管理工作以保湿为主，保持空气相对湿度85%～90%，同时给予散射光，提供新鲜空气，使原基尽快全面发生。若料面干燥，应轻喷些水。发现有霉菌感染，要尽快彻底铲除，并撒1层石灰粉消毒。

（六）出菇期管理及采收

原基产生后，是整个管理期间最细致且关键的时期。对未出菇的料面和刚入桑葚期的子实体仍应以保湿为主。对于珊瑚期和成形的幼菇，则加强通风，杜绝高腿菇发生。喷水以菌盖湿润为宜，每天1～2次。总之，以珊瑚期为界限，之前是以保温为主，注意通风换气。之后便转为加强通风换气，注意保湿。按此原则，加以灵活采用，便可确保优质高产。

子实体进入成形期后，生长加快，对新鲜空气、水分的需要量提高，对不良环境的抵抗力逐渐增强。此时，每天要长时间通风及喷水1～2次。喷水以菌盖湿润为佳。通风前先喷水，封膜前少喷或不喷水，料面不宜长期积水。

适时采收，当平菇菇体颜色成灰白色或深灰色，菌盖有光泽时即可采收。采收时，用利刀割取整丛菇体，或转动菇体收割，防止平菇破碎或料面拨散。采收后，清除菇根、碎屑，揭膜通风，让料面干4～5d，在料面喷1次重水，然后盖膜保温保湿，促使下潮菇形成后，可采3～4潮菇。

任务四　平菇发酵料袋栽

【任务描述】

平菇发酵料栽培具有生料栽培的工艺简单、投资少和熟料栽培的安全可靠等特点，现已发展成为平菇最主要的栽培方式。发酵料栽培比生料栽培更易获得高产，因而目前大部分地区进行塑料袋栽培时，都选用发酵料或熟料栽培，现在对培养料的预处理方法多为先发酵，而后再灭菌成熟料的栽培形式。

【任务实施】

（一）栽培季节

避开高温，宜在秋末到早春进行栽培，以秋末栽培最好。北方在9月中旬后，春季在2月初开始栽培。

（二）堆制发酵

1. 配方

（1）玉米芯79.5%，麦麸16%，石灰3%，石膏1.5%。

（2）玉米芯81%，玉米粉8%，麦麸6.5%，石灰3%，石膏1.5%。

（3）玉米芯 68%，稻草 13%，玉米粉 7%，麦麸 7%，石灰 3%，石膏 2%。

2. 建堆场所 在室内、室外均可，如在室外，最好是紧靠菇房的水泥地面或砖地。场地最好有一定坡度；且要求周围环境清洁，取水方便，水源洁净。冬天要选择在向阳、避风地方，或用温水、电热线和闷棚的方法加温；夏天宜选择阴凉地方。

3. 建堆发酵 将配制好的培养料堆成宽 1.5～2.0m、高 1.0～1.5m，长度适宜料堆。培养料一般在 500kg 以上，料堆断面呈梯形，四周倾斜面不能太大。建堆时，要将培养料抖松后上堆。堆成后，用直径约 5cm 的木棒在料堆上打通气孔，孔距 20～30cm。从堆顶直达底部，以利通气发酵。建堆后气温较低时要加盖草帘或稻草保温。

4. 发酵料质量鉴别 发酵良好的培养料呈黄褐色或深褐色，遍布适量白色粉状嗜热放线菌菌丝，具有特殊香味，含水量适中，手感料软松散，不发黏。如出现白化现象，软腐变黑，有刺鼻臭味、霉味，则不能用于栽培平菇。

发酵结束后播种前散堆降温，并用石灰粉调整 pH 至 8～10。

（三）装袋播种

发酵料栽培平菇大多采用 3 层菌种 2 层料的播种方式。将一头扎好袋口，放 1 层菌种，装混入菌种的培养料到中间再播 1 层菌种，再装另一半培养料，然后表播 1 层菌种即可。

（四）发菌管理

发菌室（棚）要求遮光、干燥、通风。用前要在地面撒上石灰，并进行喷雾或硫黄熏蒸消毒。一般在低温下发菌，环境温度不超过 24℃，能有效地控制杂菌生长。此时的管理重点是防菌棒发热烧菌。栽培袋接种后应可以直接上垛进行发菌管理。如果在春、夏季节，每层间放 2 根玉米秆或竹竿通风降温；在秋季可以不放。高度视气温而定。一般 10d 翻 1 次堆，使发菌均匀整齐。在整个养菌过程中，早晚要通风换气 1h。

（五）出菇管理

菌丝满袋 7d 左右，袋口出现黄色水珠，即为出菇先兆，这时要增加光照，拉大温差，加大通风，促其出菇。当袋口有菇蕾出现后，要及时解袋，将袋口翻卷露出菇蕾，进行常规管理。

【任务探究】

（一）不出菇常见的原因及对策

在平菇栽培中，有时会出现菌丝长得很好，料面结成一体，用手拍有咚咚的空响声，眼观料面洁白无杂色，但就是无子实体或很少有子实体分化，其主要原因有以下几种：

1. 品种选择不当 高温型品种在低温下栽培或中低温型品种在高温下栽培。广温型和中低温型的品种在春季气温回升到 25℃以上时，已不能分化子实体，而相同温度或稍高温度的秋季却不影响子实体的分化。在较高温度下，尤其是气温由低到高的春季，品种选择要慎重。

2. 母种保存时间过长 母种放置冰箱中低温保存时间长，取出后直接用于生产原种，即使菌丝仍具有活力、菌丝萌发、生长正常，也不分化子实体。冷藏的母种要先转管后再扩繁使用。

3. 杂菌污染或杀虫剂使用浓度过高 在菌丝生长过程中，有时出现杂菌污染，因平菇菌丝生活力强，可将其覆盖，但影响子实体分化。杀菌剂如多菌灵、托布津等使用浓度过高，影响菌丝生长，也影响子实体的分化。敌敌畏也不同程度地影响原基分化。

（二）畸形平菇发生的原因及预防措施

平菇在形成子实体期间，倘若遇到不良环境和条件，使子实体不能正常发育，便会产生各种各样的畸形，严重影响平菇的产量和质量，甚至完全失去商品价值。这种现象多发在头茬菇之后。其主要病因是高温、通风不良、光线不足、营养缺乏等，少数是由菌种退化、变异、病毒感染所致。畸形菇主要类型有：

1. 大脚菇　平菇原基发生后，只长菇柄，下粗上细，不长菌盖，菌盖的直径小于菌柄的直径而形成大脚畸形，这种菇的柄质较硬，商品价值较低。发生的主要原因是菇棚（室）供氧不足，菇体内养分运输失去平衡。

预防措施：遇上连续低温天气时，出菇棚（室）采取保温防寒时要注意在中午进行短时间的通风换气，但切忌大风直吹料面，以免造成幼菇死亡。

2. 瘤盖菇　在菇盖上生长有很多小瘤样突起，有的突起还形成菌褶。受害严重时，菌盖僵缩，菇质硬化，停止生长。产生原因是：菇体发育时温度过低，低温持续时间太长，造成菌盖内外层细胞伸长失调。

预防措施：栽培时必须弄清栽培品种菇体正常发育能耐受的最低温度，冬栽应选择中低温型品种，同时采取保温增温措施，控制好菇棚（室）出菇温度。通常中温型品种菇棚（室）温度应控制在8℃以上，低温型品种应控制在0℃以上为宜。

3. 菜花菇　菌柄没有分化，大量的小原基聚集在一起，形成球形的菌块。原因是培养室内二氧化碳浓度过高或农药中毒所致。

预防措施：一是加强通风，不要采用封闭式的保温措施；二是喷洒放线菌制剂，如立信菌王、光大菌王等生物菌肥缓解。

4. 萎缩菇　菇体初期正常，在膨大期即泛黄、水肿状或干缩状而停止生长，最后变软腐烂。菇体水肿原因是湿度过大或有较多的水直接喷在幼小菇体上，使菇组织吸水，影响呼吸及代谢，停止生长，死亡；菇体干缩是因为空气相对湿度较小，通风过强，风直接吹在菇体上，使平菇失水而死亡。或者培养基营养失调，形成大量原基后，有部分迅速生长，其余由于营养供应不足而停滞；少数萎缩菇是由于菌种退化，症状是菌盖尚未长足够大即反卷、发黄、萎缩。

预防措施：控制空气相对湿度在80%～85%，不要向幼小菇体上喷水，不让风直接吹在菇体上。

5. 珊瑚菇　菌柄细长，没有菌盖，在菌柄上又重复分叉，形如珊瑚，一般呈白色。这种病害的原因一般是由于光照很弱，通风极度不良。

预防措施：加强通风。

6. 蓝边菇　菇体生长时，菌盖边缘产生蓝色晕圈，甚至整个菇体变成蓝色，直到菇体采收也不再退去。原因是采取柴火、煤火等增温，使菇棚（室）内一氧化碳增多，造成菇体中毒，刺激菇体发生变色反应。因此，冬季菇棚（室）增温方法以采取日光、暖气、电热等为好，如采用柴火、煤火进行加温时，应装置封闭的传热排烟管道。

7. 盐霜状平菇　子实体产生后分化很慢，在已经分化的菌盖表面出现一层像盐霜一样的东西，这是因为棚中的温度太低所致，黑色品种一般气温在5℃以下就会出现此类现象，

预防措施：注意棚内温度不能太低，或选用出菇耐低温的平菇种植。

【知识拓展】

（一）平菇的概述

平菇［*Pleurotus ostreatus*（Fr.）Kummer］，属于真菌门、担子菌亚门、层菌纲、伞菌目、侧耳科、侧耳属，又称杨树菇、北风菌、冻菌、蚝菌、天花菌、白香菌等，通常所说的平菇泛指侧耳属里的众多品种，如糙皮侧耳、金顶侧耳、桃红侧耳、美味侧耳、紫孢侧耳等。

平菇肉质肥嫩，味道鲜美，营养丰富，是一种“高蛋白、低脂肪”的菌类，含有18种氨基酸、多种维生素和矿物质，其中含有8种人体必需氨基酸。平菇还含有一种多糖，对癌细胞有强烈的抑制作用。因此，经常食用平菇，不仅有改善人体新陈代谢、增强体质和调节植物神经的功能，而且对减少人体内的胆固醇、降低血压和防治肝炎等有明显的效果，是理想的营养食品。

分布在世界各地的侧耳约30种，绝大部分可供食用。其中较著名的为糙皮侧耳、美味侧耳和晚生侧耳等。目前各地普遍栽培的平菇，大多为糙皮侧耳。人工栽培起源于德国，始于1900年。20世纪初，欧洲的一些国家和日本开始用锯木屑栽培平菇获得成功。目前，世界上生产面积较大的国家，除中国和韩国外，还有德国、意大利、法国和泰国等。日本已进行平菇的工厂化生产。

平菇的适应性强，在我国分布广泛，云南、福建、浙江、江西、湖南、湖北、贵州、四川、山西、河北、黑龙江、吉林、辽宁、内蒙古等地，自秋末至冬后，甚至初夏均有生长。在自然情况下，平菇多生长在杨树、柳树、枫香、榆树、槭树、槐树、栎树、橡树等多种阔叶树的枯枝、树桩或活树的枯死部位，常重重叠叠成簇生长。

我国栽培平菇始于20世纪40年代，1972年由河南省刘纯业用棉籽壳生料栽培成功后，栽培生产迅速发展。棉籽壳在平菇栽培中的成功利用，是食用菌栽培技术的重大突破和改进。近年来，由于各种代料的成功利用，使平菇生产得到迅速发展。目前人工栽培已遍及全国各地，由过去的少数几个栽培品种发展到现在能适应各种条件的上百种栽培品种，是食用菌中最易栽培的菌类。具有生活力强、抗逆性好、能利用多种农副产品下脚料进行栽培，方法简便，管理粗放，生长周期短，产量高，见效快。是我国目前食用菌生产中生产量最大、发展最快、产量最高、分布最广的菌类之一，总产量已超过双孢蘑菇和香菇，跃居第一位。

代料栽培依栽培的容器可分为瓶栽、筒栽、箱栽、床栽等。依栽培场地可分为室内栽培和室外栽培。室外栽培又分为阳畦栽培、地沟栽培、露地栽培、树荫栽培等。依其对栽培原料的处理方式不同可分为生料栽培、发酵料栽培和熟料栽培。

（二）平菇的生物学特性

1. 平菇的形态特征　平菇由菌丝体和子实体两部分组成。

（1）菌丝体的形态。菌丝体白色，密集，粗壮有力，气生菌丝发达，爬壁性强，不分泌色素，菌丝密集，生长速度快，抗逆性强。25℃条件下，6～7d可长满试管斜面，有的平菇品种在试管中形成子实体。

显微镜下观察，菌丝粗细不匀，分支性强。锁状联合结构多，锁状联合突起呈半圆形，大小不一。

（2）子实体的形态。覆瓦状丛生。菌盖初为圆形、扁平，成熟后则依种类不同发育成耳状、漏斗状、贝壳状等多种形态。菌盖表面色泽因品种不同而变化，有白色、乳白色、鼠灰色、桃红色、金黄色等。菌盖较脆弱，易破损。菌褶白色，延生，在菌柄交织成网络。菌柄侧生或偏生，短或无，内实，基部常有白色绒毛。

2. 平菇的生活条件　平菇对生活条件的要求是栽培平菇技术措施的依据。人为地创造适当条件满足平菇生长发育要求，是平菇获得优质高产的关键。

（1）营养条件。平菇属木生菌，分解纤维素、半纤维素、木质素的能力很强，对营养物质要求不严格。栽培料中大多数富含纤维素、半纤维素、木质素、淀粉的物质，主要存在于麦秸、玉米芯、棉籽壳、甘蔗渣、木屑等各种农副产品中。以上这些物质能被平菇菌丝分泌出来的木质素酶（少量）、纤维素酶、半纤维素酶分解成为单糖，直接为菌丝细胞所吸收。在实际栽培中上述物质作为培养料即可满足平菇生长发育对碳源的需求。

在培养料中还需加入少量的麸皮、米糠、玉米粉、花生饼粉等作为平菇的重要营养源。另外，加入磷、钾、钙、镁等矿物质和维生素 B_1、维生素 B_2、维生素 C 等可增加产量和改善品质。平菇营养生长阶段碳氮比以 20∶1 为好，而在生殖发育阶段碳氮比以（30～40）∶1 为好。

（2）温度。温度是平菇生长发育的重要条件，但在不同发育阶段对温度的要求是不同的。平菇菌丝生长的温度范围为 4～35℃，以 24～28℃最适宜。子实体的形成及生长范围为 4～28℃，最适宜的温度为 10～24℃。平菇属于变温结实，昼夜温差大，能促进子实体原基的形成。在子实体发育温度范围内，温度低时，生长较慢，菇体肥厚；温度高时，菇体成熟快，但菇体薄、易碎，品质差。近年来，平菇品种繁多，各品种对温度的要求也有差异（表 9-1），栽培时应根据气候条件选择温型不同的平菇品种。

表 9-1　常见栽培品种生殖阶段对温度的要求（℃）

（黄毅．1988. 食用菌生产理论与实践）

种类、品系		原基分化温度	子实体发育温度	最适温度	备注
低温型	粗皮侧耳	2～20	2～22	10～16	
	冻　菌	5～20	7～22	13～17	
	美味侧耳	5～20	5～22	10～18	
	阿魏平菇	0～13	5～20	15～18	熟料
中温型	紫孢平菇	15～24	17～28	20～24	
	佛罗里达平菇	6～25	6～26	10～22	
	凤尾菇	15～24	8～26	18～22	
	金顶菇	15～27	17～28	20～24	
高温型	鲍鱼菇	25～30	25～33	25～30	
	红平菇	15～30	20～28	25～28	
	盖中侧耳	22～30	22～34	25～32	熟料

（3）水分和湿度。平菇是喜湿性菌类。菌丝体生长阶段和子实体生长阶段所需要的水分大多是从培养料中获得的。平菇菌丝培养阶段因采用的培养料不同，物理性状（吸水性、孔隙度、持水性）也存在着差异，在配制培养料时应根据不同的培养料，做适当的调节，如棉籽壳做主料含水量为 65%、木屑为 55%、稻草为 70%。子实体生长阶段，培养料的含水量要求在 60%～70%。

平菇在菌丝生长阶段空气相对湿度一般以 70%左右为宜。子实体分化和生长发育时空气相对湿度为85%～90%。空气相对湿度低于70%时，子实体生长缓慢，甚至出现畸形；当空气相对湿度高于95%时，子实体易变色腐烂或引起其他病害。

（4）空气。平菇属好气性菌类，需氧量因生长发育不同阶段而有所不同。在菌丝生长阶段对空气中氧的要求比较低，耐二氧化碳能力较强，但透气不良，也会使菌丝生长缓慢或停止。在子实体形成和生长阶段，需要大量的氧气，供氧不足子实体不能正常生长或形成畸形菇，影响产量和质量。因此，在出菇阶段，特别是在冬季，应在保持棚温的同时，应加强通风换气。

（5）光照。平菇对光照要求因不同生长发育阶段而不同。菌丝生长阶段几乎不需要光照，弱光和黑暗条件下均生长良好，光线强反而使菌丝生长速度下降。平菇子实体生长发育阶段需要一定的散射光，如光线不足，原基数减少，分化出的幼小子实体菌柄细长，菌盖小，畸形菇多。平菇菌盖的颜色与光照度密切相关，如果光线不足，色泽偏浅。一般在菇棚内，能看书看报的光线即可。

（6）酸碱度。平菇喜欢在偏酸性环境中生长，培养基质pH 3～7均能生长，适宜的pH为5.5～6.5。在平菇生长发育过程中，因其新陈代谢而产生的有机酸，也会使培养料pH下降，另外，培养基在灭菌后pH也要下降，所以，在配制培养料时，应适当提高pH，使其偏碱性为好，一般用1%～3%的石灰水来调节pH，偏碱的环境还有利于防止杂菌的发生。

（三）平菇的品种

平菇品种很多，可根据季节、栽培场所、市场需求等因素选择适宜品种。

1. 平菇品种分类 按菌盖的色泽不同，平菇可分为黑色、灰色、灰白色、白色、黄色和粉红色等；根据子实体分化时期对温度的要求不同分类，可将平菇分为四种类群，即低温型、中温型、高温型和广温型。

（1）低温型。子实体分化的最适温度为10～15℃，如糙皮侧耳、紫孢侧耳、美味侧耳等。

（2）中温型。子实体分化的最适温度为16～22℃，如佛罗里达平菇、凤尾菇等。

（3）高温型。子实体分化的最适温度为22～26℃，如金顶侧耳、桃红侧耳等。

（4）广温型。子实体分化的适宜温度为8～34℃，四季均可栽培，如平109、平827、南京1号、常州2号、89-1、9108、金凤、黑平AE、辽平4号、辽平5号、杂24、50596、荷大叶、武汉1号、平302、沈农1号、沈农916、沈农542、沈农026、沈农729、山大等。栽培时，应注意菌种的温型与栽培季节相吻合，品种一定要轮用，忌重复。

2. 平菇常见的种类和优良品种

（1）糙皮侧耳。又称平菇、鲍鱼菇、黄冻菌、杨树菇等。平常所说的“平菇”多指该种，是目前广泛栽培的种类，主要是低温型和中温型品种。子实体大型，菌盖扁半球形、肾形、喇叭形或扇形至平展，初期蓝黑色，后渐变淡，成熟时呈白色或灰色。菌肉白色，肥厚，有菌香味。菌柄短，侧生或偏生，内实，基部常相连，使菌盖重叠。

（2）美味侧耳。又称白平菇、冻菌等。子实体菌盖扁半球形，伸展后基部下凹，幼时铅灰色，后渐为灰白色至近白色，有时稍带浅褐色。菌肉、菌褶白色。菌柄短，显著偏生或侧生。

（3）佛罗里达平菇。属低温型品种。菌盖漏斗或扇形，白色、乳白色至棕褐色。且色泽随光线的不同而变化。高温和光照较弱时呈白色或乳白色，低温和光照较强时呈棕褐色。丛生或散生。菌柄稍长而细，常基部较细，中上部变粗，内部较实。性状稳定、产量高、耐贮运。属中低温型平菇。常见的有中蔬10号、佛诱1号等。

（4）凤尾菇。又称漏斗状侧耳、环柄侧耳、环柄斗菇等。是一种栽培较为广泛的高温平菇。菌盖脐状至漏斗状，灰褐色，菌肉白色，有菌香味。菌柄短，侧生，内实。常具菌环。子实体单生、群生或丛生，是一种栽培较为广泛的中高温品种。常见的优良品种有：平菇831和f327。

（5）桃红侧耳。又名红平菇，属高温型品种。子实体幼时鲜桃红色，成熟时褪至近白色。味道鲜美，有螃蟹味。常见的品种有：红平菇、福建桃红平菇、江西桃红。

（6）鲍鱼菇（盖囊侧耳）。菌柄短小、粗壮，菌盖呈暗灰色或褐色，成熟时菌褶边沿呈暗黑色。肉质肥厚，脆嫩可口，有独特鲍鱼风味。

（7）金顶侧耳。又名榆黄蘑、金顶蘑、玉黄菇、黄冻菌、杨柳菌等，属高温型品种。菌盖呈漏斗形，草黄色至金黄色，菌柄偏生，白色至淡黄色，基部常相连。子实体多丛生，常发生在夏季及秋初季节。是一种高温型菌。一般在春初、夏末栽培。常见的品种有：农大榆黄96、东北榆黄蘑。

（8）姬菇。又称小平菇，是我国从日本引进的食用菌新品种，商品名称为玉蕈，在日本，将姬菇与松茸相媲美。子实体菌盖较小，味道鲜美，肉质细腻。常见的品种有：姬菇9008、姬菇8911、西德33、闵31。

（9）秀珍菇。秀珍菇又名白平菇，其学名为黄白侧耳。菇形秀小，口感柔嫩，商品性好，为广大消费者欢迎，秀珍菇的品种由于来源不同，表现特征稍有差异。如引进日本的菌株，菌盖幼时灰色，成熟后白色，丛生柄短，产菇集中；引自台湾的菌株，菌盖浅灰色，单生，柄短，中生或偏生。

平菇的品种很多，每年都有新品种推向市场，生产上以糙皮侧耳为主，但平菇品种同物异名现象较严重，在生产上应引起注意。

练习与思考

1. 平菇出菇后期如何进行高产管理？
2. 平菇生料栽培播种时应注意哪些问题？
3. 平菇生料栽培发菌期怎样进行管理？
4. 比较平菇熟料栽培、生料栽培和发酵料栽培的优缺点。
5. 制订平菇栽培的生产方案。

项目十　草菇栽培技术

【知识目标】熟悉草菇的形态特征及生物学特性；了解常见的栽培品种及其特性。掌握草菇的生产要求、生产良种及常见的栽培方式，全面掌握草菇的栽培管理技能。

【技能目标】能够根据季节或具体生产情况制订草菇的生产计划，掌握发酵料的堆制技术，会配制培养料，能制作栽培料袋（瓶），能够进行出菇后期高产管理。

任务一　草菇室内床栽

【任务描述】

草菇室内栽培可以人为地提供草菇生长发育所需要的温度、湿度、营养和通气条件，使之避免受台风、暴雨、低温、干旱等不良环境的影响，从而有利于延长栽培季节，提高草菇的产量和质量。栽培工艺流程为：原料准备→浸料→一次发酵→上床铺料→二次发酵→播种→菌丝期管理→出菇期管理→采收→清料、打扫菇房。

草菇床栽需建造专用菇房，内搭5～6层床架，采取混合料堆制发酵配成培养基，铺料播种，形成菌床长菇。其特点：集约化立体床架，提高空间利用率；便于人为控制环境，有利于提高产量和品质。

【任务实施】

1. 菇房建造要求　草菇属高温型食用菌，夏季生产，要防晒降温；秋、冬季生产，则要增温保温。因此菇房应近水源，能保温保湿，通气透光。栽培室基本要求是室内透气性好，能保温控湿。可专门建造，也可利用育秧室、温室、草棚、蘑菇房、地下室和花房闲置时栽培。床架可用角铁、木棍或竹竿制作，通常为4～5层，宽1.2m，床架间的走道宽60cm。菇房内要用多菌灵和敌敌畏混合液喷洒，以消毒杀虫。床架用高锰酸钾溶液或饱和石灰水涂刷消毒，室内用甲醛熏蒸（每立方米用甲醛10mL、高锰酸钾5g），密闭熏蒸24h。

2. 培养料的选择　草菇栽培的培养料种类很多，其中以废棉、棉籽壳、稻草、麦秸等产量最高，其次是甘蔗渣、高粱秆、玉米秆等。栽培时，要选用新鲜、无霉变、无变质、未雨淋的原料。

目前规模化栽培草菇主要材料是废棉，其转化率较高，但废棉由于所含的棉绒、棉籽壳、棉仁不同，其特性各不同。含棉仁多的发热多、含氮量高，易产生氨气，适合温度低时使用；含棉绒多的则发热少、保水性强，适合夏天使用。除主料外还需要一定的辅料，如牛粪、米糠、麸皮、石灰等，以增加培养料的养分。常见的配方如下：

（1）废棉90%、生石灰3%、过磷酸钙2%、麸皮5%。

（2）麦秸74%、干牛粪3.4%、棉籽皮15%、草木灰2%、明矾0.3%、麦麸3%、复合肥0.3%、石灰2%。

（3）棉籽壳97%、生石灰3%。

（4）稻草82%、干牛粪15%、生石灰3%。

（5）稻草30%、麦秆62%、麸皮5%、生石灰3%。

3. 培养料配制及前发酵　以稻草、麦秆等为主料的，先碾压、切段后用2%石灰水浸泡24h，或用石灰水浇淋，边淋水边踩踏，直到材料浸透为止，含水量70%左右（手握紧原料，指缝间有水渗出为宜）。为防止杂菌污染和病虫害，可加入0.1%的多菌灵、氯氰菊酯和氧化乐果，然后加入辅料拌匀后堆成长方形堆，高80～100cm、宽100～120cm，长度不限，堆中间要适当打通气孔，堆好后覆盖塑料膜保温保湿。当料温达60℃时，维持1d后翻堆。如水分不足需要补水，同时用石灰水调整pH至9～10。当料温再达60℃时，维持1d。发酵好的原料质地柔软，表面蜡质已脱落，手握有弹性，无异味，含水量、pH合适。

以棉籽壳为原料，可直接将原辅料加水混合、拌匀，含水量70%左右。堆制发酵，当料温升至60℃，维持1d后翻堆。翻堆后料温升至60℃及以上时，再维持2d，即可进行栽培播种。

4. 进房及后发酵　将发酵好的培养料趁热搬入已消毒好的菇房，平铺在床架上。铺料时先铺1层薄膜，铺料厚15～20cm，铺平后盖上塑料薄膜，进行二次发酵。关闭门窗，用煤直接加热或通蒸汽，培养料温度达65℃左右维持2h，进行巴氏消毒。消毒结束后，将门窗打开，排出废气和降温，待菇房温度降至50～55℃保持1～2d，此阶段主要是培育有益放线菌。后发酵结束后料中可有少量的白色放线菌，料有淡淡的香味。如果发酵结束有刺鼻的氨味，一定不能播种，要让料温再保持50～55℃，时间1～2d,待氨味消失后再结束后发酵。

5. 播种发菌　后发酵结束后，打开门窗排出废气，料温降至35～38℃时，选用生长健壮、无病虫、刚产生厚垣孢子的菌种进行播种，太嫩及存放时间过久的种不宜使用。播种方法有撒播、穴播、条播。一般采用撒播法进行播种，直接将菌种均匀撒于培养料表面，一般每平方米用种1袋（约0.5kg）。播种后立即覆盖薄膜保温发菌。

播种后至菌丝长满培养料期间为发菌期，此阶段管理重点主要是控制菇房的温湿度。料温保持在35～38℃，室温保持在30～32℃，培养料的含水量保持在65%左右，室内空气相对湿度保持在80%。打开窗户通风，保持空气新鲜。若温度过高，可开窗通风及揭膜散热，或向地面浇水（不能将水直接喷洒到料面上）等方法降温；若温度过低，可通蒸汽或燃烧煤球进行加温。在此阶段，每天揭膜通风2次，每次10～20min，有利于菌丝生长。一般在播种后3～4d揭去薄膜，通风20～30min，使料面干爽后，用喷雾器向料面喷1次重水，以喷湿料面、料层底部有水珠渗出为度，此过程生产上俗称“压菌”。

6. 出菇阶段管理　出菇阶段的管理重点是保温、保湿、通风和透光。播种后第五天用喷雾器喷出菇水，用水量稍大一些，使气生菌丝贴生于料面。喷出菇水后通风20～30min，再将门窗关闭，保持空间温度28～32℃，空气相对湿度保持在85%～95%，以便诱导子实体的产生。从播种后第六天开始给予充足的光照，以利于菌丝扭结出菇，第七天即开始陆续出菇。在温度控制上，室内气温应保持在28～32℃，料温保持在33～36℃。当床面上可见零星小白点，即形成原基后，增大湿度，要求空气相对湿度保持在90%左右。做到地面经常浇水，空气中经常喷雾。

在水分管理中，要注意尽量不要将水喷洒到料面的原基上，原基沾上水珠后容易死菇。播种后第八天，要加大通风量，以满足纽扣菇呼吸的需要。通风前向空间及四周喷水，然后再打开门窗进行通风。当风速较大时，门窗开小一点，反之则开大一点。但通风时切忌让风直接吹到床面的小菇上，否则容易吹死小菇。另外，菇房必须保持一定量的散射光，因为散射光能促进子实体的形成，对于菇体的色泽外观有利。光线不足时，需安装 40W 日光灯照射菇房。

7. 采收及采后管理 在正常的栽培条件下，播种后 12～14d 即进入采收期。为了提高草菇产品的商品价值，应在菇体长成卵形、菌膜未破前进行采收。草菇生长速度快，所以一般应早、中、晚各采收 1 次。采收时，为了避免碰伤邻近小菇，应做到一只手按住菇体周围的培养料，另一只手握住菇体并左右旋转，轻轻摘下，切忌用力拔，以免牵动附近菌丝，影响后一潮菇的生长。头潮菇采完后，停止喷水 2～3d，并用塑料薄膜覆盖，继续上述管理，再经 4～6d 又可采收二潮菇。一般每播种 1 次可收 2～3 批菇。

8. 病虫害防治 草菇整个生产过程处于高温高湿环境中，虫害及杂菌较多，主要有鬼伞菌、木霉、青霉等。发生鬼伞的主要原因是原料含氮量偏高，pH 偏低，发酵和消毒不彻底等。木霉、青霉主要是发酵不充分，菇房内温度偏低等原因引起。防治方法：选择新鲜无霉变原料，C/N 控制在 20 以上，后发酵后有氨味要及时处理，不要播种，含水量控制在 70%左右，pH 不能小于 7，消毒要彻底。

草菇的主要虫害有菇螨、线虫、菇蝇等。发现菇螨时，可用杀螨醇 500～1 000倍液喷雾，喷雾前停止喷水。并在铺床后 6～12h 再进行加温消毒，可大大减少线虫危害。培养料堆制发酵时用薄膜盖严，菇房要安防虫网尽量防止菇蝇进入菇房，播种后盖上薄膜再喷洒敌敌畏或黑旋风等杀虫剂可防治菇蝇。病虫防治，注意一定要搞好环境卫生，以预防为主原则，要选择高效、低毒及生物农药。

9. 保鲜

草菇是高温型食用菌，采后依然进行旺盛的呼吸和生长，在 30℃室温下，采后的草菇 4～6h 就会开伞而失去商品价值。草菇同时又不耐低温，在低于 15℃条件下超过一定时间就会冻坏，出水。所以收获的草菇应贮藏于 16℃的空调房，在此条件下可贮藏 2～3d。

任务二　草菇砖块式栽培

【任务描述】

草菇草把式产量低且不稳产，室内栽培常因鬼伞及螨类危害严重而影响产量。而砖块式栽培草菇具有产量高、易管理、病虫危害少等优点。

【任务实施】

1. 培养料的配方 稻草 100kg、米糠 5kg、干牛粪 5～8kg、草木灰 2kg、石灰 2～3kg、碳酸钙 1kg。

2. 培养料堆制

方法与室内栽培相同。

3. 草砖块制法　自制数个长 40cm、高 15cm 的正方形木框。将木框上放 1 张薄膜（长、宽约 150cm，中间每隔 15cm 打 1 个 10cm 的洞，以利通水通气）。向框内装入发酵好的培养料，压实，面上盖好薄膜，提起木框，便做成草砖块。

4. 灭菌与接种　制好草砖块要进行常压灭菌（100℃保持 8～10h）。灭菌后搬入栽培室（栽培室事先要进行清洗，用1 500倍的敌敌畏熏蒸），待料温降至 37℃以下时进行播种。播种时先把上面薄膜打开，用撒播法播种，播种后马上盖回薄膜，搬上菇床养菌。

5. 栽培管理与采收　接种后 5d，将薄膜揭开，盖上 1～2cm 厚的火烧土。再过 3d 便可喷水，保持空气相对湿度在 85%～95%，以促进原基的生长发育。一般现蕾后 5d 就可采菇。第一潮菇采完后，须检查培养料的含水量，必要时可用 pH8～9 的石灰水调节。然后提高菇房温度，促使菌丝恢复生长（有条件可再次播种），再按上述方法进行管理，直到结束。一般整个栽培周期为 30d，可采 2～3 次菇。

任务三　草菇室外阳畦栽培

【任务描述】

室外栽培是我国南方沿用的传统方法，又称为堆式栽培，房前屋后都可以栽培。阳畦结构简单，容易建造，成本低，可利用稻草、棉籽壳、废棉絮等作原料，投资少，无需烦琐的翻堆发酵或高温灭菌过程，栽培简单，但室外阳畦栽培受气候影响大，产量也没有熟料栽培高。近年已逐渐被其他方式取代。

【任务实施】

1. 栽培季节　由于各地的自然气候条件不同，栽培季节也有差异。一般要求平均气温稳定在 23℃以上，空气相对湿度要求达到 80%以上。大面积栽培时，必须选择在适合其生长的气候条件下进行。其中日平均气温达到 26℃以上，空气相对湿度达 85%以上的季节，是栽培草菇最适宜的季节。我国南方（广东）在 4～10 月适合草菇的栽培，北方（河北）在 7～8 月适合草菇的栽培。有空气调节设备的菇场，可以适当提前和延长栽培季节，进行室内栽培。

2. 建造阳畦　做成宽为 1～2m、深 33cm、长不限的畦，四周挖排水沟。畦周围筑墙，北墙高于南墙，上面架置数根竹竿，便于盖薄膜和草被，控温保湿。播种前畦内灌透水，如土质偏黏可掺沙或煤灰。作好畦后用生石灰粉和杀虫剂作畦面消毒。

3. 准备培养料　室外大田栽培多以稻草为主要原料，其中以糯稻草最好，晚稻草次之，早稻草最差。种 667m^2 草菇，需稻草7 500～10 000kg。将新鲜、干燥、未发霉的金黄色稻草（未干透和发霉的均不宜用），浸泡在 2%的石灰水中 12～24h，吸足水后取出沥干。

4. 堆料与播种　用稻草作培养料，其培养料的处理方法与室内栽培方法相同。把浸好的稻草，对腰拧成“8”字形，拧折处朝外，散乱的稻草头朝里，紧密排列在阳畦上，底层四周距畦框 5cm，中间填散草，距料四周边缘 5cm 撒播菌种，播幅 5～6cm。播完 1 层铺第二层料再播种，依次堆 3～4 层，每层内缩 4～5cm，使整个料堆呈梯形。最后 1 层料面全面播上菌种，再盖 1 薄层稻草。

以棉籽壳、破籽棉作培养料，每 500g 干料加 600～750g 3%的石灰水拌和，使其含水量达 60%～65%，然后在畦床内铺料播种，底层四周播一层菌种，铺培养料 14～16cm，表层全面播上菌种，再盖 1 薄层料，略压实。最后架上竹竿，盖上薄膜与草帘，保温保湿。

5. 管理 可在料面覆盖 1～2cm 肥沃的土壤，7d 后出现白色粒状原基，适当掀开两端薄膜，进行通风。通风时要避免强风直接吹在子实体上，否则子实体将萎缩枯死。由于畦内湿度大，不需浇水，否则会造成烂菇。畦内湿度以掀盖薄膜口大小和覆盖草帘来控制。

10～15d 就可采收第一批菇。第一批菇采收后，停水 3～5d 再喷水和管理，盖上薄膜，5d 左右又可收第二批菇，一般可收 3～4 批菇。

任务四　草菇塑料袋栽法

【任务描述】

栽培草菇多采用畦栽或堆式栽培，生物转化率较低。用塑料袋栽培草菇方法简便，保温保湿效果好，管理方便，病虫害少，产菇快，产量稳定，生物效率达 45%，一般播种后 12d 左右可采收。生产周期短，原料来源丰富。

【任务实施】

1. 培养基配制 稻草 88%、麦麸 11%、过磷酸钙 1%。投干料 55kg，可生产 100 袋，平均每袋装干料 0.55kg。配制时将稻草放入石灰水池中用重物加压浸没，石灰水浓度 4%(pH14)，一般浸泡 6～10h。浸好的稻草捞起后，尽快晾干或施重压沥去多余水分。含水量控制在 70%～75%，以用手拧单根稻草有一两滴水流出为适，而后用切草机将稻草切至 15～20cm 长。

2. 装袋 先将切好的稻草散开，均匀撒入麦麸、过磷酸钙于稻草中搅拌均匀即可装袋。采用折径宽 22～24cm、长 55cm 的聚乙烯塑料袋装袋。边装边压，装满后用塑料绳活结扎紧。

3. 灭菌与接种 装袋后立即进行常压灭菌，3～4h 内温度升到 100℃，继续保持 4～6h。灭菌时间不宜太长，以免培养料酸化。熟料栽培的作用是经过高温，使培养料中的营养物质通过热浸释放出来，便于被草菇菌丝吸收利用，容易获得高产。

料袋拿出后待料温降到 38℃以下即可接种，选适合袋栽模式的菌 V844、V966、屏优 1 号等白色系列种。采用两头接种，每袋菌种（约 0.5kg）可接 20 袋左右。袋口用塑料绳活结扎住，不宜太紧。

4. 发菌管理 接种后的菌袋搬入培养室，保持室温 30～34℃，空气相对湿度 75%左右。室温低时叠 5 层，高时叠 3 层。当袋内两端菌丝生长 3～5cm 时，解去塑料带，稍稍松开袋口，增加氧气，促菌丝生长，此阶段料温上升快，应注意防止高温烧菌。一般 10d 左右菌丝可长满袋。

5. 出菇管理 当菌丝长满袋，两端袋口出现米粒大小的白点时，将菌袋就地或搬入专门出菇房，把袋反卷或全部脱袋，盖上薄膜几天，此时加强室内通风透光，每天揭膜 3～4 次，每次通风10～20min。出菇期温度应控制在 28～32℃，采取措施，尽量减小温差；空气相对湿度保持在 85%～90%，高于 95%时菇体易腐烂，切忌向幼蕾直接喷水；同时注意通风换气，避免强光直射。

现蕾后 4～5d 菇可长至八成熟，苞膜未破时就应采收，采菇时一手按住菌筒，一手轻扭采下，采大留小不伤旁边小菇。当菌筒水分不足时可用 1%草木灰过滤水喷雾。长完一潮菇后盖上薄膜继续培养菌丝，过5～6d又可长第二潮菇，一般长2潮菇，头潮菇占产量70%～80%，二潮菇占20%～30%。采完菇后，尽快将菌袋搬至果场做基肥，对菇房进行清洗、消毒处理。

【任务探究】

在栽培过程会出现死菇现象，主要是以下原因：料温低于24℃，或气温骤然降低，温差过大；通气不良，氧气不足；二氧化碳积累过多；幼菇生长时培养料湿度过小，空气相对湿度过低，通风量过大；子实体幼小时，向培养料内浇水或向幼菇上喷水；杂菌污染或害虫蛀食；菌种衰老，菌丝生长势弱；营养不足或采收时损伤菌丝。如果出现死菇现象，应分析具体原因，采取相应措施，避免给生产造成损失。

在生产最难把握的是保温与通风、菇蕾期的培养料保湿与喷水容易造成菇蕾死亡的矛盾。解决方法是根据菇房内菌丝量和菇量的多少以及温度状况，确定通风次数和通风量的大少，切不可让冷风直吹菇蕾；往地面和墙壁勤喷细水，切不可让冷水直喷菇蕾。

鬼伞的防控也是生产上的一大难题，解决办法是：①环境处理，减少病原菌；②培养料经高温或有效发酵处理；③菌丝培养的温度不要低于30℃。根据经验，料温在28℃以下，鬼伞的竞争力高于草菇，28～30℃时，两者的竞争力接近；而在30～34℃时，草菇明显具有竞争优势。

【知识拓展】

（一）草菇的概述

草菇属真菌门、担子菌亚门、无隔担子菌纲、伞菌目、鹅膏菌科。别名：苞脚菇、蓝花菇、麻菇、兰花菇、稻草菇等。

草菇是我国南方普遍栽培的食用菌，最早栽培于我国，后传至马来西亚、菲律宾、泰国等地，近年来西方国家如美国、比利时以及非洲的马达加斯加也有人种植。目前，草菇的总产量占世界上人工栽培菇类的第三位。

草菇质嫩味美，若制成干菇香味更浓，风味独特，且草菇属于高温型菌类，适宜于一般菇类不能生长的炎热夏季，而成为食用菌夏季生产及供应市场的一种珍品。

草菇的食疗价值非常高。据分析，草菇所含蛋白质鲜重占2.66%～5.05%，干重占25.9%～29.63%。与双孢蘑菇、美味牛肝菌、凤尾菇、牛奶相近，比金针菇、香菇略高。蛋白质含有18种氨基酸，其中人体必需的8种氨基酸占氨基酸总量的32.9%～42.3%，比牛肉、猪肉、牛奶及大豆的含量都要高。草菇所含的脂肪总量为2.24%～3.6%，其中85.4%是不饱和脂肪酸，略高于香菇、双孢蘑菇和平菇。草菇中矿物质含量高达13.8%（占干物质重量），在目前已商业性栽培的菇类中是含量最高的。草菇还含有多种维生素，尤其抗糙皮病的维生素 B_1 和烟酸尤为突出，其中维生素 B_1 每100g干品含量为1.2mg，烟酸91.9mg，分别是其他栽培食用菌的3～17倍和5～42倍。维生素C每100g干品中含量高达206.7mg，是食用菌平均含量的16倍，比橙子高出3.8～5.6倍，比番茄高出6.3～26倍。草菇中维生素D的含量也是食用菌中最高的。经常食用草菇，可以增强机体的免疫能力，加速伤口愈合，降低血压、降低肝脏中胆固醇和脂肪的含量，有预防脂肪肝的作用。

栽培草菇的材料非常丰富，稻草、棉籽壳、废棉等纤维素含量丰富的原料都可栽培草菇。我国是农业大国，纤维素原材料极为丰富，且生产时不需特殊的设备，栽培技术容易掌握，室内室外都可栽培，且产值高，收益快，易推广，草菇栽培是农业中经济效益高、发展前途大的项目之一。

（二）草菇形态特征

草菇由菌丝体和子实体两部分组成。

1. 菌丝体 菌丝体是营养器官，在基质中生长、繁殖，起吸收、运输和积累营养的作用。气生菌丝生长旺盛，爬壁能力强。菌丝体呈白色或淡黄色，透明。菌丝中有的细胞膨大，细胞壁加厚，形成红棕色的厚垣孢子，呈圆球形或椭圆状，直径 35～45μm。厚垣孢子对干旱、寒冷有较强的抵抗力。细胞与细胞之间有明显的横隔，每个隔膜中间有狭隘的桶形孔道，利于细胞核的通过。

2. 子实体 子实体由菌丝发育形成，单生、群生或丛生。一个成熟开伞的草菇子实体由菌盖、菌褶、菌柄和菌托四部分组成（图 10-1）。

图 10-1 草 菇

（1）菌盖。子实体的最上部分，直径 5～19cm，呈钟形，成熟时展开，边缘整齐，中央稍突起，色深，边缘灰白色，表面具有暗灰色纤毛，形成辐射状条纹，菌肉白色，细嫩。

（2）菌褶。着生在菌盖下面，是担孢子产生的场所，片状，长短不齐，初为白色，后为粉红色，与菌柄离生。菌褶两侧面着生棒状担子，每个担子着生 4 个担孢子。担孢子椭圆形或卵圆形，表面光滑，幼期为白色，成熟后为浅红色或红褐色。

（3）菌柄。着生于菌盖正中央，白色、肉质、内实，质地粗硬纤维化，近圆柱形，上细下粗，长5～18cm，直径 0.8～1.5cm。菌柄支撑着菌盖，同时又是输送水分和营养的器官。

（4）菌托。是子实体外包被的残留物，幼期起着保护菌盖和菌柄的作用，随菌盖的生长和菌柄的伸长而被顶破，残留在菌柄基部，像一个杯状物托着子实体。上部灰黑色，向下颜色渐浅，接近白色。

（三）草菇的生活史

草菇属同宗结合的菌类，其生活史从担孢子萌发开始，经过菌丝体阶段的生长发育，形成子实体，并由成熟的子实体产生新一代的担孢子而告终，历时 4～6 周的时间。

1. 菌丝体的形成 草菇的担孢子在适宜的环境条件下，从孢脐萌发出芽管，初期为多核，随着芽管生长，进行分支和形成隔膜，发展成单核的初生菌丝。初生菌丝体通过同宗配合发育成次生菌丝体。在养分充足和其他生长条件适宜时，菌丝体可以无限地生长。草菇的初生菌丝体和次生菌丝体经过培养以后，有的菌种在气生菌丝上形成厚垣孢子。厚垣孢子有坚韧的壁膜，成熟后与菌丝体分离，而且在适宜条件下又可萌发成菌丝体。厚垣孢子为圆形，多呈红褐色，少数为棕色。厚垣孢子内藏有丰富的养分，壁膜较厚，对干旱等不良的环境有较强的抗胁迫能力。

2. 子实体的发育 在营养充足和适宜的环境条件下，菌丝体便扭结，经过一系列的分化过程，最后发育产生新的子实体。草菇子实体的发育可以分为 6 个时期：

（1）针头期。次生菌丝体扭结成针头大小的菇结，所以这一阶段称针头期。这时外层只有相当厚的白色子实体包被，没有菌盖和菌柄的分化。

（2）小纽扣期。针头继续发育成一个圆形小纽扣大小的幼菇，其顶部深灰色，其余为白色称为小纽扣期。这时组织有了很明显的分化，除去最外层的包被可见到中央深灰色、边缘白色的小菌盖，纵向切开，可见到在较厚的菌盖下面有一条很细很窄的带状菌褶。

（3）纽扣期。这时菌盖等整个组织结构虽然仍被封闭在包被里面，如果剥去包被，在显微镜下可以看到菌褶上已出现了囊状体。

（4）卵状期。在纽扣阶段后24h之内，即发育卵状期。这时菌盖露出包被，菌柄仍藏在包被里，菌褶上的担孢子还未形成，外形像鸡蛋，顶部深灰色，其余部分为浅灰色。

（5）伸长期。卵状期后几个小时即进入伸长期。此阶段菌柄向上伸长，子实体中菌丝的末端细胞逐渐膨大成棒状。2个单倍体核（n）融合形成1个双倍体核（$2n$），双倍体核经过减数分裂，产生4个新的单倍体核；每个单倍体细胞核，通过担子小梗移入担孢子中，一个担子上就产生了4个担孢子。

（6）成熟期。菌盖已张开，菌褶由白色变成肉红色，这是成熟担子的颜色。含有单倍体核的担孢子，约1d后即行脱落。在环境条件适宜时，担孢子又进入了一个新的循环。

（四）草菇的生活条件

草菇是腐生真菌，喜欢高温、高湿的环境。因此，人工栽培时必须选择有较高的温度和湿度的季节，同时也要求培养料有较高的温度和含水量，使草菇能良好的生长发育。草菇对生活环境条件的要求有营养、温度、水分、空气、光线、酸碱度等因子。

1. 营养 充足的营养是草菇生长发育的物质基础，在栽培中，作为碳素营养源的多是各种天然纤维素材料，如稻草、米糠、麦秆、甘蔗渣、废棉等。草菇菌丝体是通过渗透作用，从培养料中吸入相对分子质量较小的单糖，再转化为菌丝体的组成分或转换为能量。对结构复杂的纤维素是通过菌丝体所分泌的一系列酶将其分解成简单的结构，再吸入菌丝体内。为了诱导纤维素酶的产生，加速纤维素的分解，可在培养料内加适量的米糠、麸皮等。

碳、氮养分对食用菌正常发育不仅需有充足的数量，而且要求其比例合理。菌丝体生长阶段碳氮比为20∶1，子实体发育阶段以（30～40）∶1为宜。生产中因培养料种类不同，有时加麦麸、玉米粉、豆饼粉、硝酸铵、尿素等，调节其碳氮比。

除了碳和氮以外，无机盐，如钾、镁、硫、磷、钙等也是草菇生长发育所必需的。但对它们的需要在一些天然的纤维材料中已有足够的含量，一般不必再添加。

2. 温度 草菇属高温型恒温结实性菌类。草菇生长发育的温度范围是15～42℃。不同生育期的最适温度有所不同，菌丝生长最适宜温度在32～35℃。若温度超过45℃或低于5℃，则菌丝停止生长甚至死亡。但不同品系在同一温度下其生长速度也不同。子实体发育的温度为22～32℃，最适温度在28～32℃。35℃以上生成的草菇早熟，易开伞，肉质不结实，子实体较小；低于21℃或高于45℃小菇蕾容易死亡。

3. 水分与湿度 草菇是喜湿性菌类，在多雨潮湿而气温又高的季节，草菇生长迅速，子实体肥大，数量也多。当空气相对湿度在85%～95%，培养料含水量在65%～80%时，菌丝及子实体生长最好。当空气相对湿度低于80%、培养料含水量低于60%时，菇体生长迟缓，表面粗糙以至枯萎死亡。如相对空气湿度高于95%，培养料含水量超过80%，则菇体易腐烂，导致杂菌多，小菌蕾易萎缩死亡。

4. 空气 草菇是好气性真菌，菌丝体生长阶段和子实体生长阶段，都需要有良好的通气条件。如通气不好，CO_2浓度过高，轻者子实体的菌盖顶部造成皱裂或缺陷，出现俗称

“肚脐菇”或“地雷菇”，重者停止生长或者死亡。当浓度积累到0.3%～0.5%时，则会对菌丝和子实体产生明显的抑制作用。因此，草菇水分含量不能太高，草堆不宜过厚，若用薄膜作临时草堆被应注意摆上环龙状支撑架以利通气，保证有一定的新鲜空气。

5. 光线 草菇孢子的萌发及菌丝体生长不需要光照，它们能在完全黑暗的条件下进行生命活动。但是子实体原基分化需要有一定的散射光。散射光能促进草菇子实体的形成，并使之健壮，增强抗病能力。光线充足，子实体的颜色深黑，有光泽，子实体组织致密，品质好，商品价值高；光照不足时，子实体灰色而暗淡，甚至灰白，子实体组织也较疏松，商品价值低。这些说明光照能促进菇体色素的转化。但是强烈的直射光对子实体生长有严重的抑制作用，而且使培养料温度升高，加速水分蒸发，损伤幼菇。因此，在露天栽培草菇时，要覆盖草被，以免强光直射。

6. 酸碱度 草菇是一种喜偏碱性环境的食用菌。草菇菌丝体在pH5～10.3均能生长，子实体生长最适pH7.5～8.0。为了满足草菇生长对酸碱度的需要，在拌料时加入一定量的石灰粉或用石灰水浸泡原料，以调节pH，这样既有利于培养料表面蜡质层和部分纤维素降解，促进菌丝吸收，又有利于草菇生长，还能有效抑制杂菌的发生。

（五）常见的栽培品种

草菇优良菌种应具备产量高、品质好（包被厚，不易开伞，圆菇率高，味道好）、抗逆性强等特性。

1. 品种划分 生产上使用的草菇品种很多，按颜色不同可分为灰色（灰黑、灰白、灰褐）和白色（栽培面积小）；按个体大小分为小型种、中型种和大型种。

2. 常见的栽培品种

（1）V23。鼠灰色，属大型品种，包被厚而韧，不易开伞，圆菇率高，产量较高，但抗逆性较差。对高温、低温、干热风反应敏感，管理不当易造成菇蕾死亡。

（2）V5。发菌速度快，出菇早，粒形中等或偏小，生物转化率高，比较适宜废棉基质栽培草菇。

（3）V35。个体中等偏大，丛生菇多，颜色灰白色，产量较高，生物学效率在35%以上。包被厚，开伞稍慢，商品性好。但其对温度敏感，当气温稳定在25℃以上时，才能正常发育并形成子实体，属高温型品种。

（4）V844。属中温中型品种。抗低温性能强，菇形圆整、均匀，适合市场鲜销。但抗高温性能弱，较易开伞。

（5）GV34。属低温中型品种，子实体灰黑色，不易开伞，商品性状好，产量较高，抗逆性强，对温度适应范围广，能耐较大温差和低温，适于北方初夏和早秋季节栽培。

练习与思考

1. 草菇子实体发育经历哪几个时期？
2. 草菇的生活条件有何特点？
3. 简述草菇的各种栽培方法。
4. 选用一种栽培方法，拟订出一个草菇生产方案。

项目十一　灵芝生产技术

【知识目标】了解灵芝的主要食疗价值和观赏价值；掌握灵芝的形态结构；熟悉灵芝的生活条件。

【技能目标】学习掌握灵芝的两种栽培技术（段木栽培和代料栽培）的技术要点，在实际操作中能够熟练运用这两种栽培技术。

任务一　灵芝段木栽培

【任务描述】

采用适生树种截成段栽培灵芝的方法称为椴木栽培。常见的有长椴木生料栽培、短椴木生料栽培、短椴木熟料栽培、树桩栽培以及枝束栽培等。熟料栽培虽然比生料栽培工序复杂，耗能大，技术要求严格等，但熟料栽培具有发菌速度快，菌丝在椴木内分布面积广，营养积累多，生产周期短，生产较稳定以及易获得优质高产等优点。这里以短椴木熟料栽培为主进行介绍。

【任务实施】

1. 树种的选择与砍伐　大多数阔叶树种都适宜栽培灵芝，多选用栲树、柞树及枫树等木质较硬的树种，一般在树木贮存营养较丰富的冬季在接种前15d砍伐较好。如果2月中旬至3月上旬接种，砍伐期选在2月，3月底后接种，会影响子实体产量。树木直径6～20cm较好。如直径较小，可多根拼成一捆；如直径过大，不利于装袋灭菌，则可切分数块。

2. 切断、装袋与灭菌　树木砍伐后运到接种地附近，用锯切断。椴木长度20～30cm，断面要平。新砍伐椴木和含水量高的树种，可在切断扎捆后晾晒2～3d，横断面中心部有1～2mm的微小裂痕时为合适含水量，此时椴木含水量为35%～42%，非常适合灵芝菌丝的生长，一般要求冬季新砍下椴木，捆扎后可以直接灭菌接种；春季砍伐椴木则需要先排湿，以防湿度过大影响菌丝生长，一般经过15d的晾晒后就可以捆扎灭菌接种了。小的短椴木用14号铁丝或竹篾捆扎成捆，每捆直径30cm，重约7kg，捆扎时，段面要平，并用小椴木或劈开的椴木打紧。装入聚丙烯塑料袋中灭菌，每袋装入捆扎好的两捆椴木。椴木过干时，装袋前应在水池中浸泡1～3h或装袋时每袋装入500mL清水，然后把袋口扎紧，高压或常压灭菌。高压蒸汽灭菌于0.15MPa压力下维持1.5～2.0h。塑料袋下垫麻袋以防袋破，搬动时要小心，也可用两层塑料袋。

高压灭菌时升温与放气速度宜缓，否则容易胀破塑料袋，在广大的农村因不具备高压灭菌条件，通常采用常压灭菌的方式，灭菌时当温度升高到100℃后保持8h，可达到灭菌的目的，为确保灭菌效果，一般将灭菌时间延长到12h以上。常压灭菌一般会造成椴木的含水量稍微增加，同时为了烘干塑料袋外的水滴，在灭菌结束时，应该短时间内将灭菌锅的顶部微开一个缝隙，使得蒸汽能较快溢出，使锅体内气压大于外部，减少冷空气进入锅体内，这也是防止杂菌侵入的一个措施。木段的断面周边应刨平，以免套袋时划破塑料袋。直径过小的枝桠2～3个捆在一起，然后套在直径24cm的聚丙烯塑料筒内，筒两头用塑料绳系活扣，松紧适当。

3. 接种 接种前应确保灭菌的椴木温度在35℃以下，并保证接种室的洁净和干燥，如果不是正在使用的接种室，至少应该进行2次室内熏蒸灭菌消毒。用种量大，容易定植和成活，用种量大致以填满空隙和覆盖椴木横截面为准。按椴木用种量80～100瓶/m^3的比例接种。要使菌种均匀地贴附在两椴木之间及上方椴木的横截面，用手压实，为了防止菌种在袋内的移动，在扎袋口时一定要扎紧，不留空隙。最好在袋口处塞一团灭过菌的棉花，以利于袋内的氧气供应。袋内有积水时，应倒掉积水。袋子破损时应更换或用胶布贴补小洞。选择气温20℃左右，天气晴朗的日子接种最合适。菌种的菌龄最好30～35d。

4. 菌丝培养 接种后的短椴木菌袋，菌袋依“品”字形摆放，堆叠3层，棉塞不相互挤压。菌丝生长适宜温度24～30℃，气温低于20℃时，菌丝生长极其缓慢，应立即加温，保持室温22℃左右。菌丝萌发生长后，因为树木的形成层营养丰富，结构疏松，因此菌丝首先在椴木的形成层生长，然后逐渐进入木质部和髓部生长，在此期间菌丝一般有沿着维管束生长的特点。接种后的15d是管理的关键，这阶段的管理主要是通风、降湿、防杂菌。若温度22℃以上，接种后菌丝2～3d萌发。一周内菌丝连接成片。随着菌丝的大量生长，呼吸作用使菌袋内开始产生水珠，此时应加强通风降湿，如果袋内积水过多时，可直接用无菌针刺孔排出，针孔过大时，可以用胶布再贴上。灵芝菌丝定植后，会在椴木表面形成一层红褐色菌皮，对椴木起到保护作用，防止其他杂菌的入侵。

短椴木在室内培养周期60～75d，气温低会稍长些。光照度300 lx对灵芝菌丝生长有利。光线越强，灵芝菌丝生长速度越慢，但要特别注意，菌丝培养不能在全黑暗状态下，否则会造成原基不分化，既使光培养的时间短，也会造成畸形灵芝的大量发生，将来生长出的灵芝菌柄短、菌盖薄。因此菌丝培养过程中一定要经过一定时间的有光培养才能生长出合格的灵芝产品。对于少数接种后污染严重的椴木，可把污染物清除干净后重新灭菌接种。优良菌木的标志是两椴木建菌丝连接紧密，难以分开，表面污染少或基本看不到污染，椴木表面有红褐色菌被。椴木质量轻，劈开椴木，可见木质部已有菌丝长入，呈淡米黄色，手按木头有弹性感。当气温稳定在20℃以上，少数椴木有原基出现时，就可在畦上开沟排椴了。

5. 椴木埋土 埋土前的栽培场地要深耕，选择晴天进行，翻土深20cm，翻土后要暴晒2d，然后作畦，畦宽150～180cm，畦长依场地而定。沟畦要南北走向。开沟前灌1次透水摆椴浇透水后即可将培养好的菌椴的塑料袋除去，交错摆放于畦中，中间5～8cm间隔，边摆边覆3～4cm厚河沙或活黄土，每平方米埋9个椴木，除去人行道平均每平方米埋椴5个椴木左右，在前期，含腐殖质高的土含水量控制在20%～25%，沙性土含水量控制在16%～18%，出芝后期含水量再调低些，两种性质的土含水量分别控制在18%和15%以防止后期霉菌的孳生。土壤条件和埋土深度也要注意，埋土地块最好是轻壤土，其通气透水、保温保湿性能好，埋土深度以覆土2cm为宜，过深，通气差，萌发晚，又使一段菌柄与泥土混在一起，失去食用价值；过浅，不利于保水、保温。

6. 出芝管理　埋土后，如气温持续在25℃以上时，通常7～14d即可出现灵芝子实体。芝蕾露土时顶部呈白色，基部为褐色。在生长初期生长的仅是菌柄部分，为了让菌柄长得长些，这时可以适当控制通风量，使CO_2的浓度高于0.1%，这种条件下生长的灵芝适合进行嫁接造型，作观赏灵芝使用。当菌柄达到一定长度，给予适当的通气量、温度、湿度、光照等条件，菌柄就会分化出菌盖，这些条件中，温度是比较关键的因素，灵芝子实体分化温度在25～35℃，温度25℃时分化生长的灵芝子实体质地紧密，皮壳层色泽油亮，品质最好；温度到28℃时子实体生长速度较快，但品质降低。持续高温（35℃以上）或持续低温（18℃以下）灵芝子实体不能分化。还应该注意的是，灵芝属于恒温结实的真菌，变温不利于子实体分化发育，温度变化较大时容易产生厚薄不均的分化圈，菌盖呈畸形，商品性不好12～14℃可形成肉瘤状原基，柄原基形成的最低温度为15℃，菌盖形成的临界最低温度为22℃，平均温度为18℃时菌盖发育期为25d左右，温度为25℃时则为18d左右。因此，出芝管理重点是水分、通气、光照这三要素的调节。出芝后要经常检查，每椴只留一个粗壮个体，对于菌柄上出现的分枝要及时用刀割去，以提高商品等级。

（1）喷水。根据土质、气温、遮阳棚保湿程度、芝体长势等情况，判断喷水量。在芝蕾露土、菌盖出现前，保持棚内相对湿度在80%～90%，具体情况要根据覆盖土壤的疏松状态而定，一般要求土质疏松、子实体发生个体较多时多喷水。土质较黏时少喷水或不喷水。对于水质的要求不是很高，但一定要保证水质要干净，水温与棚温一致或接近，并选用雾点较细喷头朝空间喷雾，让雾点自由落下。芝体采收后应停喷或少喷水。现在灵芝生产管理中多采用微喷灌或雾化技术，既能保持覆土层水分和空气湿度，又避免了因为喷水不慎使得泥水溅到子实体表面而影响品质。一般来说，使用微喷技术结合遮阳网的效果更好。当水管末端水压达0.2～0.3MPa时，雾滴直径为0.2～0.4mm，喷洒均匀度高，空气湿度可迅速达到90%以上，创造灵芝生长发育的小气候环境。在平时操作中，比人工喷水省工、准确，不仅可增加产量，还可使产品质量提高。水分管理提倡偏干管理，水分是能否出芝和出芝个数的决定因素。水分适宜，出芝个数和每个菌蕾的粗细均匀；偏干时出芝数少，但菌蕾粗壮；偏湿时菌蕾多而细。在栽培过程中通常共喷水2～3次，并根据需要决定每天的喷水次数和喷水多少及喷水时间，一般菌盖长到直径5cm以上后，要减少喷水次数和喷水量，这样可降低子实体的生长速度，增加菌盖致密度，使外观均匀美观，而且可减少杂菌的侵害机会。注意喷水过程要轻，以免泥沙溅在菌柄和菌盖底部，造成菌盖底褐斑和泥沙包入菌管层内。

（2）通气。灵芝为好气真菌，气温正常情况下，应打开通气窗全天通气。灵芝对氧气的需求量较大、子实体发育时期对CO_2浓度特别敏感，一般要求CO_2浓度不能高于0.1%，当CO_2浓度高于0.1%时，只长菌柄，子实体不能分化成菌盖；当CO_2浓度达到或高于0.2%时，已分化成的菌柄的子实体不但不能分化成菌盖，还会被刺激不断分枝，形成鹿角芝；CO_2浓度时高时低，子实体容易畸形、子实体分化阶段，栽培场要适时增大通风量。气温高时注意降温和加大通气量，气温低时可中午开窗通气。

（3）光照。光照要求达到300～1 000 lx，但要避免阳光直射。菌柄和菌盖呈现很强的趋光性、光线强度大小决定着子实体菌柄的长短。在整个栽培期，严禁随意改变棚室的结构和透光位置，以免造成灵芝子实体的光诱导畸形。在子实体发育期间，以前阴后阳为好，开伞前光线不能太强，以利伸长菌柄，积累营养，最好是七阴三阳；开伞后要半阴半阳，促进开伞，色泽好，这种栽培前期要强些，后期适当降低光照度可使菌盖周边分化均匀，盖边缘圆整，朵型美观。使用遮光率为85%左右的黑色遮阳网，效果较好。出芝过程中要避免雨水直接淋在畦上，造成土壤湿度过大影响子实体质量。还要注意防止子实体连联，当两相邻芝体十分接近时，应及时旋转改变椴木位置，防止联体芝出现。对于灵芝工艺栽培，此时是造型的最佳时机。

7. 病虫害防治　椴木灵芝作为高端产品，对病虫害管理要求较严格，不允许有农药残留，要特别注重无公害问题。病虫害的发生一般较少，发生面积一般不大，对生产造成的影响低。在防治上主要以栽培管理措施为主，加强通风透气、控制温度、进行重新覆土、改善局部光照条件，达到消除杂菌的目的，利用在栽培场四周开沟，撒生石灰，防止土白蚁侵入；同时结合人工捕捉，保证灵芝生产不受病虫危害，同时使灵芝产品真正实现无害化。

8. 采收及烘干　随着国家对食品药品及原材料监管的进一步加强，市场对灵芝品质要求也越来越高，这就要求不仅在灵芝栽培过程中要提高品质，在灵芝的采收和干制过程也要提高标准以提高灵芝的商品品质，采取烘干措施使含水量控制在1.15%以下，菌背颜色保持采收时的米黄色或近黄色（以晒干方法，灵芝含水量只能控制在1.25%～1.35%菌背光泽浅色发白或变暗）；具体方法是在采收当天在30～40℃下烘4～5h，最后在55～60℃下烘烤1～2h，达到产品干制要求。

任务二　灵芝代料栽培

【任务描述】

代料灵芝无论是子实体还是孢子粉的营养成分都远不及椴木灵芝，常有不法商贩将代料灵芝冒充椴木灵芝或孢子粉。其生产管理比较方便，生产成本低，原料来源广泛，因此本教材也予以介绍。

【任务实施】

1. 选择栽培季节　室内代料栽培灵芝一般来说，对生产季节的要求并不严格，但是为了多产孢子粉，灵芝菌丝生长发育温度以25℃左右为宜；子实体原基的形成和子实体的生长发育温度为25～28℃，有利于促进子实体成熟和孢子粉的释放。灵芝一般以春栽为主，以5～10月利用自然温度栽培最为适宜；秋栽灵芝产量低，子实体小，孢子粉的释放量少。

2. 原料选择　室内灵芝代料栽培可选择的原料有：木屑、玉米粉、麸皮、玉米芯、豆粕、玉米秆、花生秆、甘蔗渣等。

3. 工艺流程　室内灵芝代料栽培的工艺流程为：备料→拌料→装袋→灭菌→接种→上架培养→出芝管理→采收孢子粉→子实体。

4. 栽培室的选建　室内代料栽培灵芝主要以采集孢子粉为目的，所以栽培室的周围环境卫生条件要求清洁、用水方便、交通方便；栽培室内墙壁光洁，有水泥地面，能较好地保持温、湿度；能通风换气，并有散射光照条件。

接种后立即移至培养室，温度以20℃为宜。室内门窗应关闭，每隔5～6h时通风换气一次，空气湿度控制在60%左右。发菌期间还应定期调换瓶的位置，使之发菌均匀，以利于出菇管理。一般经过25d左右菌丝可长满全瓶。

5. 培养料配方　室内代料栽培灵芝可用各种纤维材料，只要不含有害菌丝生长的物质即可。但不同的原料对灵芝的产量和质量有较大影响，如棉籽壳栽培的灵芝虽有产量高的特点，但品质一般较差，很难达到出口的标准。在实际生产中，既要考虑原料与产品的产量和质量的关系，又要考虑到所用原料必须有充足的来源，根据原料的性质进行合理的配制，使之达到优质高产目的。栎树、苦槠、米槠、桦木、樟树、枫木、枹木等材质致密的木屑，加入玉米粉、玉米秆、玉米芯栽培灵芝产量高，质量好。

下面介绍以木屑为主原料的3条经验配方：

配方一：木屑78%、玉米粉10%、麸皮10%、蔗糖1%、石膏1%。

配方二：木屑60%、玉米芯18%、麸皮20%、碳酸钙1%、石膏1%。

配方三：木屑63%、玉米秆15%、甘蔗糖20%、黄豆粉1%、石膏1%。

6. 拌料装袋　先把玉米芯提前1～2 d预湿，在生产前将木屑拌湿，使其充分吸水软化，然后把麸皮、玉米粉拌入，石膏、蔗糖溶于水后再拌入料中。料、水比例大约为1∶1.5，含水量为65%。在栽培过程中如果培养基含水量偏低，子实体生长后期由于水分供应不足会影响孢子的继续分化，造成孢子减产，所以要特别注意保持培养基的含水量。装袋时要松紧适度，将料面压实，一般选用17 cm×33 cm×0.05 cm规格的聚丙烯或聚乙烯薄膜袋。每袋装干料0.5 kg左右，袋口用绳子扎紧或套上套圈，塞上棉花。

7. 灭菌与接种　将装好的菌袋装进周转筐，排放在常压灭菌灶内，在100℃下维持15～18 h，自然闷灶4～6 h后出灶，进入冷却室，冷却到30℃以下接种。接种在无菌室或接种箱内进行，接种时先挑出菌种瓶内纤维化灵芝菌丝，一瓶栽培种可接栽培袋50袋。

8. 发菌管理　将接种后的栽培袋排放在发菌出芝室的床架上，菌袋的摆放密度一定要空隙适宜，以利于空气流通和菌丝生长，创造适合灵芝菌丝生长的温度、湿度、通风、光照等良好的环境条件。接种后到菌丝走满料面之前，室温控制在22～25℃，温度过高则易被杂菌污染。菌丝封住料面后，将温度提高到25～28℃，以加快菌丝生长，发菌室相对湿度应保持在60%～70%。发菌阶段长时间处于高湿环境中，会导致杂菌的污染和蔓延。培养室的空气应保持新鲜，气温高于22℃时，每天早、晚开门窗通风，每次1～2h；气温低于22℃时，每隔1 d通风2～3h。通风时要防止室温出现剧烈波动，否则会刺激子实体原基过早分化。发菌室要保持低光照环境，过分强烈的光照会降低菌丝生长速度，在发菌阶段要采取避光措施。一般接种后10 d菌丝可走满料面，并向料内深入生长，30～35d子实体原基即可形成。

9. 出芝管理菌丝　发满后，当出现白色突起状原基向袋口隆起1.5～2cm，料面菌丝和袋壁菌丝部分转色并纤维化时，将袋口过长部分塑料剪去，袋口不要全部打开，留直径2cm大小的通气孔开始出芝管理。增加光照度，控制室温在25～28℃。此时菌丝对湿度十分敏感，室内相对湿度要提高到90%～95%，每天用超声波雾化器加湿4～6次，每次30min，确保达到出芝要求的相对湿度。若空气相对湿度过低，原基表面容易纤维化，以后难以长大。

10. 孢子粉和子实体的采收　灵芝是好氧性真菌，只有保持栽培室内的空气新鲜，才能使灵芝子实体正常生长。如果空气中二氧化碳浓度增高到0.1%，子实体生成鹿角状的畸形芝就多，严重影响孢子粉的产量。子实体生长后期将进入孢子释放阶段，要适时套袋，过早过晚均不利。如果在子实体边缘的白色生长圈尚未完全消失时套袋，不仅影响子实体向外生长造成畸形，也会导致菌管僵化、闭塞，使子实体不能释放孢子，造成减产。套袋过晚，又易造成大量孢子粉散失掉。套袋最佳时间应选择子实体的白色边缘完全消失后，一般用纸制袋，成熟 1 个套上 1 个，套到菌袋肩部，用皮筋扎紧，防止孢子粉向外飞散。栽培室应控制最佳温度 24℃，空气相对湿度要保持在 85%左右，加强通风，保持室内空气新鲜，防止二氧化碳浓度增高。从套袋到孢子粉的采收大约需 1 个月。采收时要先取下纸袋，用毛刷将袋肩及纸袋内的孢子粉轻轻刷入器皿内，然后再把子实体用刀割下。一般每袋收 5～6g 孢子粉，高产时可达 10g 以上，子实体的产量 20～40g。

【知识拓展】

（一）灵芝的概述

灵芝（*Ganoderma lucidum*）俗称灵芝草，古代称为瑞草或仙草，在真菌分类中隶属担子菌亚门、多孔菌目（非褶菌目）、多孔菌科、灵芝属。灵芝属约有 100 种，在医药上应用较普遍的有红芝（*G. lucidum*）、紫芝（*G. sinensis*）、松山灵芝（*G. tsugae*）等。人工栽培最多的是红芝和紫芝。

灵芝是我国医药学宝库中的一味珍贵药物。历代医籍中记载灵芝具有益心气、益肺气、安神补肝、坚筋骨、利关节等多种功用。“灵芝，味苦平，主胸中结，益气，通九窍”“青芝，味酸平，主明目，补肝气，安精魂”。近代医学研究报道，灵芝是滋补强壮、扶正固本的珍贵药物，尤其在预防衰老和老年性疾病中占有重要地位。灵芝对慢性支气管炎、冠心病、心绞痛、高山症、慢性肝炎、神经衰弱、心悸头晕等症均有不同程度的疗效，还兼有养生美容、延年益寿的功效。其有效成分为有机锗，尤其是灵芝中的红芝，其伞盖内有机锗是人参含锗量的 3～6 倍。锗能促使血液循环，促进新陈代谢，延缓衰老；高分子多糖体能强化人体的免疫系统，提高人体对疾病的抵抗能力。

灵芝孢子粉是灵芝繁殖后代的“种子”，是灵芝中最最精华的部分。由于灵芝孢子粉细胞壁很厚，里面的营养不容易被人体吸收，所以需要采用现代破壁技术进行粉碎，开成破壁灵芝孢子粉。近年，破壁灵芝孢子粉已经成为一种非常流行的保健食品。

灵芝孢子粉为什么会有那么多的疗效呢？因为灵芝孢子粉含有多种有药理活性的物质。这些物质有的单味成分就有几种药理作用，有的几种成分相聚一起后又能起协同作用，使其药理活性理更为显著。灵芝酸、灵芝多糖、腺苷对机体具有镇静，加速血液循环，扩张冠状动脉等效果，对神经衰弱、冠心病有直接的治疗作用，再加上协同作用，所以灵芝对这些病症的功效更为显者。此外，灵芝孢子粉对机体还具有提高免疫细胞活力，促进骨髓、血淮、肝脏等组织合成 DNA、RNA、蛋白质、胰腺合成胰岛素和提高肝脏组织再生能力，消除体内自由基，调整体液免疫水平，提高体细胞、组织生理活性等功能。

灵芝还具有很高的观赏价值，其颜色鲜艳，形体多姿，造型奇特，常制成盆景，古朴典雅，具有极高的观赏价值。目前可以开发的有根艺灵芝、大型灵芝（直径可达 120cm 以上）、微型灵芝、鹿角灵芝、塔型灵芝（嫁接）等。

（二）生物学特性

灵芝为中、高温型菌类，属于木腐生真菌，菌解类型为白腐。主要以腐解木材中的木质素作为生长发育的营养物质基础。

1. 形态特征及生活史

（1）菌丝体。灵芝菌丝体为白色，纤细、整齐，呈匍匐状生长，略有爬壁但不明显。生长速度快，10d左右可长满斜面，菌落表面逐渐形成韧性石膏状菌膜，分泌色素。菌丝稍老化时，接种块附近呈淡黄色或浅黄褐色。显微镜下可以看到菌丝具有锁状联合现象。

（2）子实体。灵芝子实体为木栓质、肾形的伞状体，不同品种色泽差异较大，有红色、紫色、黑色等色泽。以红芝为例，其子实体形态特征如下。

①菌盖。木栓质，肾形，红褐色，表面有光泽，且具有环状棱纹和辐射状皱纹，菌盖大小通常4～20cm，厚约2cm。菌盖下有很多管孔，管口圆形，呈淡褐色。管内壁为子实层，孢子着生于菌管内壁子实层上。孢子印呈褐色或棕红色。

②菌柄。呈不规则的圆柱形，有弯曲状，菌柄侧生，呈紫红色。菌柄的粗细与长短随环境条件而变化。营养不足，菌柄细长，反之则粗壮。通气良好，菌柄则较短。

2. 生活条件

（1）营养条件。灵芝是一种木腐菌，其主要营养物质是碳素、氮素、无机盐及维生素。灵芝在含有纤维素、半纤维素、木质素等基质上均可生长。它同时也需钾、镁、钙、磷等矿质元素。野生灵芝一般生长在阔叶树的倒木、枯木的树桩上。灵芝依靠菌丝分泌的多种糖酶（如纤维素酶、半纤维素酶等）分解木材中的纤维素、半纤维素等大分子含碳物质，再通过氧化酶降解，最后变成可吸收的单糖。同样，氮素营养也可以利用各种蛋白质水解酶的活动，通过分解木材中相应的物质而获得。矿物质营养通过吸收木材中各种可溶性的无机盐来获得。

（2）温度。灵芝属高温型真菌，菌丝体对温度的适应范围较宽，子实体阶段对温度适应范围相对较窄。菌丝生长的适应范围18～30℃，其中以25～28℃为最适。

（3）水分和湿度。灵芝喜湿，其生长发育需要充足的水分和较大的空气相对湿度。人工栽培时，培养基质的含水量控制在60%～65%。水分过少时，菌丝生长细弱而且难以形成子实体；水分过多时，菌丝生长受到抑制。子实体生长期间要求较大的空气相对湿度，一般为85%～95%。

（4）空气。灵芝为好氧真菌。菌丝生长阶段需要少量的氧气，子实体培养阶段则需要大量的氧气，应特别注意加强通风换气。缺氧时往往会造成子实体畸形，如脑状或鹿角状分支。

（5）光线。灵芝是喜光性真菌。在菌丝生长阶段不需要光，但子实体生长发育过程则需要较强的散射光（700～800 lx），否则会影响灵芝的色泽。此外灵芝还具有趋光性，因此在出菇过程中，不宜经常移动栽培瓶或袋，以免造成菌盖畸形。

（6）酸碱度。灵芝属木腐生菌类。和其他木腐生菌类一样，喜欢在偏酸性的环境中生长，pH以5.5～6.5为适宜。

（三）灵芝栽培过程中病虫害防治

灵芝在栽培过程中会发生杂菌和害虫危害，影响灵芝的产量，严重时会导致栽培失败。因此，在生产过程中要努力把杂菌和害虫的为害减少到最低程度，采用科学的栽培与管理技术，减少药物防治，真正做到以预防为主、药物防治为辅。

1. 病害防治　为害灵芝的杂菌种类有很多，从制种到栽培都有杂菌危害。要注意周围环境，搞好卫生，杜绝杂菌侵染的机会。在栽培过程中如果发生绿霉、曲霉等杂菌污染，应及时通风，降低栽培场地的温度，控制在25℃以下。同时用石灰水涂擦患处，可抑制绿霉菌的生长。适当降低空气相对湿度，有利于抑制霉菌生长。生产菌种时培养必须彻底消毒灭菌，接种时要严格按照无菌操作规程进行，发现污染及时处理。

2. 虫害防治 灵芝的虫害主要有菌蚊、菌蝇、造桥虫、蟋蟀等，危害其菌丝或子实体，直接造成减产，降低商品价值。同时伤口极易感染杂菌，造成并发病害，导致更大损失。防治措施：搞好栽培场地周围的环境卫生，减少虫源；栽培场地要严格消毒，防止菌蚊、菌蝇的繁殖；可用灯光诱杀成虫；发生虫害时要停止喷水，使培养料干躁，使幼虫停止生长，直至干死幼虫。

1. 灵芝有哪些特殊的生理特性?
2. 灵芝椴木栽培的技术要点?
3. 灵芝栽培过程中，主要有哪些虫害?

项目十二　食用菌贮藏与加工技术

【知识目标】了解食用菌保鲜与加工的基本原理及其质量标准，掌握食用菌干制技术，熟悉食用菌保鲜、盐渍、罐藏的一般方法。

【技能目标】能够选择食用菌的贮藏加工方法；学会食用菌保鲜、盐渍及罐藏方法。

任务一　食用菌的保鲜技术

【任务描述】

食用菌的保鲜加工是食用菌产业化大生产这个链条中的一个重要组织环节，既是生产、流通、消费中不可缺的环节，又是为食用菌产业化提供扩大再生产和增加效益的基础。由于食用菌采收后，仍进行呼吸作用和酶生化反应，导致褐变、菌柄伸长、枯萎、软化、变色、发黏、自溶甚至腐烂变质等，严重影响食用菌的外观、品质和风味，失去食用价值和商品价值，造成经济损失，严重地制约食用菌生产。为了减少损失，调节、丰富食用菌的市场供应，满足国内外市场的需要，提高食用菌产业的效益，大规模进行食用菌生产必须对产品进行保鲜、贮藏与加工。常用的保鲜方法有低温保鲜、低温速冻保鲜、气调保鲜、化学药剂保鲜、辐射保鲜、负离子保鲜等。

【任务实施】

（一）低温保鲜

食用菌种类不同，低温贮存温度也不相同，双孢蘑菇、香菇等大多数食用菌低温贮存温度为0～5℃；草菇为高温型食用菌，其贮存温度为10～15℃。

1. 低温保鲜的流程

（1）鲜菇分级与精选。根据客户的要求，通常按菌盖直径大小用白铁制成的分级筛进行筛分，或人工目测进行分选。剔除杂质和碎菇、烂菇、死菇。

（2）降湿。可用脱水机排湿，也可自然晾晒排湿，使菇体含水量降至70%～80%。

（3）预冷。即在进冷库之前，让菇体热量散尽，使其接近贮藏温度。预冷要根据各种鲜菇对贮藏温度的要求，逐步降温冷却，直至贮藏目的温度。

（4）入库贮藏。排湿后的食用菌及时送入冷库保鲜，冷库温度在1～4℃，使菇体组织处于停止活动状态，空气相对湿度为70%～80%，定期通风换气。

2. 保鲜实例　香菇低温保鲜技术。

（1）原料分级与精选。鲜菇要求菇形圆整，菇肉肥厚，卷边整齐，色泽深褐，菌盖直径在3.5cm以上，菇体含水量低，无黏附杂物，无病虫感染。出口香菇通常采用三级制：大菇（L级）菇盖直径在55mm以上，中菇（M级）菇盖直径在45～55mm；小菇（S级）菇盖直径在38～45mm。

分级采用人工挑选或用分级圈进行机械分级，也可两者结合进行分级。在进行原料分级的同时，应剔除破损、脱柄、变色、有斑点、畸形及不合格的次劣菇，选好后应及时入库冷藏。有条件的地区可在冷库中进行分级和拣选，以确保鲜菇的质量。

（2）降湿处理。刚采收或采购的鲜香菇，其含水量一般在85%～95%，不符合低温贮运保鲜的要求。因此，需要进行降湿处理，鲜菇因包装形式、冷藏时间的不同而有所差异。一般用作小包装的含水量掌握在80%～90%；用作大包装的含水量掌握在70%～80%；空运较为迅速，含水量可控制在85%以下；海运含水时大多控制在65%～70%。采用脱水机排湿，也可以采用晾晒排湿。机械排湿时，要注意控制温度和排风量。

（3）预冷、冷藏。将降湿后的鲜菇倒入塑料周转筐内，入库后按一定方式堆放，避免散堆。堆放时，货垛应距离墙壁30cm以上，垛与垛之间、垛内各容器之间都应留有适当的空隙，以利库内空气流通、降温和保持库内温度分布均匀。垛顶与天棚或与冷风出口之间应留有80cm的空间层，以防因离冷风口太近，引起鲜菇冻害。

（4）入库贮藏。排湿后的鲜菇要及时送入冷藏库保鲜，冷藏库温度在1～4℃，贮温越低，保鲜期越长。但不应降至0℃以下，以防引起冻害或不可逆的生理伤害。出入冷藏库时，要及时关闭库门，并尽量避免货物出入的次数过多。冷藏库空气相对湿度为75%～85%，如湿度过高，也可采用除湿器进行除湿。要注意通风换气，通常选在一天气温较低的时间进行，同时要结合开动制冷机械，以减缓库内温、湿度的变化。

鲜菇起运前8～10h，才可进行菇柄修剪工序。如提前进行剪柄，容易变黑，影响质量。因此，在起运之前必须集中人力突击剪柄，菇柄的长度一般为2～3cm，剪柄后纯菇率为85%左右，然后继续入库，待装起运。

（二）速冻保鲜

低温速冻保鲜是指在低温（－40～－30℃）下，将保鲜物快速由常温降至－30℃以下贮存。这种技术能较好地保持食品原有的新鲜程度、色泽和营养成分，保鲜效果良好。

1. 食用菌速冻工艺 速冻保鲜的工艺流程为：原料的准备和处理→护色、漂洗→分级→热烫、冷却→精选修整→排盘、冻结→挂冰衣→包装和冷藏。

2. 保鲜实例 双孢蘑菇的速冻保鲜方法。

（1）原料的准备和处理。选用菌盖完整、色泽正常、无严重机械损伤、无病虫害、菌柄切削平整、不带泥根的上等菇作为加工原料。

（2）护色、漂洗。先用0.03%焦亚硫酸钠液漂洗防褐变，捞出后稍沥干，再移入0.06%焦亚硫酸钠液浸泡2～3min进行护色，随即捞出，用清水漂洗30min，要求二氧化硫残留量不超过0.002%。

（3）分级。根据菌盖大小分级，小菇（S级）15～25mm，中菇（M级）26～35mm，大菇（L级）36～45mm。由于热烫后菇体会缩小，原料选用径级可比以上标准大5mm左右。

（4）热烫（杀青）、冷却。将双孢蘑菇按大小分别投入煮沸的0.3%柠檬酸液中，大、中、小三级菇的热烫时间分别为2.5min、2min和1.5min，以菇心熟透为度。热烫液火力要猛，pH控制在3.5～4.0。热烫时不得使用铁、铜等工具及含铁量高的水，以免菇体变色。热烫后的菇体迅速盛于竹篓中，于3～5℃流水中冷却15～20min，使菇体温度降至10℃以下。

（5）精选修剪。将菌柄过长、有斑点、有严重机械损伤、有泥根等不符合质量标准的菇拣出，经修整、冲洗后使用，将特大菇、缺陷菇切片作生产速冻菇片的原料加以利用，脱柄菇、脱盖菇、开伞菇应予以剔除。

（6）排盘、冻结。先将菇体表面附着水分沥干，单个散放薄铺于速冻盘中，用沸水消毒过的毛巾擦干盘底积水，在3～4℃预冷20min，在−40～−37℃进行冻结30～40min，冻品中心温度可达到−18℃。

（7）挂冰衣。将互相粘连的冻结双孢蘑菇轻轻敲击分开，使之成单个，立即放入小竹篓中,每篓约2kg，置2～5℃清水中，浸2～3s，立即取出竹篓，倒出双孢蘑菇，使菇体表面迅速形成一层透明的、可防止双孢蘑菇干缩与变色的薄冰衣。水量以增重8%～10%为宜。

（8）包装。采用边挂冰衣、边装袋、边封口的办法，将冻结双孢蘑菇装入无毒塑料包装袋中，并随即装入双瓦楞纸箱，箱内衬有一层防潮纸。

（9）冷藏。冻品需较长时间保藏时，应藏于冷库内，冷库温度应稳定在−18℃，库温波动不超过±1℃，空气相对湿度95%～100%，波动不超过5%，应避免与气味或腥味等挥发性强的冻品一同贮存，贮藏期为12～18个月。

其他食用菌如草菇、平菇等，也可根据各自的商品规格和相关要求，参照上述方法进行速冻贮藏。

（三）气调保鲜

气调保鲜就是通过人工控制环境中气体成分以及温度、湿度等因素，达到安全保鲜的目的。一般是降低空气中氧气的浓度，提高二氧化碳的浓度，再以低温贮藏来控制菌体的生命活动。食用菌气调保鲜多采用塑料袋装保鲜法，用这样的方法保藏平菇，每袋放0.5kg，在室温下，可保鲜7d；金针菇在2～3℃下，可延长保鲜时间6～8d；草菇采用纸塑袋包装，并在袋上加钻四个微孔，置18～20℃可保存3～4d；香菇放入0～4℃可保鲜15～20d。

气调贮藏是现代较为先进、有效的保藏技术。通常将气调分为自发气调、充气气调和抽真空保鲜。

1. 气调保鲜方法

（1）自发气调。一般选用0.08～0.16mm厚的塑料袋，每袋装鲜菇1～2kg，装好后即封闭。由于薄膜袋内的鲜菇自身的呼吸作用，使氧气浓度下降，二氧化碳浓度上升，可达到很好的保鲜效果。此种方法简单易行，但降氧速度慢，有时效果欠佳。

（2）充气气调。将菇体封闭入容器后，利用机械设备人为地控制贮藏环境中的气体组成，使得食用菌产品贮藏期延长，贮藏质量进一步提高。人工降低氧气浓度有多种方法，如充二氧化碳或充氮气法。充气气调贮藏保鲜法效率高，但所需设备投资大，成本也高。

（3）抽真空保鲜。采用抽真空热合机，将鲜菇包装袋内的空气抽出，造成一定的真空度，以抑制微生物的生长和繁殖。常用于金针菇鲜菇小包装，具体方法是将新采收的金针菇经整理后，称重105g或205g，装入20μm厚的低密度聚乙烯薄膜袋，抽真空封口，将包装袋竖立放入专用筐或纸箱内，1～3℃低温冷藏，可保鲜13d左右。

2. 保鲜实例 双孢蘑菇气调保鲜方法。

气调保鲜的工艺流程为采摘→分选→预冷处理→气调贮藏。

(1) 采摘。一般在子实体七八分熟为好，采收时对采收用具、包装容器进行清洁消毒，并注意减少机械损伤。

(2) 分选。采后应进行拣选，去除杂质及表面损伤的产品；清洗后剪成平脚，如有菇色发黄或变褐，放入0.5%的柠檬酸溶液中漂洗10min，捞出后沥干。

(3) 预冷处理。将双孢蘑菇迅速预冷，预冷温度控制在0～4℃。预冷可采用真空预冷或冷库预冷，真空预冷时间30min左右，冷库预冷时间15h左右。

在冷库预冷同时用臭氧进行消毒，或采用装袋充臭氧消毒，臭氧浓度及时间应根据空间及产品数量计算确定。

(4) 气调贮藏。

①自发气调。将双孢蘑菇装在0.04～0.06mm厚的聚乙烯袋中，通过菇体自身呼吸造成袋内的低氧和高二氧化碳环境。包装袋不宜过大，一般以可盛装容量1～2kg为宜，在0℃下5d品质保持不变。

②充二氧化碳。将双孢蘑菇装在0.04～0.06mm厚的聚乙烯袋中，充入氮气和二氧化碳，并使其分别保持在2%～4%和5%～10%，在0℃下可抑制开伞和褐变。

③真空包装。将双孢蘑菇装在0.06～0.08mm厚的聚乙烯袋中，抽真空，降低氧气含量，0℃条件下可保鲜7d。

(四) 化学保鲜

采用符合食品卫生标准的化学药剂处理鲜菇，通过抑制鲜菇体内的酶活性和生理生化过程、改变菇体酸碱度、抑制或杀死微生物、隔绝空气等，以达到保鲜的目的。但使用化学品要慎之又慎。常用的化学保鲜方法如下：

1. 米汤膜保鲜 熬取稀米汤，同时加入5%小苏打（碳酸氢钠）或1%纯碱，溶解搅拌均匀后冷却至室温。将采下的鲜菇浸入米汤碱液中。5min后捞出，置于阴凉干燥处。菇体表面即形成一层薄膜，既隔绝空气，减少水分蒸发，又抑制了酶的活性。可保鲜3d。

2. 焦亚硫酸钠处理 先用0.01%焦亚硫酸钠水溶液漂洗菇体3～5min，再用0.1%～0.5%焦亚硫酸钠水溶液浸泡30min，捞出后沥去焦亚硫酸钠溶液，装袋贮存在阴凉处，在10～25℃下可保鲜8～10d，食用时，要用清水漂洗。焦亚硫酸钠不但具有保鲜作用，而且对鲜菇有护色作用，使鲜菇在运输贮藏过程中，保持原有色泽不变。

3. 盐水浸泡 将整理后的鲜菇在0.5%～0.8%食盐溶液中浸泡10～20min，因品种、质地、大小等确定具体时间，捞出后装入塑料袋密封，在15℃下，可保鲜3～5d。其护色和保鲜的效果非常明显。

4. 保鲜液浸泡 将0.02%～0.05%浓度的抗坏血酸和0.01%～0.02%的柠檬酸配成保鲜液。把鲜菇体浸泡在此液中，10～20min后捞出沥干水分，装入非铁质容器内，可保鲜3～5d。用此方法，菇体色泽如新，整菇率高。

5. 比久保鲜 根据鲜菇品种、质地及大小，配制0.003%～0.1%比久溶液，将鲜菇浸泡10～15min后，取出沥干，装袋密封，在室温下保鲜8d，能有效防止变褐，延长保鲜期。适用于双孢蘑菇、香菇、平菇、金针菇等菌类保鲜。

（五）负离子保鲜

将刚采下的菇体不经洗涤，在室温下封入0.06mm厚的聚乙烯薄膜袋中。在15～18℃下存放，每天用1×10^5个/cm^3浓度的负离子处理1～2次，每次20～30min。经过处理的鲜菇可延长保鲜期和保鲜效果。

负离子对菇类有良好的保鲜作用。能抑制菇体的生化代谢过程，还能净化空气。负离子保鲜食用菌，成本低，操作简便，也不会残留有害物质。其中产生的臭氧，遇到抗体便分解，不会集聚。因此，负离子贮藏是食用菌保鲜中的一种有发展前景的方法。

（六）辐射保鲜

辐射保鲜食用菌是一种成本低、处理规模大、见效显著的保鲜方法。用^{60}Co等放射源产生的γ射线照射后，可以抑制菇体酶活性，降低代谢强度，杀死有害微生物，达到保鲜效果。辐射贮藏是食用菌贮藏的新技术，与其他保藏方法相比有许多优越性。如无化学残留物，能较好地保持菇体原有的新鲜状态，而且有节约能源、加工效率高、可以连续作业、易于自动化生产等优点。但这种保鲜方法对环境设备的要求十分高，使用放射源要向有关单位申请，一般只有科研机构和规模化企业使用。

任务二 食用菌加工技术

【任务描述】

食用菌加工是利用物理、化学或生物方法处理食用菌子实体或菌丝体，生产食用菌制品。它可以解决食用菌从生产到商品出售所存在的时间矛盾，提高食用菌的商品价值，延长保存时间，达到中长期保存的目的，并且还可以改善其风味和适口性，保持食用菌原有的营养药用价值，保证食用菌产品的周年供应。

食用菌主要的加工方法是干制加工（晒干、烘干、冻干、膨化干燥等）、腌渍加工（盐渍、糟制、酱渍、糖醋、醋渍、酒渍等）、制罐加工、精细加工（蜜饯、糕点、米、面、糖果、休闲食品等）、深度加工（饮料、浸膏、冲剂、调味品、美容化妆品等）和保健药品加工（保健酒、胶囊、口服液、多糖提取制品等）。

【任务实施】

（一）干制加工

食用菌的干制也称烘干、干燥、脱水等，它是在自然条件或人工控制条件下，促使新鲜食用菌子实体中水分蒸发的工艺过程，是一种被广泛采用的加工保存方法。适宜于脱水干燥的食用菌如香菇、草菇、黑木耳、银耳、猴头和竹荪等，干燥后不影响品质，香菇干制后风味反而超过鲜菇。但是有些菇如平菇、猴头菇、滑菇一般以鲜吃为好；金针菇、平菇等干制后，其风味、适口性变差。黑木耳和银耳主要以干制为主。经过干制的食用菌称为干品。干制品耐贮藏，不易腐败变质，可长期保藏。干制对设备要求不高，技术不复杂，易掌握。食用菌干制方法有晒干法、烘干法和热风干燥法等。

1. 晒干法 晒干是指利用太阳光的热能，使新鲜食用菌脱水干燥的方法。适用于竹荪、银耳、黑木耳等品种。该法的优点是不需设备、节省能源、简单易行。缺点是干燥时间长、风味较差、常受天气变化的制约、干燥度不足、易返潮。对于厚度较大、含水高的肉质菌类不太适合，很难晒至含水量13%以下。适于小规模培育场的生产加工。通常与烘烤法结合使用，先晒后烘，确保干燥度。

采用晒干法时，应选择阳光照射时间长，通风良好的地方，将鲜菇（耳）薄薄地摊在苇席或竹帘上，厚薄整理均匀、不重叠。如果是伞状菇，要将菌盖向上，菇柄向下。晒到半干时，进行翻动。翻动时伞状菇要将菌柄向上，这样有利于子实体均匀干燥。在晴朗天气，3～5d便可晒干。晒干后装入塑料袋中，迅速密封后即可贮藏。晒干所用时间越短，干制品质量越好。

黑木耳晒干法：选择耳片充分展开，耳根收缩，颜色变浅的黑木耳及时采摘。剔去渣质、杂物，按大小分级。选晴天，在通风透光良好的场地搭晒架，并铺上竹帘或晒席。将黑木耳薄薄地均匀撒摊在晒席上，在烈日下暴晒1～2d，用手轻轻翻动，干硬发脆，有"哗哗"响声为干。但需注意，在未干之前，不宜多翻动，以免形成拳耳；将晒干的耳片分级，及时装入无毒塑料袋，密封保藏于通风、干燥处。

2. 烘烤法 将鲜菇放在烘箱、烘笼或烤房中，用电、煤、柴作为热源，对易腐烂的鲜菇进行烘烤脱水的方法。

此法的特点是干燥速度快，可保存较多的干物质，相对地增加产品产量，同时在色、香、外形上均比晒干法提高2～3个等级。适于大规模生产和加工出口产品，烘干后产品的含水量在10%～13%，较耐久贮藏。

（1）烘箱干制法。烘箱操作时，将鲜菇摊放在烘筛上，伞形菇要菌盖向上，菌柄向下，非伞形菇要摊平。将摊好鲜菇的烘筛，放入烘箱搁牢，再在烘箱底部放进热源。烘烤温度不能太高，控制在40～50℃为宜。若先把鲜菇晒至半干，再进行烘烤，既可缩短烘烤时间，节省能源，又能提高烘烤质量。

（2）烘房干制法。烘房干制法是指利用专门砌建的烘房进行食用菌脱水干燥的方法。一般菇进菇房前，应先将烤房温度预热到40～50℃，进入菇房后要下降到30～35℃。晴天采收的菇较干，起始温度可适当高一些。随着菇的干燥程度不断提高，缓慢加温，最后加到60℃左右，一般不超过70℃。整个烘烤过程因食用菌种类的不同和采收时的干湿程度不同而异，一般需要烘烤6～14h。在烘烤过程中必须注意通风换气，及时把水蒸气外逸出去。

烘烤时应正确的操作正确的操作技术，否则会造成损失。以香菇为例，为使菇型圆整、菌盖卷边厚实、菇背色泽鲜黄、香味浓郁，必须把握好以下环节：

①香菇送入烘房前，事先要按菇体大小、干湿程度的不同，分别摊放在烘筛上。摊放香菇时，要使菌盖向上，铺放均匀，互不重叠。②烘筛上架时将鲜菇按大小、厚薄、朵形等整理分级：小菇放在下层，大菇放在上层；含水量低的放在下层，含水量高的放在上层。③烘烤的温度，一般以30℃为起始点，每小时升高1～2℃，上升至60℃时，再下降到55℃。烘烤时，应及时将蒸发的水汽排出。④至四五成干时，应逐朵翻转。⑤香菇体积缩小后，应将上层菇并入下层筛中，再将鲜菇放入上层空筛中烘烤。⑥香菇干燥所需的时间，小型菇为4～5h、中型菇为5～10h、大型菇为10～12h。随着菇体内水分的蒸发，如烘房内通风不畅会造成湿度升高，会导致色泽灰褐，品质下降。要注意排湿、通风。

用手指甲掐压菇盖，感觉坚硬，稍有指甲痕迹；翻动时，发出"哗哗"响声；香味浓，色泽好，菌褶清晰不断裂。表明香菇已干，可出房、冷却、包装。

3. 热风干燥法 采用热风干燥机产生的干燥热气流过物体表面，干湿交换充分而迅速，高湿的气体及时排走。具有脱水速度快，脱水效率高，节省燃料，操作容易，干度均匀，菇体不变色、变质，适宜大量加工的优点。

热风干燥机用柴油作燃料，设有1个燃烧室和1个排烟管，将燃烧室点燃，打开风扇，验证箱内没有漏烟后，即可将食用菌烘筛放入箱内进行干燥脱水。干燥温度应掌握先低、后高、再低的曲线，可以通过调节风口大小来控制，干燥全过程需8～10h。

以上几种干制技术都是间接干燥，即都是以空气为干热介质，热力不直接作用于加工制品上，造成很大的能源浪费。近年来，现代化的干燥设备和相应的干燥技术有了很大的发展，例如远红外技术、微波干燥、真空冷冻升华干燥、太阳能的利用、减压干燥等，这些新技术应用到食用菌的干燥上，具有干燥快、制品质量好等特点，是今后干制技术的发展方向。

（二）腌制加工

腌制加工法是利用高浓度食盐所产生的高渗透压，使得食用菌体内外所携带的微生物脱水处于生理干燥状态，原生质收缩，微生物无法生长繁殖，从而使菇类免受其害从而能长期贮藏。

1. 食用菌腌制方法 不同的腌制方法和不同的腌制液，可腌制出不同的产品、不同的口味。

（1）盐水腌制。利用盐水的高渗透来抑制微生物活动，避免在保藏期中因微生物活动而腐败。如盐水双孢蘑菇、盐水平菇、盐水金针菇和盐水香菇等。

（2）糟汁腌制。先配制糟汁，一般配方（以1 000g菇计）为：酒糟2g、蔗糖80g、糖250g、食盐180g、味精16g、辣椒粉8g、35%酒精220mL、山梨酸钾2.8g，将上述各料混合均匀后备用。

将冷却后的菇体放入陶瓷容器中，撒一层糟汁腌制剂放一层菇体，依次重复地一层糟汁、一层菇地摆放下去，直到放完为止。糟汁腌制好后，每天翻动1次，7d后腌制结束。糟制最好在低温下进行，因为高温下糟制微生物活动频繁，糟制品易腐败变质。

（3）酱汁腌制。先配酱汁，腌制1 000g菇的酱汁配方为：豆酱2 000g、食醋40mL、柠檬酸0.2g、蔗糖400g、味精8g、辣椒粉4g、山梨酸钾3g，将上述各料充分混合备用。腌制时，操作方法与糟汁腌制法相同，也要在陶瓷容器中腌制，一层酱汁一层菇摆放。

（4）醋汁腌制。腌制100g食用菌的醋汁配方为：醋精3mL、月桂叶0.2g、胡椒1g、石竹1g。将调料一并放入沸水中搅混，同时放入菇体，煮沸4min，然后取出菇体，装进陶瓷或搪瓷容器中，再注入煮沸过的、浓度为15%～18%的盐液，最后密封保存。

2. 食用菌腌制的工艺流程 为选料→护色→漂洗→预煮（杀青）→冷却→盐渍→分级包装。下面以盐水腌制为例说明操作要点：

（1）原料菇的选择与处理。选择菇形圆正，肉质厚，含水分少，组织紧密，菇色纯正，无泥根，无病虫害，无空心的菇。如双孢蘑菇要切除菇柄基部；平菇应把成丛的逐个分开，淘汰畸形菇，并将柄基部老化部分剪去；滑菇则要剪去硬根，保留嫩柄1～3cm长。要求当天采收，当天加工，不能过夜。

（2）护色、漂洗。及时用0.5%～0.6%盐水洗去菇体的杂质，接着用0.005mol/L柠檬酸溶液（pH4.5）漂洗，防止菇体氧化变色。若用焦亚硫酸钠溶液漂洗，先用0.02%焦亚硫酸钠溶液漂洗干净，再用0.05%焦亚硫酸钠溶液浸泡10min，后用清水漂洗3～4次，使焦亚硫酸钠的残留量不得超过0.002%。

（3）预煮（杀青）。使用不锈钢锅或铝锅，加入5%～10%的盐水，烧至盐水沸腾后放经漂洗后的菇体，水与菇比例为10∶4，不宜过多，火力要猛，水温保持在98℃以上，并经常用木棍搅动、捞去泡沫。煮制时间依菇的种类和个体大小而定，掌握菇柄中心无夹生，就要立即捞出。杀青应掌握以菇体投入冷水中下沉为度，如漂起则煮的时间不足，一般双孢蘑菇需10～12min，平菇需6～8min。锅内盐水可连续使用5～6次，但用2～3次后，每次应适量补充食盐。

（4）冷却。煮制的菇体要及时在清水中冷却，以终止热处理，若冷却不透，容易变色、变质。一般用自来水冲淋或分缸轮流冷却。

（5）盐渍。容器要洗刷干净、消毒后用开水冲洗。冷却后的菇体沥去清水，按每100kg加25～30kg食盐的比例逐层盐渍。缸内注入煮沸后冷却的饱和盐水。表面加盖帘，并压上卵石，使菇浸没在盐水内。

（6）翻缸（倒缸）。盐渍后3d内必须翻缸1次，以后5～7d翻缸1次。经常用波美比重计测盐水浓度，使其保持在23波美度左右，低了就应倒缸。缸口要用纱布和缸盖盖好。

（7）装桶。将浸渍好的菇体捞起，沥去盐水，5min后称重，装入专用塑料桶内，每桶按定量装入。然后注满新配制的20%盐水，用0.2%柠檬酸溶液调节pH在3.5以下，最后加盖封存。此法可以保存1年左右。

食用时用清水脱盐，或在0.05mol/L柠檬酸液（pH4.5）中煮沸8min。

（三）制罐加工

制罐加工也称罐藏食用菌罐藏就是将新鲜的食用菌经过一定的预处理，装入特制的容器中，经过排气、密封和杀菌等工艺，使其能在较长时间内保藏的加工方法。用这种方法保藏的产品称食用菌罐头。

1. 食用菌罐藏的工艺流程 原料菇的选择与处理→护色与漂洗→预煮与冷却→修整与分级→装罐→排气→封罐→灭菌→冷却→打印包装。

2. 食用菌罐藏技术要点

（1）原料菇的选择与处理。选择新鲜、无病虫害、色泽正常、无畸形、菇体完整、无破损的菇。用不锈钢刀将菌柄切削平整，柄长不超过0.8cm。

（2）护色与漂洗。选好的食用菌倒入0.03%硫代硫酸钠溶液中，洗去泥沙、去质，捞出后再倒入加有适量维生素C、维生素E的0.1%硫代硫酸钠溶液中。用流水漂洗干净，防止装罐后变质。

（3）预煮与冷却。先把水或2%食盐水烧开，将食用菌倒入沸水中预煮至熟而不烂，作用时间应视食用菌的品种和菇体大小而定，一般8～10min，不断撇除上浮的泡沫。预煮后的原料菇立即放在冷水中冷却，时间以30～40min为宜。冷却时间不能过长，否则影响营养和风味。

（4）修整与分级。冷却后的原料菇要沥干水分，适当修整，并按大小分级。

（5）装罐。可根据生产工艺和市场需求选用适合的容器，一般选铁皮罐或玻璃瓶。按菇体的等级装罐，每罐不可装得太满，要距盖留8～10mm的空隙，通常500g的空罐应加入食用菌240～250g，注入汤汁180～185g。汤汁配方为清水97.5kg、精盐2.5kg、柠檬酸50g，加热90℃以上，用纱布过滤。注入汤汁时，温度不低于70℃。

（6）排气。有两种方法：一种是原料菇装罐后不封盖，将罐头置86～90℃，8～15min，排出罐内空气后封盖；另一种是在真空室内抽气后，再封盖。

（7）封罐。排气后用封罐机封罐。

（8）灭菌。封罐后应尽快杀菌，高温短时间内杀菌，有利于保持产品的质量。食用菌罐头通常采用高压蒸汽灭菌。不同食用菌和不同的罐号，灭菌的温度不同。如双孢蘑菇罐头灭菌温度为113～121℃，时间15～60min；而草菇罐头灭菌温度为130℃。

（9）冷却。灭过菌的罐头要立即放入冷水中冷却到35～40℃，以防色泽、风味和组织结构遭受破坏。玻璃罐头瓶冷却时，水温应逐渐降低，以免罐头破裂。

（10）打印包装。经检查合格的罐头，要在盖上打印标记，包装贮藏。

（四）食用菌深加工

食用菌深加工是指利用食用菌的菌丝体或子实体作为主要原料，生产食品、饮料、医药、调味品等食用菌产品的加工工艺。食用菌精深加工的原料可以是食用菌子实体、液体或固体培养的菌丝体，也可以是子实体下脚料，如双孢蘑菇、香菇、平菇、黑木耳、银耳、猴头、茯苓、灵芝、灰树花、蛹虫草等许多食用菌，都可加工开发。将干净的子实体或粉末或提取液，按成品要求加入到米、面中，制成时令点心和滋补食品。以传统工艺制成各种糕饼、面粥，如香菇面包、八宝粥、双孢蘑菇挂面等；食用菌饮料主要有食用菌酒、食用菌汽水、食用菌可乐、食用菌冲剂、食用菌茶等，食用菌调味品主要有食用菌酱油、食用菌醋、麻辣酱、调味汁、方便汤料等。保健药品主要有灰树花多糖胶囊、多糖口服液、灵芝破壁孢子粉胶囊、灵芝切片保健茶、蛹虫草胶囊、灵芝虫草酒、天麻茶等。食用菌精深加工食品的研制成功，不仅为人们生活增添了新的美食及保健佳品，而且通过加工增值，可促进食用菌产业的发展，形成食用菌生产、产品加工、内销外贸一体化的产业化格局，为今后食用菌的生产开发提供一条高效发展模式，使食用菌产业进入一个高层次发展水平，产生更大的效益。

【任务探究】

（一）影响食用菌鲜度的因素

1. 温度　鲜菇的保鲜性能与其生理代谢活动关系密切。在一定的范围内，温度越高，鲜菇的生理代谢活动越强，物质消耗越多，保鲜效果越差。据试验，在一定温度范围内（5～35℃），温度每升高10℃，呼吸强度增大1.0～1.5倍。所以，温度是影响食用菌保鲜的一个重要因素。

2. 水分与湿度　菇体水分直接影响鲜品的保鲜期。采摘食用菌鲜品前3d最好不要喷水，以降低菇体水分，延长保鲜期。另外，不同菇类在贮藏过程中，对空气相对湿度要求不一样。一般以95%～100%为宜，低于90%，常会导致菇体收缩而变色、变形和变质。

3. 气体成分　在贮存鲜菇产品时，氧气浓度降至5%左右，可明显降低呼吸作用，抑制开伞。但是氧气的浓度也不是越低越好，如果太低，会促进菇体内的无氧呼吸，基质消耗增多，不利于保鲜。几乎大多数菇类，在保鲜贮藏期内，空气中的二氧化碳含量越高，保鲜效果越好。但二氧化碳浓度过高，对菇体有损害。一般空气中二氧化碳浓度以1%～5%比较适宜。

4. 酸碱度　酸碱度能影响菇体褐变。菇体内的多酚酶是促使变褐的重要因素。变褐不仅影响其外观，而且影响其风味和营养价值，使商品价值降低。当 pH 为 4～5 时，多酚氧化酶活性最强，当 pH 小于 2.5 或大于 10 时，多酚氧化酶变性失活，护色效果最佳。低 pH 同时可抑制微生物的活性，防止腐败。

5. 病虫害 鲜菇保鲜时，常因细菌、霉菌、酵母等的活动而腐败变质。此外，菇蝇、菌螨等害虫也严重地影响菇的质量。食用菌即使在低温下，仍会受到低温菌的污染。

（二）影响干燥作用的因素

在干燥过程中，干燥作用的快慢受许多因素的相互影响和制约。

1. 干燥介质的温度 空气相对湿度减少 10%，饱和差就增加 100%，所以可采取升高温度，同时降低相对湿度来提高干制品质量。食用菌干制时，特别是初期，一般不宜采用过高的温度，否则因骤然高温，组织中汁液迅速膨胀，易使细胞壁破裂，内容物流失，原料中糖分和其他有机物常因高温而分解或焦化，有损产品外观和风味，初期的高温、低湿易造成结壳现象，而影响水分的扩散。

2. 干燥介质的相对湿度 在温度不变化情况下，相对湿度越低，则空气的饱和差越大，食用菌的干燥速度越快。升高温度同时又降低相对湿度，原料与外界水蒸气分压相差越大，水分的蒸发就越容易。

3. 气流循环的速度 干燥空气的流动速度越快，食用菌表面的水分蒸发也越快。风速在 3m/s 以下时，水分蒸发速度与风速大体成正比例关系。

4. 食用菌种类和状态 食用菌种类不同，干燥速度也各不相同。原料切分的大小与干燥速度有直接关系。切分小，蒸发面积大，干燥速度也越快。

5. 原料的装载量 装载量的多少与厚度以不妨碍空气流通为原则。烘盘上原料装载量多，厚度大，则不利与空气流通，影响水分蒸发。干燥过程中可以随着原料体积的变化，改变其厚度。干燥初期易薄些，干燥后期可厚些。

练习与思考

1. 食用菌有哪些保鲜措施？

2. 在食用菌的加工过程中，干制、腌制、罐藏的方法有哪些？各举一例来说明加工方法。

3. 食用菌的深加工方法有哪些？

拓展提高篇

项目十三　食用菌行业的技术创新

拓展一　菌种技术的进步

一、菌种类型介绍

1928年，日本人森喜作分离出菌种，并生产出菌种，在段木上进行接种，使20世纪30年代段木香菇栽培迅速流行于日本。至今，菌种的类型和菌种生产技术已趋于多样化。目前比较流行的菌种有：代料菌种、籽粒菌种、木丁菌种、竹签菌种、塑钉菌种、液体菌种等。菌种的类型是由培养基决定的，通常按培养介质和状态对菌种进行归类，什么样的培养基就称为什么菌种。下面介绍几种生产上常见的菌种：

1. 代料菌种　代料菌种是由木屑、草料、麸皮、玉米粉、红（白）糖、石膏等培养基按一定的比例复合而成的，目前有用塑料袋装的包种、用瓶装的瓶种，还有做成一定形状的成形菌种，如外观像胶囊的胶囊菌种。

代料菌种是目前应用最为广泛的菌种类型，其优点是材料来源广泛、生产和使用方便、成本低廉、容易贮藏和运输。

2. 籽粒菌种　籽粒菌种是由农作物的穗粒作为培养基的菌种，主要有麦粒种、小米种、玉米种、谷粒种等，有些籽粒菌种还拌有其他一些添加材料，甚至化学成分。籽粒菌种常用于双孢蘑菇等菌类，其优点是颗粒均匀，使用方便，尤其适用于撒播。

3. 木丁菌种　木丁菌种是先将一定材质的木丁接上某种食用菌菌种后制作而成的菌种，在制作时，一般拌以一定的粉状培养料（代料），以利菌丝定植。木丁菌种一般在袋栽木腐菌生产上时使用，这种菌种制作不太方便，成本稍高，但使用起来比较方便，不用打孔，成活率高。

4. 竹签菌种　竹签菌种和木丁菌种有很多共同之处，只是取材不同。

5. 塑钉菌种　塑钉菌种目的是仿制木丁菌种，用一定的模具，做成木丁状，中空部分填以代料培养基，接种后作用就与木丁种相似了。其优点是形状可控，外壳坚硬，使用方面，可多次利用；其缺点是单次使用成本较高，回收不方便。

6. 液体菌种　液体菌种的制作方法是将营养物质配成一定的配方，溶解在水里，经高温灭菌冷却后，用在火焰口上投入菌种等方法接种，再在营养液里通入经无菌处理的空气，菌种在富有营养和含氧量很高的溶液中发酵，一定时间后便产生大量菌球，而整个溶液便成为液体菌种。其理想状态下有许多吸引人的地方，比如，由于菌种是液体状的，接种后可渗透到培养料中，因此发菌比常规菌种快得多；再有，液体菌种接种时以注射方式进行，犹如人体打针，不用气雾消毒，操作方便且接种速度较快。

液体菌种在特定的发酵罐中培养，可以只用1个发酵罐，也有用2～3个发酵罐逐级放大培养的。仅用一个发酵罐，或在第一个发酵罐中直接接种的培养方式，是一级发酵；把一级发酵的菌液作为母种，经封闭管道通到另一个发酵罐，并在第二个发酵罐内发酵，这个过程属二级发酵；以同样的方式，还可以进行三级发酵甚至更多级发酵。多级发酵的菌种量得以放大，并且，一旦发现前面发酵有被污染的情况发生，可以及时停止，以减少损失。

液体菌种的生产方式对环境要求很高，对设备的使用和维护以及对发酵工艺的要求也很高，尤其是目前许多企业为了减少成本投入，大多采用一级发酵方式进行生产，但这种菌种生产方式成功率不高，存在较大风险。

7. 其他类型菌种 根据科学试验的特殊需要，人为地又研制出了一些特殊培养基，如基础培养基、加富培养基、鉴定培养基、选择性培养基等，由此衍生出一些特殊菌种，其中选择性培养基在食用菌的菌种分离纯化工作中应用较多。

二、新型菌种实例——胶囊菌种

现着重介绍技术相对成熟的一种新型菌种——香菇胶囊菌种生产及应用技术介绍（图13-1）。20世纪末，日本发明了胶囊菌种，并在段木香菇上大面积应用，1999年该项技术从韩国引进到我国。浙江省庆元县食用菌科研中心经多年研究，攻克了胶囊菌种在代料香菇上应用的技术难题，并实现了的国产化生产。由于胶囊菌种具有使用便捷和成活率高的优势，十分适合规模生产，近两年，应用量成倍增长，目前已推广应用数千万袋。估计若干年后，这项技术将在我国普遍使用。

图13-1 胶囊菌种

1. 胶囊菌种的主要特点 一方面，常规菌种为袋装或瓶装，取用不方便，使用时在空气中暴露时间长，杂菌感染机会大，接种成活率相对较低；另一方面，使用常规菌种接种孔的大小不一，加上取种量不容易控制，接种口的缝隙往往较大，在菌棒的搬运和操作过程中，人为挤压造成空气从缝隙处进出，夹带杂菌孢子进入棒内，造成感染。

香菇胶囊菌种，就像胶囊一样，一颗颗压在塑料蜂窝板上，每颗菌种呈锥形，尾端粘连着透气泡沫盖，设计科学，标准规范，取用方便。接种操作过程与空气接触时间短，污染机会少；接种后泡沫盖密封透气，既可防止杂菌和病虫侵染，又可保持菌种水分，促进菌丝良好发育。因此，成品率可比应用传统菌种大大提高。胶囊菌种接种快捷，工效比常规提高1～2倍，生产菌种的原料消耗降低80%以上。由于胶囊菌种是常规菌种无菌粉碎后压到塑料蜂窝板上，种性没有发生变化，所产菇品质量与产量与传统菌种无差异。

2. 胶囊菌种的生产技术介绍 胶囊菌种的生产程序如下：

（1）特殊培养料配制。培养料的配方与常规菌种有所差异，一是要求培养料稍细，培养料太粗在菌种压制时容易造成穴盘的破损；二是要求既有较好的保水效果，又要有较好的通透性。

（2）装袋灭菌。与常规相同。

（3）接种。与常规相同。

（4）培菌。要求在完全黑暗条件下进行，以发菌成熟和不起菌皮为度。

（5）无菌粉碎和无菌填料。此环节必须在无菌室内进行，如果有杂菌孢子混入培养料，接种后杂菌孢子将在一定条件下萌发并超越香菇菌丝，造成接种口感染。填料要求紧实适度，过实容易压破穴盘，过松会造成颗粒不饱满，影响质量。

（6）穴盘压种及封盖。此环节也在无菌室内进行，要求操作熟练，减少封盖时的裸露时间。

（7）培菌。包种粉碎并压模成型后 3～5d 内呼吸旺盛，很容易烧菌，因此，胶囊菌种的培菌要保持相对低温，保持通风，摞叠高度以不超过 10 片为宜。

3. 胶囊菌种的使用　操作要求与注意要点：

（1）菌棒装袋要紧实，以利胶囊菌种定植。

（2）接种过程与常规菌种一样要求严格操作，接种前操作者手和器械都要用 75%的药用酒精或接种灵擦拭消毒，酒精棉消毒过的打孔棒要经过酒精灯火焰灼烧，避免棒上残留有酒精水珠。菌种不得与接种器械同时气雾消毒，以防杀死菌种菌丝。胶囊菌种的泡沫盖表面可用酒精涂擦，但不要使酒精流入菌种内。

（3）打一孔接一颗胶囊菌种，菌种从穴盘中取出后在空间暴露的时间尽量短。打孔棒不离手，不能随处放。

（4）为取种方便可先用单面刀从反面把胶囊菌种分割成小块，取种时右手食指轻按菌种透气盖，左手食指从底部向上托，然后用右手大拇指和食指轻轻夹住透气盖取出菌种，迅速塞入打好的孔内，轻压盖子使其与筒袋表面密封。注意不得用手去摸透气盖以下的菌种部分。

（5）由于胶囊菌种密封性好，当发菌到 4cm 以上时，接种口容易缺氧，应及时刺孔增氧以利发菌。

（6）灭菌后的香菇菌棒一定要冷却彻底，不然内热外凉，水分在接种口冷凝，会将菌种浸死。

4. 胶囊菌种的保藏与运输

（1）胶囊菌种的保藏。胶囊菌种要求在干净、避光的环境中保藏，18℃下保藏期 12d 左右，使用冷库低温（4～10℃）保藏的可存放 30～40d。冷库低温保藏要用塑料袋将菌种扎紧包好，使用时，一定要提前 1d 取出，置于室温中活化方能用于接种。胶囊菌种易脱水，不宜长期保藏。

（2）胶囊菌种的运输。在菌种没发透前呼吸过盛，不宜运输，至少 4d 后方可起运。运输需用空调车或冷藏车。冬天可以进行普通货运，途中时间不超过 7d 为度。

拓展二　栽培技术的改进

一、灭菌技术的进步：中温灭菌技术介绍

食用菌培养料接种前须先经过加温灭菌，这是食用菌生产过程中的重要一环，传统的灭菌温度要求达到 98～100℃，保持 12h 以上。在加温过程中，料温升至 35～65℃时，细菌、酵母菌等大量繁殖，迅速酵解培养料，并造成培养料的酸化和营养物质的消耗。此后，随着

温度的进一步升高，所有菌类（除细菌芽孢外）都相继死亡。虽然细菌和酵母菌在 98～100℃高温状态下，都将死亡，但在达到高温之前已经造成一定程度危害。而这种危害是隐性的，菇农不容易发觉产量 15%之内损失和品质的下降。此外，在生产中，灭菌不彻底而造成杂菌感染的现象也时常发生。

另一方面，常规常压灭菌只能杀灭细菌的菌体，而难以杀灭细菌的芽孢。菌棒灭菌后冷却到 40℃以下后，培养料中的残存芽孢将萌发成细菌体，开始大量繁殖。由于细菌没有菌丝，不能直观地看到培养料中细菌的存在，但细菌会与食用菌进行竞争，并恶化培养料的理化性状，因此经常会出现接种口发菌受阻甚至菌丝退化的情况。在细菌的作用下，被弱化了的食用菌菌丝很容易被其他真菌竞争。在气温较高的季节接种，芽孢萌发和细菌繁殖速度较快，以至比较敏感种类的食用菌（如黑木耳）等接种成活率难以提高。可以在60～80℃中温区域内进行彻底灭菌，灭菌温度、能耗及灭菌时间都下降了 60%以上，发菌速度、菌丝竞争能力、成活率、优质菇的比例以及产量都有了较大的提高。

（一）中温灭菌机理

在灭菌过程，添加特定的无毒无害的矿物盐和有机物质，使之在 35～65℃时强力抑制杂菌，不使细菌和酵母菌增殖；随着培养料温度的升高，药剂起到强烈的杀灭作用，在较短的时间内杀灭真菌、细菌，甚至细菌芽孢。

由于这种灭菌方法培养料不受杂菌的酵解破坏，并且大大缩短灭菌时间，减少维生素等营养物质的分解；由于灭菌彻底、营养理化状态好，所以，发菌速度比常规对照提高 25%以上，食用菌菌丝生长茂密，竞争能力和分解吸收营养的能力明显加强。

大量实践证明，使用这种灭菌方法，灭菌时间短、接种成活率高、菌丝发菌快、产量和品质都有一定程度的提高。

（二）中温灭菌技术优点

1. 节约灭菌燃料 应用该技术在装袋后灭菌料温升至 80℃以上并保持 4h，或料温达100℃保温 2h，即可停止加温，每生产1 000袋香菇菌段（0.85t 干培养料），常压灭菌需要灭菌柴 350～400kg，中温灭菌只要 100～150kg，灭菌柴可节省 250kg 左右，灭菌时间从常规的几十小时减少为十多个小时，灭菌时间和灭菌能耗都减少了 60%以上，真正做到省工、省力、省成本。

2. 提高成活率 中温灭菌技术种块菌丝恢复和萌发比常规更快，香菇菌丝的竞争能力和抗逆性大为加强，对菌袋微破孔处的杂菌感染有一定的抑制作用，大大减少杂菌感染机会和黄水发生，香菇菌棒成品率明显提高。

3. 出菇表现好 试验和生产应用结果表明，采用中温灭菌工艺栽培的香菇产量提高10%以上，单菇重则明显增加。

（三）中温灭菌操作方法

1. 培养料 要求杂木屑要干燥，不结块，如有少量结块要过筛、去掉结块和杂质；麦麸要新鲜、干燥无结块、无虫、无霉烂、无掺杂。麦麸质量差会影响灭菌效果，也会影响香菇产量。

培养料中如有棉籽壳成分的，棉籽壳应用药水预浸，并适当提高灭菌温度或延长灭菌时间。

2. 中温灭菌剂用量 中温灭菌剂以矿物盐和其他抑菌成分配制而成，无毒无害，商品名为清菌增产素。生产1 000袋香菇菌段（每袋 15cm×55cm），即 0.85t 干培养料，“清菌增产素”用量 2kg。

3. 中温灭菌剂使用方法　中温灭菌剂与石膏一起直接加到麸皮里与其混匀，再将含有药剂的麸皮与木屑混均，最后加水反复充分混匀。培养料一定要拌均匀，使所有培养料都含有相同浓度的增产素成分是该过程的关键。

4. 装袋灭菌　培养料拌均匀后要及时装袋，装袋按常规操作进行。

（1）装袋后要求及时灭菌，否则袋内培养料容易发酵，变酸、胀气。一旦培养料变酸，香菇菌丝不容易萌发，并容易引发黄曲霉。在天气变暖（25℃以上）后，培养料在几个小时之内就会变酸，所以气温越高，灭菌就得越及时。

（2）菌棒叠堆要求留有空间，叠堆过紧，气道堵塞，不利于升温。菌棒头对头相连的地方，要求有 5cm 的间隔。

（3）烧火要先猛后松，要用鼓风机上大火，用最短的时间上大汽，然后稳火保温。

（4）测量温度，温度计应插入菌棒内 10cm，测量点应选在底下第三层左右，如灭菌灶有死角（低温区），还应考虑低温区的温度。总之要将灶内最低温的地方也达到规定温度。

中温灭菌的温度掌握：灶内最低温区料温达 80℃以上则可稳火保温 4～6h；或者，料温达 100℃稳火保温 2h，然后停火，利用灶内余热闷堆 12h 以上再出灶。现在有很多地方采用铁皮灶或者仅用塑料薄膜保温的“通天灶”，保温性能较差，就得延长保温时间 2h 以上。

培养料中如有棉籽壳成分的，适当提高灭菌温度，或延长保温和闷堆时间。

（5）其他生产管理技术如接种、刺孔通气、发菌、转色、出菇管理及病虫害防治按常规方法进行。

二、接种技术的进步：开放式接种技术

开放式接种技术一般在袋式栽培的食用菌上使用。在此项技术推广之前，传统的接种方式一般用土制接种箱接种或都在密闭的房间内接种，即在木制箱体或房间内先进行气雾消毒（用高锰酸钾和甲醛氧化还原反应产生大量气体，或用次氯酸盐类气雾消毒剂），前者接种速度慢，费工费时，且成活率低；后者房间内刺激性气体散发慢，对人体副作用大。2001 年，本教材笔者总结了广大菇农的宝贵经验，通过悉心研究，推出“开放式接种技术”并研发出表面消毒剂“接种灵”。这是食用菌接种技术的一次重大革命，现在全国各地应用相当普及，以至于接种箱、塑料棚和房间接种方式使用者越来越少。

（一）开放式接种技术主要特点

1. 接种速度快　几人分组合作（一人涂擦，一人打孔，一人放种），3 人一组每天可轻松地接种5 000段，相当于接种箱接种方式 10 人的工作量。

2. 成活率高，适用性强　严格操作条件下，即使在高温季节，成活率也可达 95%以上。现在很多农户和业主已把开放式接种技术直接在菇棚里使用，实现就地接种、就地培菌，避免长距离搬运造成的感染和损失，减少劳动力投入。

3. 安全可靠　由于“开放式接种技术”在开放环境下接种，避免了气雾消毒剂对人体的毒副作用，“接种灵”的配方采用安全药剂，使用得当对人体无毒副作用。

（二）开放式接种技术操作要点

（1）在菌棒完成灭菌后出灶前，事先清洁将要堆排菌棒的场地，尽量减少污染源。

（2）菌棒经灭菌出灶后紧密横放叠成墙式，墙高不超过1.2m，墙长度及墙间距离根据堆放场地而定。及时在菌堆上盖好塑料薄膜，以防灰尘及杂菌孢子降落。

（3）接种前先用气雾消毒剂对菌棒进行消毒：薄膜要严密包裹菌棒，每1 000袋菌棒用4盒气雾消毒剂，分散数点同时点燃，密闭2h以上就可以进行接种了。

（4）接种时，在菌墙的一端放一张小茶几或小方凳，边上放好接种灵、脱脂棉（或刷子），接种人员围着小茶几或小方凳分工合作：一人从塑料薄膜内抽出菌棒并涂刷接种灵，一人打孔，一人放种。塑料薄膜内一部分菌棒接完后，将薄膜往另一边推卷，尽量保持塑料薄膜密封状态，尽量减少薄膜的掀动，尽量减少空气流动。气温在15℃以下时，塑料薄膜可以打开一部分，以便接种，气温越低，允许打开的面积越大。

（5）接种时，在要接种的部位用脱脂棉涂上“接种灵”药液，涂刷部位宽度约5cm。然后在药液未干前打孔接种，注意药液要求涂得薄而均匀，防止药液在菌棒表面积水甚至倒流到种口里而杀死菌种。

（6）应选用鲜嫩未转色的菌种，接种时，先将菌种袋口棉塞用接种灵浸湿（切不可拔出棉塞），再用接种灵涂擦整包菌种，然后割破袋底，从底部开始取种，瘤状物及袋口约2cm的老熟菌种剔除不用。

操作程序：数人分组合作，按气雾消毒→涂擦接种灵→打孔→放种→封口或套袋→搬运的程序进行。

（7）接种后其他管理程序与常规相同。

（三）开放式接种技术注意事项

接种人员一定要牢记以下注意事项：

（1）接种环境必须干净卫生，空气流动少。

（2）使用前先将药剂晃动数下，使药液混匀。

（3）接触菌种的人员的手及打孔器械应先用表面消毒剂涂擦消毒。

（4）一定要在涂过药液的部位打孔，涂药液的宽度约5cm。

（5）涂药、打孔、塞种几个过程的间隔时间要短，否则容易分不清涂药部位，且杂菌易从孔口落入。

（6）长时间接触时请带好皮手套。

（7）表面消毒剂一般为易燃物品，在运输和使用时请按易燃品规程操作。

拓展三　栽培模式的创新

一、覆土栽培技术

代料香菇生产技术1979年成型，1986年大面积推广，但由于香菇出菇温度一般要求在20℃以下，多年来一直采用春栽秋采或秋栽冬采模式，出菇期主要集中于10月至翌年3月，在气温较高的4～9月季基本上停止长菇，市场上鲜菇供应少、价格高。为了使鲜香菇周年生产、周年供应，南方产区通过多年的研究，解决了高温品种的选育和栽培模式的研发两大难题。20世纪90年代福建省长汀县首创并推广反季节覆土袋栽香菇。该模式在全国推广后，技术上趋于成熟，近几年各地反季节香菇均取得了很高的经济效益。

香菇反季节覆土栽培技术要点：

1. 出菇场地选择与菇棚的搭建　出菇场地尽可能选择海拔较高、夏季气温较低的区域，应选择在地势平坦，水源充足、水质好、水温较低、排灌方便、距离制棒场所较近、周围环境清洁、太阳辐射时间短、日夜温差大，没有白蚁的田块。菇棚高 2.5m、宽 9～12m、长 10～20m 为宜，过长过宽不利于通风换气，用黑白遮阳膜或芦苇、五节芒等制造出一个阴凉、通风的菇棚环境。（由于遮阳网十分吸热，所不提倡遮阳网遮阳）。每 10 000 棒需田块 667m^2。

2. 栽培季节与品种安排　计划在 4～9 月出菇，需要提前 2 个月以上进行菌棒制作和菌丝培养，为确保地栽香菇菌棒有足够的成熟度，南方宜在 12 月底至翌年 2 月制作菌棒（一般在春节前结束），3～6 月覆土，4～11 月出菇。而北方从当年的 12 月底至翌年 4 月底前均可为制棒，在气温低、气候干燥的冬季制棒，杂菌基数少，菌棒成活率高，而且首批菇能赶上香菇上市的空档，获得较好的经济效益。

地栽香菇一般选用中偏高温型品种，如汀选 18、L26、武香 1 号、868、Cr04 等，近年北方不少业主选用 808 品种，因为这个品种外形饱满圆整，深受客户喜爱，但该品种温型比前面几个品种偏低，抗性也较差。

3. 菌棒制作与培菌

（1）培养基配方与培养料选择。培养料一般采用常规配方：木屑 78%，麦麸 20%，石膏、红糖（或白糖）各 1%、pH 自然，每段装湿料 1.8kg 左右。培养料要求新鲜、无霉变，各种配养料一定要按配方要求加足。

（2）装袋灭菌与接种。与常规同。

（3）培菌。培菌环节与常规基本相同，刺孔放气需要更为及时，在菌丝长满全袋的 7d 左右放大气，每段刺孔 50 个，同时疏散菌棒，并适当增强光照，以促使菌棒转色。一般培菌 80～110d 即可进行覆土。

中高温品种培菌时间短，且冬季培菌温度低。到了春暖气温回升后，短菌龄品种往往未等到菌棒成熟就生长菇蕾，造成香菇菌丝组织代谢紊乱，菌棒抗性严重下降，还容易受到绿霉等杂菌感染，产量甚低。因此，能否在长菇之前正常转色是培菌成功与否的关键。

4. 整畦及畦面处理　根据菌棒的长度及菇棚的实际情况进行整畦，畦宽一般在 1.2～1.3m，可平行排放 3 排菌棒，畦沟宽 0.5m，沟深 30～40cm，畦面整平或者稍有龟背状，四周要挖好排水沟，以利雨天排水。整好干畦后，畦面先撒上 1 层生石灰，在石灰上再铺 1 层薄的细沙，并在畦面及菇棚四周用 80%敌敌畏 600 倍液喷 1 遍进行杀虫（此项工作一般在排放菇木前 7～10d 进行）。畦面上盖好拱形塑料薄膜后（或采用拱形塑料大棚），用福尔马林或者气雾消毒剂进行消毒，密封 7d 后即可用于排放菌棒。

5. 土壤准备及处理　覆盖用的土壤要求土质疏松、无虫卵、不结块、保湿性好，宜采用半沙性的山表土，用火烧土则最优，一般每千段的用土量为 400kg 左右。覆土前应做好土壤处理工作，这是非常关键的技术环节，具体做好是：在准备覆土前的 7～10d，根据自己的菌棒量挑足覆盖用土，并拌入土量 1%～2%的石灰，堆成一堆，喷上敌敌畏、盖好塑料膜后用福尔马林或气雾消毒剂消毒，密封 7d，进行除虫灭菌。

6. 菌棒转色管理　当菌丝长满全袋半个月左右，即可选择晴天陆续搬入预先准备好的荫棚内养菌与“炼筒”，即让菌棒适应田间小气候。“炼筒”10d 后，选择气温 20～25℃时，用锋利刀片进行脱袋，一袋紧靠一袋平卧于畦面上，畦面上盖塑料膜，以利菌棒在适温条件下自然转色，操作时轻拿轻放，以免损坏菌丝或造成过早出菇。脱袋一般选择气温低、相对空气湿度大或晴天的早上傍晚，当日气温为 15～28℃为宜。在菌棒转色期间，对长于菌棒下面的香菇要全部采摘干净，以免覆土后发生霉烂。

在实践生产中，经常会遇到长菇的季节而未能正常转色的情况，如不妥当处理，这对当年生产来说可能是毁灭性的。应通过人工干预进行人工催熟作业。以下介绍两种催生菌皮的操作：

（1）选择气温 20～25℃时进行脱袋后，菌棒紧靠平卧于畦面上，对菌棒进行喷水后盖严塑料膜，使菌棒表面气生菌丝萌发，2d 后突然掀起塑料膜，产生环境剧变，使菌丝倒伏，菌皮加厚并转色成熟，菌棒进入生殖生长阶段。

（2）覆土自然转色法：其方法是将尚未成熟的菌袋及时搬入棚内，边脱袋边覆土。操作时，菌棒与菌棒间隔之间靠紧，一边脱袋，一边摆放在菇床平面，马上覆土，不要让菌棒表面干燥。覆土厚度为 2～5cm，将菌棒全部覆盖为宜。覆土后如温、湿度适宜，7～15d 菌棒在土层下自然转色。若转色差，可能是因为湿度不够，可向覆土层喷水增湿以利转色。菌棒转色后，可将表面土层全部清理搬走，随后用清水冲刷掉表面余土，直至菌棒 1/4 表面无泥土为宜。处理完表面泥土后，拍打菌棒表面，以后连续早晚喷水 2～3 次，连续 2～3d，直至大量菇蕾出现时适当改为雾水管理。采完第一潮菇后进行养菌管理，10～15d 后，第二潮菇可进行喷水催蕾。注意：如菌棒在培养室生理成熟差，覆土后出菇时间适当延长，让其在土壤下自然发菌转色成熟后再清土、喷水催蕾。

7. 覆土　指菌棒已成熟和转色，没采用覆土自然转色法的情况。菌棒自然转色后，选择晴朗的天气用预先准备好的山表土或火烧土填满菌棒间的缝隙，尤其要填实菌棒下部空隙处，使菌棒露出现在 1/4 左右，然后浇透水。须注意的是：如有菇蕾发生的菌棒应将菇蕾朝上方露出畦面或摘除干净后再覆土；有霉烂的菌棒应及时处理。同时要用微喷或人工喷水的方式，使菌袋不能失水，根据天气情况，每天喷水 2～3 次。

8. 出菇管理　覆土后盖膜 2～3d，以促使菌棒完全转色，气温高时可在中午掀膜通风 1 次。之后，就一直将塑料拱棚四周掀起，同时经常对菌棒表面实施微喷，不要让菌棒表面硬化。过 5～20d 以后，即可见大量菇蕾形成。现蕾后，应加强通风，并保持土壤湿润，一般可隔天喷 1 次水。为防止土壤粘到菇体，喷水以喷雾状水为佳，所用的水要求卫生清洁，严禁泼喷污水、泥水，避免泥沙、杂质等污染香菇，影响品质。有条件的菇棚提倡采用简易微喷管自动喷淋系统代替人工喷水作业。

随着菇蕾的长大，喷水的数量应逐步减少，否则会影响菇的质量。畦沟内一般保持有少量水，但当气温在内 28℃以上时，可用白天灌水、夜间排水的方法来进行降温。头潮菇采收完后停止喷水 4d，盖膜养菌。1 周后，应加大喷水量，进行温差刺激、干湿交替管理，结合调控光照、通风，以促进菇蕾的再次发生，一般整个栽培期可采收 4～6 潮菇。随着出菇数量的多少，菌棒会收缩，菌棒之间会产生裂缝，要及时用细沙把裂缝抹平。

9. 采收　应按不同的销售方式进行采摘，保鲜菇要求在菌膜未破时采摘，脱水烘干菇可在菇体八分熟时采摘。因气温高，为了保证菇质，每天应分早、中、晚 3 次采摘，须注意的是，若采下的鲜菇的菇柄上带有少量的泥土，应当场用刀削去，或剪去带泥的菇柄，以免污染其他菇体，降低香菇品质。

二、林地香菇栽培

林地栽培食用菌从理论上分析是十分合理的，因为大多数野生食用菌来自森林，林地环境能满足食用菌生长的环境要求。当前国家大力推进退耕还林、绿化造林等环境保护政策。通过多年的植树造林，在我国北方有着面积庞大的人工林地，尤其是人工栽培的白杨树林，整齐划一，疏密有致，十分适合栽培食用菌。利用林地栽培食用菌的优点有：节约耕地，不与粮争田；菌林立体分布，符合自然生态环境，各得其所，相得益彰；食用菌不与树木争阳光和营养，并且还为林地分解和提供有机质，释放二氧化碳，有利于树木光合作用；在林地栽培食用菌，由于采用脱袋栽培并经常喷水，使林地的水分和养分得到补充，可有利于改善土壤水分状况、提高土壤肥力、促进林木生长。而树木为食用菌提供阴凉的散射光环境，释放氧气，提供舒适的小气候；搭棚简易，节省投入。

香菇林地栽培技术应用较早、生产技术较成熟，品种适应性好。因此，香菇是当下林地食用菌生产的主栽品种，而杨树和松树是当前人造林最常见的树种。这里以杨树和松树林地香菇栽培为例介绍栽培方法：

1. 菇场选择　菇场可选择在人造松林或速成杨树林中，要求郁蔽度达到 0.7 左右，通常松树林选择种植密度 3m×3m，树龄 20～30 年，树高 10～15m；杨树林种植密度 4m×3m，树龄 3～5 年。表层土质最好为沙质壤土，地表植被良好。择地势平坦、交通便利、靠近水源，树势偏弱的林地可增加遮阳网等措施改善遮阳度。

2. 栽培季节安排　北方地区一般 3 月初做原种，4 月初做栽培袋。6～7 月出菇。各地可根据出菇时间确定做栽培袋的时间。为了提高效益，可结合设施，适当安排茬口，既可下茬栽培低温香菇，一年生产两茬，也可与其他品种搭配进行周年栽培，如 3～6 月低温平菇，6～9 月高温平菇、高温香菇或黄背木耳，10～11 月鸡腿菇。

3. 选择优良品种　夏季栽培只能采用适合高温品种武香 1 号、汀选 18、L26、33、66 等，低温期长菇的可选用中低温品种 939、庆科 20、808 等。

4. 培养料选择　与常规相同。

5. 菌棒制作　与常规相同。

6. 养菌　东北地区温度较低，可将接种后的栽培袋可移入培养室进行发菌，要求室内黑暗，最适温度 24～28℃，空气相对湿度 60%～70%，经常通风换气，经过 40～50d 菌丝可长满袋，菌袋长满菌丝 20～30d 后即可准备排场栽培。其他地区可直接移入林下小拱棚内进行养菌出菇，简易小拱棚规格为宽 2m、高 0.8～1.0m，长度以林地为准。材料为竹片、薄膜、铅丝和架杆。

为了加快生理成熟和袋内转色可采用刺孔通气，每棒用 8.3cm 排针打 40～60 孔。

7. 菇场脱袋排放　清除菇场的杂草，在松林或杨树下挖长 20m、宽 1.2～1.5m、深 15～20cm 的沟，撒上石灰消毒，在周围设篱笆，防畜禽破坏，根据松树林或杨树林的纵横向确定小拱棚的拱法，每沟菌袋排放后用薄膜覆盖。

8. 出菇管理　菌袋转色后要加大昼夜温差，刺激菇蕾形成。白天加温保持拱棚内温度，夜间加大通风降温，可促菇蕾形成。每天喷水，保持空气相对湿度 80%～85%，出菇期保持温度 18～20℃，白天适当增加散射光照，促使香菇子实体颜色加深，正常发育。

9. 采收标准与方法　当菇盖边缘仍内卷呈铜锣状时，颜色由白色转为淡黄色时，品质最优，应及时采收，采大留小，采时注意不碰伤小菇蕾。

10. 出菇后管理 待头潮菇采收后，增加揭膜通风时间，使菌棒偏干管理，以利于菌丝的恢复和扭结，但且不可过度通风而使菌皮发硬。菌棒休息养菌 7～10d 后，当菌疤部分的菌丝发白并有所转色，表明已经恢复生长，再拉大昼夜温差刺激，增加湿度，直到第二批菇蕾形成。如此加强每潮菇的管理，可出 4～5 潮菇。

发展林下食用菌生产可以充分利用林地资源，增加林地效益，使农民的长短期利益相结合，实现林、菌、禽畜生产的高效结合与生物资源循环利用。大力发展林下经济将成为山区人民发财致富的新路子。林下香菇、双孢蘑菇、秀珍菇、阿魏菇、平菇、鸡腿菇栽培等频见报道，生产规模日益扩大。

三、香菇半地下式栽培技术

该项技术发源于浙江云和县，其主要优点是利用有利于食用菌生长的半地下低温和阴湿环境，无须搭建菇棚，排灌方便，可与水稻等农作物套种，实现“千斤粮、万元钱”的理想目标。但该项技术也有对水质要求高、弯腰操作比较辛苦的缺点。半地下式栽培模式对环境条件如温度、湿度、光照等要求与其他模式有所不同，在栽培季节，品种选择及出菇管理等环节存在一定的差异性。

1. 品种选择与生产季节安排 半地下式栽培模式一般都在平原地区的秋冬菇栽培上采用，品种选用以中温偏高的早熟品种为主，如 9015、L26、Cr04 等。菌龄在 60～90d。

半地下式栽培模式的制棒接种季节可比大田阴棚模式推迟 15～20d，使制棒时间较好地避开高温季节。在浙江丽水市的云和县、龙泉市、松阳县，莲都区等平原地区都选在 8 月 20 日开始接种，约 9 月中旬结束，10 月下旬排场转色。海拔在 400～800m 地区，制棒时间可提前在 7 月下旬至 8 月上中旬，排场转色时间为 9 月下旬。海拔 800m 以上的，制棒时间 7 月上旬，排场转色时间 9 月中旬。

2. 菇场选择与菇床设置

（1）菇场选择。菇场要选择周围环境清洁，无杂菌污染及病虫滋生，空气流通，冬季日照长，有清洁水源，排灌方便，略含沙性土壤的农田。

（2）菇床设置。先在大田上规划出菇床的位置，走向为纵向南北，横向东西。宽 1.1～1.2m 的凹型菇床，一行可排放菌棒 6～7 袋，菇床长度以便于管理为宜。把床内的泥土成块的铲起垒实作为走道，走道宽 40～50cm。菇床深 35～40cm，床底的中间挖一条小水沟，深 5～7cm、宽 6～8cm，床底及四周打实拍平，进水口一端要略高于出水口一端。

在菇床两壁每隔 25cm、高 20～25cm 处，横插一条粗约 2cm 的竹竿或木棒作菇架。在菇床两边每隔 1m 左右插 1 支 2m 左右长的拱形竹篾，上盖 2m 宽的薄膜。用稻草编扎约 2m 长的草帘，盖在东西两边。利用掀盖薄膜、草帘来调节光照、温度、湿度。

3. 出菇管理 根据香菇生长发育要求、半地下式菇床特点及温度、湿度、通气、光照的互动效应，充分利用阳光、地热、水和空气，灵活运用草帘、薄膜的揭盖做好出菇管理。

（1）管理规程。成熟菌棒出田→排场脱袋→控温控湿促转色（表面菌丝生长 2mm 左右→掀膜通气→喷水→菌毛倒伏→转色）→温差刺激（干湿刺激）→催蕾出菇→控温控湿→采收→通风养菌→浸水补水→重复管理至结束。

（2）管理技术要点。

①脱袋转色。菌棒发菌生理成熟后，气温在18～23℃、相对湿度80%～90%可进行排场脱袋转色，气温在25℃以上或15℃以下则不利于脱袋转色。脱袋后气温在20℃左右时需盖草帘、薄膜控温保温3d左右。菇床内温度不能超过26℃，如超过26℃则应采取通气降温措施。气温在18℃以下需盖膜3～5d，气温越低盖膜时间越长。观察菌棒表面出现白色菌丝层，手握菌棒有黏性感。菌丝约长至2mm时，可掀膜通风换气，促使菌毛倒伏。如菇床干燥可喷雾状水，增加湿度，促使其转色。

②变温催菇。无棚半地下式菇床的独特结构，使其日夜温差比荫棚大，其催蕾只需白天盖紧薄膜、草帘，视温度高低采取低遮或少遮，使菇床温度升高，但不能超过28℃。早晨或晚上气温下降时可掀膜通气或撤去草帘即可拉大温差，让冷空气进入菇床，使温差达8～10℃，连续3～5d刺激，促进菇蕾发生。冬季气候寒冷可在回暖时进行补水或催菇，如春夏之交气候变暖不利于出菇，可在气候回寒时立即进行浸水催菇。总之视不同季节的气候变化，灵活掌握，科学管理，促使菌棒多长菇、获高产。

③浸水补水。菌棒长菇1～2批后，含水量下降，不利出菇。此时应通风养菌5～7d，再浸水或注水补足水分，由于半地下式菇床结构的独特，采用注水法操作强度大，且不方便，所以都采用浸水法，方法如下：将通风养菌后的菌棒用铁钉板穿刺后，堆放于菇架（横置的竹竿或木条）下，菌棒方向与菇床平行；将进水口打开，出水口关闭；放水，将水引进菇床，水位高至菇架上1cm。如菌棒上浮，将菌棒压在架下即可；菌棒含水量达到55%～66%（达菌棒装袋时重1.8kg左右）即可，把进水口封住，挖开出水口即成；水排干后把菌棒放菇架上，晾干表面水分后按原样摆好，并盖好薄膜催蕾。

④灵活管理保高产。根据香菇对温、湿度等因素的要求，充分利用无棚半地下式菇床的独特结构，在秋、冬、春不同季节的气候条件下，灵活利用草帘、薄膜以及浸水等措施，选择灵活的管理方法，以提高香菇产量和质量。

（3）温度的管理。秋季气温较高，白天要盖好草帘，掀起菇床两头薄膜，以防温度过高，傍晚掀掉草帘、薄膜进行通风换气，适当时间后重新盖好薄膜、草帘。秋末冬季，气温低，早上太阳斜射，可以掀掉草帘薄膜，提高菇床的温度，再盖膜保温保湿，八九点钟后根据太阳的移动方向盖上草帘，晚上盖好薄膜与草帘增加保温效果。春夏季节，气温上升，温度高，可采用草帘盖严薄膜遮住阳光，适时掀揭薄膜通风和喷洒冷水等措施降低菇床内温度，还可以通过菇床的小水沟放跑马水降温。

（4）湿度的管理。半地下式菇床保湿性能好，湿度管理较为方便，只需在每天通风后喷1～2次水，待菌棒表面水分散发后再盖膜。温度高时早、晚各喷1次；气温低时，在午后喷1次，就可保持80%～90%的空气相对湿度。菇床底部尽量保持干燥，以防着地端菌棒因过湿而霉烂。一潮菇结束后要停止喷水数天，养菌复壮，视菌棒情况（一般采摘二批菇后）及时补水。

（5）光照的管理。光照不仅促进菇蕾的形成，香菇的着色，而且直接影响到菇床内温度、湿度变化，半地下式的菇床结构，使得这种影响更加明显。根据环境因子互动关系，秋季及次年夏季光照强，应盖严草帘，以降低菇床温度。晚秋、冬季及早春，应减少遮阳设施以提高菇床温度。

（6）通气的管理。空气是香菇生长不可缺少的因子，通风换气与温度、湿度密切相关。

一般每天通风1～2次，气温高时每天2次，时间选在早晚；气温低时每天1次，时间安排在中午。湿度大时，多换气；湿度低时，少换气。若培养花菇，要在菇蕾生长到2cm左右，加大通风量，降低湿度，促进花菇的形成。换气可与采菇、喷水结合起来，即采菇后喷水1遍，通风20～30min后再盖薄膜。

拓展四　食用菌精深加工技术发展

精深加工是食用菌产业链中非常重要的一个环节，处于产业阶梯的上层。通过精深加工，食用菌产品由菇品到深加工产品，产值可以提高数倍，甚至数百倍。例如灵芝子实体的价格是每千克一百多元，而破壁孢子粉的价格是每千克数千元至数万元，孢子油的价格按重量是黄金的十倍以上；再如，浙江庆元是我国灰树花的主要产地，灰树花鲜品也就是每0.5kg几元钱，但灰树花的多糖是非常优良的多糖，庆元方格公司收购了灰树花鲜品，经过精深加工，做成灰树花多糖胶囊甚至抗癌针剂的国（药）字号产品，产品就地升值数百倍。我国是世界食用菌栽培的第一大国，但精深加工方面落后于日本和韩国，迄今为止，我国食用菌深加工大大落后于产业的发展步伐，加工程度低，附加值不高，制约了我国食用菌产业的发展，加强有高技术含量的深加工技术研究和开发已成为食用菌生产发展的重要课题。要想把我国从食用菌大国发展成为食用菌强国，精深加工是今后必须大力发展的方向。有重要发展前景的食用菌技术如下：

1. 食用菌冷冻干燥保鲜技术　冷冻干燥（简称冻干）保鲜技术已愈来愈受到人们的重视，是国际上公认的优质食品干燥方法。冻干技术是把含水物料在冻结状态下，使水分在真空条件下由固态升华为气态，达到除去水分、保存干物质的目的。冻干技术使食品中的挥发性物质和热敏性的营养成分损失小，可保持食品原有的性状，使食品脱水彻底，食品中易氧化的营养成分得到了保护，微生物活动和酶活性得到明显抑制，从而使食品得到长期保存。

2. 液体深层发酵技术　食用菌液体深层发酵技术，在液体深层培养中，能在短时间内产生大量的菌丝体和特定代谢产物。深层培养食用菌生产的菌丝体营养价值高，多糖、蛋白质、氨基酸的含量均超过了子实体。可以用于食用菌功能性食品、药品的生产。这项技术，还可以用于液体菌种的培养，提高接种和发菌速度。如果在工厂化生产中应用，可以大大压缩生产周期，提高生产效率。

3. 超细粉体技术　食用菌子实体、菌丝体干品、浸提物精粉和多糖粉经超细化后，粉体表面积增大，使食用菌功能因子的利用率、吸收率和疗效得到提高；其次，还有其他疗效，如防脱发、促生发、护肤祛斑，还可进行鼻腔、皮下给药。

4. 微胶囊技术　微胶囊技术是用成膜材料将特定物质包覆使之形成微小粒子的技术。形成的大小在微米和毫米之间的微小粒子称为微胶囊。胶囊内部可以是固体、液体和气体。灵芝等食用菌精粉的功能因子中的三萜类，味道极苦，经微胶囊包覆后，即起到掩盖不良味道的作用。食用菌的功能因子，用亲水性半透性壁材包覆后，可使食用菌的功能因子通过微胶囊技术起到缓释的作用，达到长效的目的。

5. 超临界二氧化碳萃取技术　超临界二氧化碳萃取技术可将萃取、分离（精制）和去除溶剂等多个过程合为一体，简化了工艺流程，提高了生产率，并且不对环境造成污染。食用菌中的功能因子可用超临界二氧化碳萃取技术，从精粉中提纯三萜类活性成分。

拓展五　机械化创新和工厂化发展

人类进行食用菌栽培最原始的工具可能是斧头和柴刀。而今，生产食用菌的机械已进入自动化时代，美国等发达国家已不再把双孢蘑菇列入农业产业，而是将其作为工业品管理，因为在这些国家，所有的生产过程已实现工厂化生产，与生产其他的工业产品没有太多的区别。这个发展过程有其必然性。

20 世纪 80 年代，代料食用菌在我国南方开始大面积推广。推广之初，一般是单家独户的方式进行生产的，拌料、装袋、扎口、接种等所有的工序都以手工操作为主。在其后的 10 年时间里，农机厂研发了一些类如小型装袋机、小型蒸汽发生炉等机械。随着产业集聚，生产对机械的需求进一步加大，新的食用菌机械产品也越来越多，大型拌料机、装袋机、烘干机等普遍采用；并且通过整个产业的研发，终于突破了自动扎袋等技术难题，并局部解决了自动接种、自动套袋等问题。

在工厂化生产方面，原先都是引进国外机械，工厂化生产的机械投入相当大，工厂化生产往往需要有2 000万以上的投入。如今，大多工厂化生产的机械都实现了国产，国内有数家企业能够生产整套食用菌生产水流线。数百万的投入便可以组建工厂化生产企业。

中国式食用菌工厂化生产模式的特点是土洋结合、半机械化生产、半自动化控制、产量和质量稳定、资金投入相对较少、回报率高，适合中国国情。栽培品种具有多样化，既可工厂化栽培草腐菌中的双孢蘑菇、褐色蘑菇、草菇、鸡腿菇，又可栽培木腐菌中的白色金针菇、杏鲍菇、白灵菇、真姬菇（蟹味菇）等。在多方位、多品种和应用的灵活性角度看，在一定程度上已超越了发达国家。

目前我国工厂化栽培以袋栽为主，瓶栽为辅，甚至还有棒式栽培。瓶栽主要以小口径瓶栽为主，一般采用容积 850～1 000mL、口径 58～65mm 的专用聚丙烯塑料栽培瓶栽培白色金针菇、杏鲍菇、真姬菇。国内主要采用固体菌种，很少采用液体菌种，仅有上海浦东天厨菇业有限公司等极少数经济实力雄厚的大公司采用液体菌种。

20 世纪 80 年代山东九发食用菌股份有限公司从美国引进了双孢蘑菇工业化生产线，并运营成功；上海浦东天厨菇业有限公司借鉴国外先进经验，在中国率先建立了金针菇工厂化生产基地；上海丰科生物技术有限公司、北京天吉龙食用菌公司采用引进设备和自创技术相结合，先后建立了日产 4～6t 的金针菇、真姬菇生产基地；辽宁阜新王彦令先生创建的田园公司，成功地实现了褐色双孢蘑菇工厂化生产，其日产 7～8t，全部出口创汇；北京金信食用菌有限公司孔传广先生 1997 年创立了白灵菇工厂化栽培模式；福建农林大学谢宝贵教授 2002 年在福建泉州，成功地创建了中小型的白色金针菇工厂化栽培南方模式，并在福建闽南地区迅速推广；山西农业大学常明昌教授创建的山西鼎昌农业科技有限公司，2005 年山西太谷创立了中小型白色金针菇工厂化栽培的北方模式，并在山西迅速推广；江苏连云港国鑫医药设备有限公司等对发达国家的食用菌机械化生产技术与装备进行消化吸收，并结合我国生产实际率先对关键技术装备进行了研发，将用于医疗药用配套的脉动式真空高压蒸汽灭菌技术移植于食用菌生产，开发出了大型灭菌设备。

20 世纪 90 年代以来，我国在消化吸收日本、韩国等先进技术的基础上，相继研制出了食用菌生产和加工关键环节的一些相关设备，特别是福建、江苏的食用菌机械设备生产厂家，对推进食用菌生产机械化、工厂化和规模化发挥了积极作用。国内食用菌设备的生产还处于比较低的水平，原有的一些食用菌生产设备企业，由于自身技术力量薄弱，只能生产一些简单设备，如小型装袋机、简易搅拌机等单机，自动化程度低、成套性差、生产效率低、劳动强度大，难以满足工业化、产业化大规模生产的要求。

总的来看，我国食用菌生产机械化，无论是研究开发还是生产应用均处于起步和发展阶段，与国际先进水平还有一定的差距，但这个差距正在逐步缩小。

练习与思考

1. 试述胶囊菌种的特点及操作要求。
2. 试述香菇的创新栽培模式有哪几种。
3. 林地栽培食用菌有什么优点?
4. 目前采用工厂化栽培的菌类主要有哪些?

项目十四　食用菌工厂化生产

拓展一　食用菌工厂化生产概述

世界各国食用菌生产大都经历了由手工到机械，从分散到集约，从个体到工厂的发展历程。工业化生产是食用菌产业发展的高级阶段。目前，许多发达国家的食用菌生产已经形成了工厂化。英国双孢蘑菇栽培业实行集中和分散相结合的工业化“卫星模式”；双孢蘑菇生产大国美国、法国、荷兰、英国和巴西等，从栽培原料的发酵、接种到发菌、出菇管理均采用工厂化的生产工艺，机械化程度达到80%左右；日本从20世纪70年代开始，就实现了瓶栽食用菌机械化和工业化生产；之后韩国也实现了食用菌机械化生产，工厂化设施栽培在国际上处于领先水平。

以往食用菌工厂化生产的定义大都注重强调硬件设施的先进性，把高效率的机械化、自动化、规模化作为食用菌工厂化生产的基本要素，并以此来定义，缩小了食用菌工厂化这一概念的范畴。常明昌教授把食用菌工厂化生产定义为：在不同气候条件下，在单位土地面积内，采用现代工业设施和人工模拟的食用菌生态环境技术，创造出适合不同菌类不同发育阶段的环境，进行立体、规模、全天候周年栽培，逐步实现生产操作的机械化、生产环境调控智能化，以达到不受季节限制的周年化、产品质量标准化的一种生产模式。

概括起来，食用菌工厂化生产就是采用现代工业设施、设备，模拟和创造满足食用菌生长发育的营养和环境条件，按企业设定的产品质量标准，进行无气候和季节差异的规模化生产方式。食用菌工厂生产有如下几个特点：①采用现代工业设施、设备，最大限度地以机械代替人工操作；②采用现代工业设施、设备，模拟和制造食用菌需要的生长环境，使食用菌生产过程不受季节和气候的影响，或者把影响降低到最低限度；③制定生产程序和产品质量标准，按标准和参数实施生产。因此，工厂化生产是机械作业、环境控制、统一标准、规模稳定的生产模式。

我国食用菌工厂化生产起步较晚，但发展迅速，现今除了发展较早的上海、北京、广东继续保持领先外，江苏、福建、山东及东北等地区也后来居上，成为食用菌工厂化生产的主要基地。目前我国工厂化生产的主要品种有金针菇、杏鲍菇和蟹味菇，双孢蘑菇、白灵菇也有部分企业采用工厂化生产，灰树花已进入生产研发阶段，不久将有企业进行工厂化生产。食用菌工厂化生产配套的设备生产企业发展也十分迅速，目前生产的设备包括全自动灭菌设备、整套生产流水线、液体菌种设备、空气调节设备、加湿设备、净化设备和控制系统，为食用菌工厂化发展奠定了基础。但是国内食用菌生产设备整体上与日本、韩国还有差距，需要加以改善。

一、食用菌工厂化生产的原理

食用菌工厂化生产的基本原理是利用工业上的一些先进设备和设施，如温、光、气、湿的调控装置和空气净化等装置，在相对封闭和保温的食用菌生长车间内，通过对食用菌生长车间的温度、湿度、通风、光照等主要环境条件的调控，形成一种适合于食用菌生长的最佳环境条件，并逐步发展和完善食用菌栽培机械化，从而形成一套完整的工业化、标准化现代农业生产管理体系，实现食用菌全天候工厂化周年生产。

二、食用菌工厂化生产的特点

1. 可周年、规模化生产 发达国家的菇场日产一般都在10t以上，且由于可以人工调节食用菌的生长环境条件，能达到全年连续生产。

2. 产量高 营养配比和环境参数都尽可能满足食用菌生长发育要求，技术含量高，因此产量比常规栽培高。我国自然条件下栽培双孢蘑菇产量平均不到10kg/m^2，而美国工厂化生产的双孢蘑菇产量已超过30kg/m^2。

3. 质量好 工厂化生产为食用菌创造了适宜的生长条件，其质量较自然环境条件下要好得多。

4. 效率高 工厂化生产过程大多实现机械化、半机械化，生长环境由控制系统自动调节，相对手工操作要节约大量的劳动力，一般周年生产可达8～10茬。

5. 不受自然条件影响 由于工厂化生产在环境可控的设施内进行，改变了“靠天吃饭”的局面。

三、工厂化生产运作模式及布局

1. 木腐菌工厂化生产模式 以日、韩木腐菌为主导的食用菌工厂化生产模式的特点是专业化分工，机械化、自动化生产，效率高。工厂化机器设备体形较小，具有多功能性，适合于多种木腐菌类的工厂化应用。目前主要以生产白色金针菇、杏鲍菇为主。木腐菌工厂化推行“公司企业+专业菇农”的生产模式。公司只负责生产、加工的核心技术，包括菌种研发、生产，菌瓶制作、灭菌、接种、发菌以及后期的保鲜、加工、销售，这些设备集中使用，有利于标准化生产。企业生产的菌瓶出售给专业菇农进行培养，一个公司下带十几家农户，菇农只需按照标准操作，进行出菇管理，菇采收后再出售给公司统一加工保鲜，并将把瓶子和培养废料还给公司。这样可减少农民的风险和前期投资成本。

从20世纪60年代开始，由接种车间、菌丝培养车间、催蕾车间、生长车间、包装车间和库房构成的标准菇房在日本得到普遍推广。

2. 以欧美草腐菌为主导的食用菌工厂化生产模式 以欧美草腐菌为主导的食用菌工厂化生产模式的特点是专业化分工、大型机械化生产、自动化及智能化控制，采用三次发酵技术，投入高，产量高，质量稳定，品种专一，主要栽培的是双孢蘑菇、棕色双孢蘑菇等草腐性菌。欧美发达国家在双孢蘑菇的生产上已基本实现了全过程工厂化，从拌料、堆肥、发酵、接种、覆土、喷水、采菇及清床等生产环节均已实现食用菌工厂化生产。

世界双孢蘑菇生产大国如美国、法国、荷兰、英国和巴西等，从栽培原料的发酵、接种到发菌、出菇管理均采用工厂化的生产工艺，机械化程度达到80%左右。像美国Sylan食品公司蘑菇栽培示范中心“昆喜”，采用三区制的栽培方式，整个系统包括移动菇床、1个机械化的堆肥场、21间计算机调控的二次发酵隧道、10间可调控温、湿度与二氧化碳含量的发菌室、25间1 300m^2的出菇室和1条机械化操作流水线等，年利润可以达到2 670万美元。法国的索梅塞尔公司是当今专业化、企业化最高的菌种公司，年生产菌种1万t，畅销50多个国家。荷兰的奥特多尔萨姆堆肥生产合作社，有5万m^2的双孢蘑菇培养料发酵基地，每7d产5t发酵后的培养料，不仅供国内使用，还向国外出口。

英国双孢蘑菇产业的模式是一个集中和分散相结合的产业发展模式，人们称之称为“卫星模式”。这种模式的特点是把蘑菇产业划分为制种→堆肥→栽培→销售共四个环节，依据各环节的性质和特点，在全国范围内依次实行集中、相对集中和分散的模式组织生产和经营。把技术要求高、设备要求精细的制种环节实行高度的集中生产；把技术要求较高，设备投资要求较大、规模化效益明显的堆肥环节实行相对集中生产；把技术要求一般、规模可大可小的栽培出菇环节实行分散生产。

3. 中国式食用菌工厂化生产模式　中国式食用菌工厂化生产模式的特点是土洋结合、半机械化生产、半自动化控制、产量和质量稳定、资金投入相对较少、回报率高，适合中国国情。栽培品种具有多样化，有些工厂栽培草腐菌中的双孢蘑菇、褐色双孢蘑菇、草菇、鸡腿菇，有些工厂栽培木腐菌中的白色金针菇、杏鲍菇、白灵菇、真姬菇（蟹味菇）。

中国式食用菌工厂化小型栽培，食用菌工厂化由栽培车间和辅助生产车间两大部分构成。栽培车间主要包括发菌室、催蕾室、出菇室；辅助车间主要包括原料贮藏室、拌料装袋（瓶）室、灭菌室、冷却室、接种室、菌种培养室和保藏室、产品的包装及冷藏室。同时，根据不同车间的功能配备相应的生产设备。为实现周年化、标准化生产食用菌，需在生产车间配置温度、湿度、光照、通风等调控设备，包括制冷机、加热设备、加湿器、风扇、轴流风机等，同时在接种室配置紫外线灯、臭氧发生器或空气过滤等装置，从而净化空气，提高接种成功率。为了提高工作效率，在拌料装袋（装瓶）室应配备相应的拌料机、装袋机（装瓶机）、周转筐、周转车等机械设备、工具，经济条件好的还可配备自动生产线；灭菌室配备大型高压灭菌仓或常压灭菌仓。

四、工厂化生产控制系统

控制设备主要包括温度控制系统、通风控制系统、湿度控制系统和光照系统。

1. 温度控制系统　根据栽培食用菌的种类及其不同的生长阶段进行温度控制。夜晚和冬季气温低，除加强保温和蓄温的措施外，还应启动加热系统控制，使菇房内温度保持在生产要求范围内。菇房常用的加热方式有热水、蒸汽、热风和电热等。白天和夏季气温高，靠遮阳通风不能使温度降至20℃以下时，一般利用降温系统控制压缩机制冷降温，有的利用控制深井泵，将暖气片中介质换为深井水，同时启动房顶喷淋设备，对遮阳帘喷淋，蒸发降温，达到食用菌生长发育生理的要求。

2. 通风控制系统　包括新鲜空气交换和内循环系统。不同食用菌品种，同品种不同菌株要求不同。新鲜空气交换有两种方式：①连续通风：保持库内CO_2浓度维持在一定水平，连续地保持一定量的新鲜空气交换。②定时通风：保持CO_2浓度不超过规定要求，定时短时间将房内气体交换彻底。

连续通风的控制可以通过调整风机转速和风门大小来进行；定时通风控制根据库房空间大小、风机风量大小及不同品种对通风的要求来确定通风的时间长短，通风的间隔时间根据品种要求和不同生长阶段而定。通风量的确定根据品种不同和不同生长阶段而定。风机大小和型号确定也因品种、库房规格、通风要求而定。内循环为了保持库房温度和 O_2 均匀一致，必须有足够的内循环来保证。内循环时间及风量的确定，根据不同品种、库房床架的设计和规格、不同生长阶段而定。方式有两种：一种是定时内循环方式，另一种是连续内循环方式。其控制方式同新鲜空气交换。

采用轴流风机或换气扇，主要根据菇房的空间大小来安装不同数量、不同功率的轴流风机，还需特别注意通风口必须安装防鼠铁网和防虫网。通风口一般离地面 30～50cm，栽培室内为了保证温、湿度和氧气均匀，房顶还需安装吊扇。

3. 湿度控制系统 食用菌子实体生长过程中对水的需求比较大，不仅需要较高的空气相对湿度，而且培养基也需要浇水增湿。湿度控制采用水雾化设备实施，以避免水滴直接落到菇体上造成菇体腐烂，同时结合通风设备达到室内湿度平衡，以满足食用菌生长对湿度的要求。

4. 光照系统 主要是根据食用菌在发菌、催蕾、出菇、长菇过程中对光线的不同要求，设置不同数量、不同功率的节能灯或灯管。

五、工厂化生产机械设备

（一）双孢蘑菇工厂化的主要配套设备

1. 草、粪肥、水混合机 这是一种大功率机械，具有切草功能，同时还具有将草、粪肥、水充分混合的功能。

2. 疏松机 将培养料装入后可自动疏松培养料。

3. 轮式装载机 在发酵场内用来运输草、粪肥，培养料换房。

4. 输送带 用于草、粪、培养料的输送。

5. 离心风机 用于发酵隧道空气的内外循环。前发酵隧道每个隧道需 3～5kW 功率的离心风机，二次发酵隧道每个隧道需 12.5kW 功率的离心风机。

6. 空气过滤器 二次发酵隧道所需的新风必须经过 1μm 的过滤器导入。

7. 摆动式装料机 培养料一次发酵结束后在进入二次发酵隧道时，培养料用轮式装载机倒在疏松机内，先将培养料疏松，然后疏松机将培养料传送到输送带上，输送带将培养料输送到摆动式装料机上，摆动式装料机将培养料左右上下、均匀地抛在二次发酵隧道内。摆动式装料机必须连续操作，不能停顿，否则会造成培养料隔层，影响发酵效果。

（二）金针菇工厂化的主要配套设备

金针菇工厂化的主要配套设备包括拌料、装袋、灭菌、运输周转、喷雾加湿机械等配套机械。国内目前研发应用的一些设备如下：

1. 自动装瓶机 实现传送、推筐、抬筐、振动和搅拌、打洞、传送、压盖的整个工艺流程的自动化。不同颗粒性和潮湿度的培养基，能实现装瓶质量上的均匀性。

2. 自动装袋机 自动装袋机主要由机架、装料转盘机构、捣杆机构、推盘机构、抱袋机构、定位机构、阻尼机构、搅拌机构及若干辅助机构组成。

3. 自动固体（液体）接种机 自动接种生产线由输送机、接种机、输出辊道及振动机组成。接种机主体由压盖气缸、启盖机构、种菌漏斗、菌种瓶稳压旋转机构（固体接种）或管路系统（液体接种）、挖菌刀进退刀旋转机构（固体接种）、容器限位机构、链条输送机构、种菌漏斗封门机构（固体接种）或喷头种菌机构（液体接种）、接菌漏斗（固体接种）、机架、气动系统机构、电气自动化控制箱等组成。

4. 自动挖瓶机　自动挖瓶机由机架体、升降刀架、翻转筐架、定瓶架、电器系统组成，具有节省人力、劳动强度低、工作效率高、挖瓶质量好等特点。它能自动实现压瓶、翻转、定位、压紧、挖刀上升、挖刀下降、翻转松瓶等工序要求的动作。

5. 双孢蘑菇灭菌器　双孢蘑菇灭菌器的技术路线为：蒸汽通入灭菌器室内，加热被灭菌物；通过真空泵抽取灭菌器室内空气，使其达到规定的真空度；将蒸汽通入灭菌器室内，加热被灭菌物，在设定的灭菌温度下保持设定的灭菌压力及设定的灭菌时间，达到灭菌的目的；排放出灭菌室内蒸汽；通过真空泵抽真空和回流空气，对被灭菌物进行干燥。该工艺极大地缩短了灭菌的时间，使被灭菌物品的加热更加均匀，彻底灭菌，灭菌物品的损耗低，合理的控制方法使系统获很高的稳定性，自动传感器故障报警使系统维护更加轻松。

6. 自动搔菌流水线　生产流程为：先由去盖清洁机去除并清洁瓶盖，然后在搔菌机上翻转搔菌，再输送到加水机加水，最后由输出辊道将菌筐输出。通过调整刀头高度，使各个菌瓶的搔菌深度一致性好，出菇品质好。对于不同的培养基，在软件控制上实现刷盖时间、搔菌时间和加水时间的自由调整，以满足不同的搔菌效果和加水量要求。

拓展二　金针菇工厂化栽培技术

金针菇的工厂化栽培于20世纪50年代在日本兴起，发展较为迅速，1998年日本的鲜菇产量接近12万t，其中以长野县栽培最为广泛。在我国由于栽培金针菇的标准化工厂投资巨大、栽培成本昂贵、市场没有开拓等原因而发展相对滞后。现在工厂化栽培的主要品种是纯白系列，如日本的M-35、M-40、M-50、TK等，这些品种以其色泽洁白、菇质脆嫩而深爱消费者的青睐。现以品种M-50为例将金针菇工厂化栽培的基本流程及注意事项介绍如下：

1. 培养料配制　主要有两种配方：一是以木屑为主体的；二是以玉米芯为主体的。二者分别加以辅料如麸皮、米糠或玉米粉等。各个工厂的配方皆来源于栽培实践，但大同小异。使用针叶树木屑的，需堆制半年以上的时间，以去除抑制菌丝生长的树脂、单宁类物质；玉米芯在使用前24h，需用水浸湿，以防较大颗粒的个体吸水困难。

2. 搅拌　培养料按配方倒入大型搅拌机中混合均匀。夏天搅拌时间不宜过长，以免温度过高，培养料腐败变酸，影响菌丝生长。

3. 装瓶　由全自动装瓶机完成，装瓶机具有传输、装瓶、打孔、压盖的功能。栽培时用850mL、口径58mm的聚丙烯塑料瓶，瓶盖配有过滤性泡沫，既能阻止病虫的侵入，又能保持良好的通气性。一般每瓶装料510～530g，木屑的则要少20g左右。对装瓶要求是重量一致，上紧下松，只有这样才能使通气性好，发菌均一。

4. 灭菌　常压或高压灭菌均可。常压灭菌时，蒸汽将培养料加温到98～100℃时，至少保温10h；高压灭菌时，培养料在120℃保温2h，具体灭菌时间随灭菌锅内的栽培瓶数量而定。

5. 冷却 灭菌的时间到达后，等压力下降到常压，常压灭菌时等温度下降到 45℃以下时即可开门，将框转移至冷却室，启动空调使料温下降至 16～18℃，以便接种。

6. 接种 由自动接种机进行接种，一般 850mL 的种瓶可以接种 45～50 瓶，（每瓶接种量为 10g 左右，接种块基本覆盖整个培养料的表面）。接种室可用循环的无菌气流彻底清洁，使室内保持近乎无菌状态；接种室温度需控制在指定温度（如 M-50 为 16～18℃）。

7. 培养 培养室温度为 14～16℃，湿度保持在 70%～80%，CO_2 浓度控制在3 000μL/L 以下，在此条件下木屑的经 25～26d 即可发满，玉米芯的需 29～31d。接种后的前 5d 内属菌丝定殖阶段，培养室温度可适当高一些，控制在 18～20℃；发菌 5d 后，将温度调整到 14～16℃，此后一阶段，培养料升温很快，瓶里温度可能高出瓶外 4～5℃；发菌室必须保持良好的通风条件，标准菇房中通风是由 CO_2 浓度探头探制的，使发菌室 CO_2 浓度控制在 3 000μL/L 以下，通风气流必须到达房间的每一个角落，以使发菌均匀一致，方便后期管理；菌丝培养达 15d 时如果发现发菌速度差异较大，则很可能是发菌室的气流不畅所致。

8. 搔菌 菌丝发满后就可搔菌，搔菌由搔菌机完成，深度一般为瓶肩起始位置。搔菌有两个作用：一是进行机械刺激，有利出菇；二是搔平培养料表面，使将来出菇整齐。以下两种未发满的情况搔菌后并不影响出菇：一是瓶中间有 1～2cm 未发满；另一种是瓶底中有 1～2cm 未发满，但前提是菌丝发满的部分必须浓白、均匀；搔菌机搔的不彻底的区域必须手工搔平，因为这些区域在催蕾时最易出菇，给后期管理带来不便；搔菌机残留在瓶口的培养料必须擦干净，以免后期采菇时沾上菇柄而影响品质。

9. 催蕾 催蕾时温度保持在 15～16℃，M-50 菌株催蕾与发菌的温度基本相同，但湿度要求很高，达 90%～95%，CO_2 浓度控制在1 500μL/L 以下，并且每天给予 1h 的 50～100lx 的散射光，这样的条件经过 8～10d 后即可现蕾。在标准化的菇房中是无须在瓶口上覆盖任何物体，较好的现蕾有两种方式：一种是料面仅出现密密麻麻的针头大小的淡黄绿色水滴，原基随后形成；另一种是料面起初形成一层白色的棉状物（菌膜），一般不超过 3mm 厚，然后白色的菇蕾破膜而出。如果瓶口黄水出现较多，或者连成一片呈眼泪状或者色深如酱油色，则很可能是湿度过高的原因。催蕾室的空调必须满足以下两个条件：一是制冷效果好，降温迅速；二是对湿度的影响小，只有这样才能保证催蕾室具有均匀的湿度。催蕾是最关键的步骤，催蕾好的症状应该是整个料面布满白色的、整齐的菇蕾，数量可达 800～1 000个。

10. 缓冲 当菇蕾长至 13～15mm 时，需转移到缓冲室进行缓冲处理。缓冲室的温、湿度条件都介于催蕾室与抑制室之间，温度为 8～10℃，空气相对湿度为 85%～90%，缓冲的目的是不让抵抗力弱的子实体枯死，增强其抵抗力。2～3d 就可转移至抑制室进行抑制处理。

11. 抑制 抑制室的温度为 3～5℃，空气相对湿度为 70%～80%，抑制的目的是抑大促小，生长快的子实体受抑制较为明显，从而达到拔齐的目的。抑制的方法主要为光照抑制和吹风抑制两种。光照抑制是每天在 10h 内分几次用 500～1 000lx 的光照射。风抑制步骤是前 2d 吹 15～20cm/s 的弱风，后 2d 吹 40～50cm/s 的较强风，最后 2d 吹 80～100cm/s 的强风，这样经 1 周后就能达到拔齐的目的。对于长势相差较大的抑制效果并不明显，个别长势很快的子实体要及时用镊子拔除。

12. 生育 幼菇经抑制后即可转移至生育室，生育室的温度为 7～9℃，空气相对湿度为 75%～80%，CO_2 浓度控制在1 500μL/L 以下。待幼菇长出瓶口 2～3cm 时，即时套上纸筒，以使小范围内的 CO_2 浓度增加，从而起到促柄抑盖的效果，经 1 周的时间菇可长到筒口的高度，13～14cm。生育室的菇不要改变位置，以防引起菌柄的扭曲；室内保持良好的通风，以防柄变粗或柄中间形成凹线，影响菇的品质；简易的菇房抑盖的办法是等菇长至 8cm 高时，在纸筒上覆盖报纸，减少空气流通，可以使盖很小；长势好的栽培瓶应该有 250～400 个子实体。

13. 采收及包装　菇长出瓶口 13～14cm 时，即可采收，这是在一个干净低温的房间里操作的。采用玉米芯为原料的每瓶产量可达 160～180g，木屑的为 140～160g。鲜菇一般以抽真空的包装鲜销为主。一般出口标准菇的特点是柄长 13～14cm，伞直径大多数小于 1cm 或更小，没有畸形；菇柄粗细均匀、挺直，直径普遍小于 2.5mm 或更细，无弯曲现象；菇体色泽洁白，含水量少。

14. 挖瓶　菇采收后由挖瓶机挖去废料，清洗、干燥后即可进入下一轮循环。

拓展三　双孢蘑菇工厂化栽培技术

双孢蘑菇是目前世界上人工栽培最广泛、产量最高、消费量最大的食用菌，约占世界食用菌总产量的 40%，也是我国目前最大宗的出口创汇食用菌。

一、双孢蘑菇工厂化生产的分区与栽培周期

在工厂化栽培双孢蘑菇中，堆肥的二次发酵、发菌、出菇三个阶段在同一个室中完成为单区制，一个栽培周期 84d，每年栽培 4.3 次；二次发酵与覆土之前的发菌在隧道内进行，覆土后催菇及出菇在室内进行的为双区制，一个栽培周期仅 63d，每年可栽培 5.7 次；而三区制又增设了覆土之后的发菌催菇室，出菇室仅供出菇用，一个栽培周期 42d，每年栽培多达 8.6 次。

（一）单区制栽培

投资较少，适于小菇场生产。一个有 12 间菇房的菇场，如果生产程序安排的紧凑，1 年 52 周中每周都有 1 间菇房采菇，产品可以周年均衡上市。单区制大多采用床架式栽培，菇床上的堆肥厚约 20cm，标准投料量为含水 68%的湿料 100kg/m²。二次发酵（55～58℃）在 7d 左右，接种后在 23～25℃、空气相对湿度 85%～90%、通风供氧正常条件下发菌需 14d；覆土后先经 23℃发菌上土，再降温至 16℃催菇，这个程序约需 19d；然后是 40 余天的出菇期，在管理正常的情况下，每潮菇 7d，共采 6 潮菇，单产 19.3kg/m²。头 4 潮菇的产菇量占总产量的 87%；而 5～6 潮菇仅占双孢蘑菇总产量的 13%。因此，多数菇场主为提高出菇室的周转利用率，宁肯放弃 4～6 潮菇。国外的单区制小菇场一般有铺料、压实、播种、覆土、喷水等机器设备。

（二）双区制栽培

投资较大，适于较大规模的菇场。在双区制生产设施中，最值得投资的是隧道室，在其中不但可以进行高质量的堆肥后发酵，而且还可以进行高效率的集中式大堆发菌。发满菌的堆肥经传送带送入出菇室铺床，同时完成覆土，整个栽培周期约 63d，出菇室 1 年可循环铺床出菇 5～7 次。

（三）三区制栽培

大多采用可移动的菇箱，将覆土后的发菌催菇（19d）另辟一区进行，出菇室只供采菇期占用，大大提高了设施利用率。例如，澳大利亚 Campbell 公司的 Mernda 菇场有 36 间出菇室，为保证每周都有菇采，每隔 6 周接种 6 间出菇室。每室叠放 550 个菇箱（$2m^2$/箱），出菇面积1 100m^2，平均单产切根菇 27kg/m^2 时。每周产菇 165t，平均每天产菇近 24t。其运作程序：堆肥（专业堆肥场提供）→装箱→后发酵（隧道内，55～60℃，7d）→接种（隧道内，25℃，14d）→覆土（催菇室，25℃，19d）→出菇（出菇室，15℃，41d）→清料消毒（1d）。

二、发酵隧道的结构

发酵隧道宽 3.5m、高 3.5～4m、长 20m。地板是钻有透气孔的混凝土预制板，全部孔隙面积加在一起大约相当于地板总面积的 25%。为便于气流在地板下分布流通，在有孔地板与下层水泥地面之间留有 0.5m 的空间。风机要选用高压风机。如果后发酵或发菌的结果不理想，大部分是因为鼓风力量不足所致。

为较好地分配循环风压力和限制空气流速，对着气流入口的远端底层地面至少要倾斜高出 2%。隧道内绝大部分是循环空气，它由堆肥层下面的有孔地板吹入，并由隧道上方的回风口循环或排气口排出。为便于在后发酵结束时降温及排出氨气、二氧化碳等废气，隧道内除循环风口外，还设有排气口，大门上部有可闭可开的气窗。

在隧道内进行后发酵或集中发菌，一般不需要外加热量，靠堆肥本身产生的发酵热即可完成。在寒冬季节，在堆肥后发酵的初始阶段，需要在有孔地板下吹入一些热蒸汽，以启动高温微生物的自然发酵过程。

进行后发酵时，将堆肥均匀的堆在有孔地板上，料厚 1.8～2.0m。隧道上方留有 1～2m 的空间，通过堆肥层的空气在这一空间进行流动，经通风调节器与新鲜空气按一定比例混合后再吹入底层。隧道的容积越大，装料越不容易做到均匀，一般装 50～70t（100～140m^3）的隧道较易管理。

隧道内的料层和空间设有温度探头，以便观测和控制温度。在堆肥层中插有温度传感器，测点设置在料堆不同部位以及空气排出口。如果堆肥温度高于规定值，可增加循环风中新鲜空气的比例来降温；如果堆肥温度低于规定值，可减少循环风中新鲜空气的比例来增温。如果堆肥密度或厚度不均匀，堆肥密度高的部分（堆得紧的地方）循环风量会降低，所以装填堆肥时，要尽量装均匀，可采用可摆头的卷扬机装进或移出发酵隧道中的堆肥。

练习与思考

1. 食用菌工厂化生产的定义。
2. 食用菌工厂化生产有哪些控制系统？
3. 简述隧道发酵技术的要点。

项目十五　食用菌模拟创业分析

拓展一　模拟创业分析的意义

通过前面项目的学习，同学们已掌握了一定的食用菌基础理论知识和栽培技术，并且进行了一定课时的动手实践，但这离“入门”还有一段距离。

大学毕业之后，有些学生准备去食用菌企事业单位就业，打算先在就业单位学习技术和管理经验，然后再进行自主创业；但也有不少学生决定利用所学知识马上进行自主创业。无论哪种方式创业，在创业决策过程中都应进行一番深思熟虑，必须进行可行性分析和创业设计。如不经分析、策划和核算而盲目下手，很可能要走许多弯路。

假设你要进行食用菌创业，但你可能不知道创业可行性分析和创业决策要从哪些方面入手。为了更好地掌握可行性分析方法，体会决策过程，顺利实现从抽象到现实的转变，本教材特意设计了食用菌模拟创业分析项目。

模拟创业的调查分析类似于项目分析和项目设计，也包括项目实施计划，但又有所区别。模拟创业的调查分析始终围绕该不该投产和如何投产展开，这不是纸上谈兵，而是实战前的沙盘推演。作为高职院校的学生，学会了模拟创业的调查分析，也就基本上学会了项目调查研究和项目可行性分析以及项目实施的方法步骤，即使不进行自主创业，走向工作岗位后，运用这方面的能力为企事业单位服务，也将深受单位欢迎。

模拟创业的调查分析对食用菌生产进行了一个更深刻的回顾，大大缩短了理论与实际的距离，增加了创业实践成功的概率，提高了完成项目分析和项目实施的能力，意义十分重大。

拓展二　模拟创业的调查与分析

一、产业背景调查分析

主要调查分析食用菌产业的整个产业宏观现状以及创业所在地的当地食用菌产业发展状况。比如，“中国是食用菌生产和消费大国，食用菌产业是我国农业产业中的第六大产业；浙江是我国食用菌大省，食用菌产业是浙江省农业产业中的第四大产业；丽水是食用菌大市，食用菌更是丽水市农林产业最大的特色和支柱产业”等，都是产业宏观分析的内容。

通过背景分析，会更加清晰你从事的产业发展方向和宏观气候，对你决策和评估起到重要作用。

二、成本调查与核算

涉及成本的内容很多，成本考虑的全面性和精准性是成本核算是否准确的两个重要环节。有经验的业主在考虑菇棚材料成本时，往往以分为计算单位，无论是一枚钉子的价格，还是一张遮阳网批发和零售的差价都计算得清清楚楚。在成本核算和产出计算方面，要学会并养成做清单的习惯。某企业 2009 年投产10 000支菌棒的直接成本核算清单详见表 15-1。

表 15-1　10 000支香菇菌棒直接成本核算清单

栏目	用量	单价（元）	单项投入（元）	备注
木屑	6 300kg	0.60	3 780	
麸皮	1 700kg	1.70	2 890	
白糖	85kg	5.46	464.1	
石膏	85kg	0.5	42.5	
筒袋	10 000 只	0.14	1 400	
中温灭菌剂	20kg	33	660	
接种灵	10 包	5	50	
酒精	5kg	4	20	对接种灵用
胶囊菌种	70 片	6	420	接 4 孔，自产
灭菌能耗			500	
劳务用工	80 工	40	3 200	
管理成本			20 00	
合计（元）	15 426.6			

成活率以 90%计，误差以 10%计，菌棒可能实际直接成本为15 426.6×1.10×1.10=18 666.2 元/万袋。每棒成本约 1.87 元。节省成本的关键在于：

1. 提高成活率　从计算过程可以看出，如果成活率从 90%提高到 95%，则每个菌棒成本下降 0.08 元。

2. 减少用工量　从清单上可以看出，用工量是很大的一块成本，可以通过机械化操作和加强管理等方面来减少用工量，以减少菌棒生产成本。

这只是众多投入成本中的一部分，食用菌基地的投产还涉及菇棚、租金、电费、层架、运费、机械等诸多方面，还包括其他基建项目的物资和劳务工资核算。有了各分项详细清单，最后可汇成总成本投入栏目清单，计算出投产成本，这样，整个项目成本就一目了然了。作为个体创业者，没必要做得像财务报表那么规范，但也要尽可能做得细致到位，因为这是开展可行性分析的基础和前提。

三、产出调查与效益分析

由于创业之前，还没有真正的产出，所谓的产量、单价、销售额等都是预期的。如何相对真实地预计产出，需要深入产业调查，对近几年的数字进行分析，并实事求是地估计自身的技术水平，既不要过于乐观，也不要过于保守，甚至要考虑品种特性和条件设施等综合情况。

在价格分析时，要以菇农保本销售时的价格为赢亏点，低于这个价格销售，整个产业将出现大面积亏损，来年的生产面积将大大萎缩，产品将供不应求，价格也随之升高，这时反而可能是投产的好机会；而当价格远高于赢亏点时，生产积极性将被调动起来，全国产量也将随之增加，价格压力将会增大，风险反而加大。如果，价格在赢亏点上还有比较大的利润，证明技术水平、生产效益高于产业普遍状况，成功的希望也就比较大；反之，需慎行。例如：

2014年湖北一带菇农代料黑木耳平均单产水平约0.35kg（鲜品）/袋，菌棒直接成本为1.40元/袋，价格赢亏点为0.35x=1.40元/袋，x=4元/kg。也就是说，每千克鲜黑木耳价格在4元以下，菇农将不能保本；事实上，当年的平均价格约为7元/kg，利润空间比较大，近几年出现赢亏点的价格可能性不大，保本的市场风险不大，所以在效益分析上是可以通过的。

在效益分析中，还要考虑资金的利息成本和机械设备的折旧，有时还要考虑无形损耗，要尽可能反映真实状态。

菇农对利润的看法与正规的财务分析很不相同，菇农往往不把自备的材料甚至劳动力当成成本，他们对利润的要求就比较低。菇农的心态直接影响着农产品的价格。作为高职院校毕业的学生，既要学会按正规财务计算，又要深入了解农业产业的算账习惯。调查要详细，分析要认真，养成精打细算的习惯。

四、风险评估

没有经验的创业者，做完市场调查和效益分析后就决定下手了，这显然是不够的。还有一个非常重要的内容需要进行调研和分析，那就是风险评估。从哪些方面进行评估，也就是哪些方面存在风险呢？概括起来有如下几个方面是要加以考虑的：

1. 政策风险分析　之所以首先要分析政策风险，是因为，任何产业的发展都离不开政府的支持与帮助。政府对产业的提倡和推动，是投产的先决条件，至少，政府得允许这个产业的发展。与政策不符的产业，即使投产，也是麻烦不断，企业举步维艰。尤其要考虑有没有毁坏山林、污染环境，是否违背用工政策，是否符合城建规划等。

2. 市场风险分析　要运用网络分析法（ANP）分析整个产业的投产总量和市场供求的状况。市场因素很多，菇品、原材料、能源、劳动力等供应状况及贸易壁垒对行情的影响等都是必须考虑的因素。

3. 技术（包括管理）**风险分析**　技术因素对创业成败的影响也相当关键，人员管理、生产计划、成活率、菌种、培菌管理、出菇管理等环节的技术问题都会造成产量和质量的损失。笔者曾多次见到菇农培菌管理不当，发生闷堆烧菌事故造成所有菌棒毁灭的惨重情况；也看到了很多食用菌基地因技术指导不到位而致使破产的境况，因此，在技术因素上一定要心中有数。

4. 环境风险分析　生产企业与周边环境相关性极大，有些是地理、气象等自然因素造成的，如极端气候：台风、炎热、干旱、冰雹、雪灾等；有些是人为因素造成的，如周边企业污染源、道路交通受阻等，会造成减产、减收。

5. 未知风险分析　在以上风险内容中，有些是容易分析和预见的，有些却很难预见，如地震、人员事故、火灾等。

分析这些风险，目的在于如何及时发现风险，只有发现这些风险所在，才能明白如何去规避风险和化解风险。正确分析政策导向，认真进行市场调查，正确进行市场分析，提高管理和技术水平，制订合理的生产计划，做好防灾减灾工作，都是一个成熟的决策者需要考虑的问题，也是未雨绸缪、规避风险的根本手段。

五、创业决策

在进行市场调研的基础上，进行科学的预期效益分析，并进行风险评估。如果效益预期较好，且风险通过运筹和精心策划，可以化解、规避或在可以承受的范围之内，或者是风险出现的概率很低，不足以作为不投产的理由，便可以考虑进行投资创业。如果发现有些风险是客观存在，并且无法化解，不值得去冒险，那么，则应该作出不投产的决定。但要把预期变成现实，还需要制订一系列计划，并有步骤地实施。

拓展三　创业计划的制订与方案实施

一、计划的制订

1. 菌种计划　俗话说："收多收少在于种，有收无收在于种"。第一个"种"是指管理，第二个"种"是指种子。在栽培管理的所有环节中，种子是最为重要的。

在规模生产中，经常会出现这么一种情况：万事俱备，只欠种子！这种事情看似很容易解决，为什么还经常会有业主出现这种"低级错误"呢？这是由菌种生产的特殊性决定的。菌种生产要经历母种、原种和生产种几个环节，每个环节都需要一定的时间：试管生产至少要占用20d时间，原种和生产种生产各需要留有至少40d的时间，也就是说，至少在生产菌棒之前100d，就要考虑菌种了。当然，也可以去菌种专业户那里去采购，但这是要很谨慎的：第一，菌种品种繁多，菌种不耐贮藏，卖不出去的菌种将会老化，一文不值。从自身利益考虑，制种户不可能把所有种类和品种都生产出来供生产者选用。也就是说，制种户的制种计划也是经验性的，不一定会有现成的菌种。生产者一定要提前预订，尤其是需种量大的情况。第二，同一菇类几乎所有品种，从菌种的菌丝外观是看不出区别的，制种户技术水平和管理能力也是良莠不齐，错种现象时有发生。一旦出现错种，后果将是十分严重的。

无论是从时间安排、种质保障还是从成本考虑，至少得有能力生产栽培种，如有条件，可以自繁原种，甚至自留试管种备用。生产或购买菌种的数量和生产时间需要有详细严谨的计划。这个计划包括品种、数量和制种用种时间。

2. 物资计划　食用菌生产涉及数十种物资，不能因为少数的物资不到位而造成生产延迟，也不能因为物资配置不合理而造成浪费。因此，物资的准备也是要有详细计划的。表15-2是某食用菌基地2005年进货时的计划清单。

表15-2　某食用菌基地材料采购价目表

品　名	单　价	规格及说明
胶囊菌种	15元/片	200袋用量
试管母种	10～1 000元/支	根据品种的不同
常规原种	3.5元/包	27～30袋用量
常规生产种	1.2～1.5元/包	接27～30袋用量
内袋	0.12元/只	55mm×15mm规格

（续）

品　名	单　价	规格及说明
内袋	0.15 元/只	55mm×17mm 规格
外袋	0.018 元/只	55mm×15mm 规格
免割保水袋	0.07 元/只	55mm×15mm 规格
克霉王	70 元/份	55mm×15mm 1 000 袋用量
接种灵	10 元/瓶	55mm×15mm 1 000 袋用量
微量元素（营养剂）	35 元/份	55mm×15mm 1 000 袋用量
气雾消毒剂	200 元/箱	仑山牌（200 台）
装袋机	160 元/台	
多功能粉碎机	2 000 元/台	
大型自动拌料机	2.5 万～3 万元/台	
小型自动拌料机	2 500 万～3 000 万元/台	
蒸汽炉	1 500～2 800 元/台	铁制或铝制
线球	2.1 元/kg	
镊子	3.5 元/把	
温度计	0.65 元/支	
记号笔	0.8 元/支	
三合板刀	2 元/把	
酒精灯	1.65 元/只	
乳胶手套	0.3 元/付	
粉碎机刀片	60 元/把	
酒精	1 元/kg	

注：以上材料选用庆元市场最优质产品，价格为 2005 年 6 月市场价，不包括运费，以后价格随行就市。

在生产新区，还没有形成专业的原辅材料市场，零星采购成本高，且浪费时间，非常麻烦。所以，采购物资一定要考虑周到，列出详细采购清单，到大的专业市场一次性采购，尽可能做到物资齐全。

3. 人员计划　在食用菌生产初级状态，农户往往用自家的劳动力组织生产；在需要短时间内完成的、用工量较大的劳动操作时，他们一般用以工换工的方式解决。现在，随着生产形势的发展，规模生产的优势逐渐发挥，规模生产的基地也逐年增加。规模生产总是要雇工的，这就需要有人员计划。

人员用工计划相对简单一些，主要是各生产环节需要的用工量、劳动力来源以及工资费用等；如果规模较大的话，还要考虑聘用管理和技术人员。

4. 设施计划　包括场地规模、设施种类和数量，这个计划可以纳入物资计划内一起做。

5. 栽培计划　栽培计划主要考虑的内容有：品种特性、品种数量搭配、生产时间进展等，这个计划要充分与菌种计划、人员计划、物资及设施计划相衔接。

二、方案实施

经过细致的调查分析，进行科学的风险评估，最后做出详细的实施方案，这只是投产创业的前期步骤。投产后，方案的实施过程也不会是一帆风顺的。既要严格按照方案，又要根据情况的变化对方案进行调整和修改。尤其是创业之初，管理和技术水平还不是很高，经验还不够丰富，需要学会观察和思考，灵活运用所学的知识，大胆实践，终会创出一番天地！

练习与思考

1. 什么是模拟创业？
2. 模拟创业分析包括哪些主要内容？
3. 结合当地的基本情况制订一份食用菌创业计划。

实训指导

实训指导一　食用菌的形态结构观察

一、目的要求

观察食用菌菌丝体的生长状态，利用显微镜认识食用菌的营养体和繁殖体的微观结构，利用徒手切片观察食用菌子实体的微观结构，通过对食用菌子实体形态特征的观察，了解和熟悉各种食用菌子实体的类型和特征，并能根据子实体的外形进行分类。

二、实训准备

1. 材料　平菇、香菇、双孢蘑菇、草菇、金针菇、黑木耳、银耳、猴头菇、灵芝、蜜环菌、羊肚菌、虫草、茯苓等食用菌子实体或菌核浸制标本或干标本、鲜标本及部分食用菌的菌丝体、担孢子等。

2. 仪器工具　光学显微镜（100～600 倍）、接种针、无菌水滴瓶、染色剂（石炭酸复红或亚甲蓝等）、酒精灯、75%酒精瓶、火柴、载玻片、盖玻片、刀片、培养皿、绘图纸、铅笔等。

三、方法步骤

1. 菌丝体形态特征观察

（1）菌丝体宏观形态观察。

①观察平菇、草菇、金针菇、香菇、黑木耳、银耳及香灰菌、蘑菇、猴头、灵芝等食用菌的试管斜面菌种或 PDA 平板上生长的菌落，比较其气生菌丝的生长状态，并观察菌落表面是否产生无性孢子。

②观察菌丝体的特殊分化组织：蘑菇菌柄基部的菌丝束、蜜环菌的菌索、茯苓的菌核、虫草等子囊菌的子座。

（2）菌丝体微观形态观察。

①菌丝水浸片的制作：取一载玻片，滴 1 滴无菌水于载片中央，用接种针挑取少量平菇菌丝于水滴中，用两根接种针将菌丝播散。盖上盖玻片，避免气泡产生。

②显微观察：将水浸片置于显微镜的载物台上，先用 10 倍的物镜观察菌丝的分支状态，然后转到 40 倍的物镜下仔细观察菌丝的细胞结构等特征，并辨认有无菌丝锁状联合的痕迹。

2. 子实体形态特征观察

（1）子实体宏观形态观察。

①伞状菇类子实体观察：选取平菇、双孢蘑菇、香菇、金针菇新鲜子实体，用手摸菌盖、菌柄质地；观察各部外形、色泽、表面结构和边缘状况；用尺子测量菌盖直径、菌柄长

度、粗细，注意有无菌环及其着生部位。用刀片从菌柄基部沿中轴线向上纵剖至菌盖顶部，顺势用手掰成两半，仔细观察纵断面的构造，注意菌盖厚度，褶片形状、大小，色泽，菌褶与菌柄着生关系，菌柄质地与表面状况。

②猴头菇观察：记录形状、大小、颜色、菌刺着生位置及长度。

③耳类子实体观察：将黑木耳与银耳放入瓷盘中，观察形状、色泽、质地（手感）等。用放大镜观察子实体腹面与背面特征，有无茸毛、脉纹等。

（2）子实体微观形态观察。

①菌褶切片观察：取一片平菇菌褶置于左手，右手持刀片，横切菌褶若干薄片漂浮于培养皿的水中，用接种针选取最薄得一片制作水浸片，显微观察平菇担子及担孢子的形态特征。

②有性、无性孢子的观察：灵芝担孢子水浸片观察；羊肚菌子囊孢子水浸片观察；草菇厚垣孢子水浸片观察；银耳芽孢子水浸片观察（以上各类孢子的观察可用标本片代替）。

四、作　　业

1. 描述菌丝体的生长状态，并画出所观察菌丝、无性孢子、担子及担孢子的形态结构图。

2. 列表说明所观察各种类型的食用菌子实体的形态特征。

菌名	菌盖或耳片				菌柄或耳根				
	形状	大小（mm）	厚度（mm）	色泽	长度（mm）	粗细（mm）	色泽	菌环有无	菌环位置

3. 绘制一种食用菌子实体的形态图，用绘图笔或钢笔（黑）绘制生物图，要求图形真实、准确、自然、画面整洁。

实训指导二　食用菌母种培养基的制备

一、目的要求

了解食用菌母种培养基的配方，熟悉母种培养基（PDA 或 PSA）的配制方法，了解高压蒸汽灭菌锅的构造，掌握正确使用高压蒸汽灭菌锅的方法。

二、实训准备

1. 配制培养基材料　马铃薯、葡萄糖（或蔗糖）、琼脂、水等。

2. 仪器用具　高压蒸汽灭菌锅（手提式或立式）、可调式电炉、铝锅（20cm）、汤勺、切刀、切板、量杯、纱布、漏斗（带胶管和玻璃管）、止水夹、漏斗架、试管（18mm×180mm 或 20mm×200mm）、1cm 厚的长形木条（摆放斜面时垫试管用）、棉花（未脱脂）、捆扎绳、标签、天平等。

三、方法步骤

1. 母种培养基（PDA 或 PSA）**配方**　马铃薯 200g、葡萄糖（或蔗糖）20g、琼脂 15～20g、水1 000mL，pH 自然。

2. 母种培养基的配制

（1）熬制。先将马铃薯洗净，挖芽去皮，准确称取 200g，然后将马铃薯切成玉米大小的颗粒或薄片。用量杯量取1 000～1 200mL 水于铝锅内煮马铃薯，待水沸后计时 20～25min，当马铃薯酥而不烂时，用双层纱布进行过滤于量杯中，洗净铝锅滤渣，将滤液倒回锅中继续以文火加热，加入葡萄糖（或蔗糖）和琼脂，待琼脂溶化，不断搅拌，以免糊锅，注意补足水量。

（2）分装。将熬成的培养基保持文火，趁热分装。用勺将培养基加入漏斗中，左手握 2～5 支试管，右手持漏斗下面的玻璃管入试管口内，同时放开止水夹，让培养基逐个流入试管内，培养基高度为试管长度的 1/6～1/5，10～15mL，注意避免将培养基沾于试管口内外。分装后的试管，在培养基凝固前必须立放。

（3）制棉塞。用叠放式将未脱脂棉做成棉球，塞入试管口，管口内棉塞底部要求光滑，棉塞侧面要求无褶皱，棉塞长度的 2/3 在管口内，1/3 在管口外。棉塞的松紧以手提棉塞轻晃试管不滑出为度。

（4）捆把。以 7 支试管为一捆，用牛皮纸包裹试管口，用捆扎绳扎紧。贴上标签，准备灭菌。

3. 培养基的灭菌　食用菌母种培养基的灭菌一般采用高压蒸汽灭菌法。常规步骤：加水→灭菌物入锅→上盖→对称、均匀地扭紧螺栓→加热升温→打开排气阀，持续排气至有大量热蒸汽持续冲出时，关闭排气阀→继续升温，压力升至0.1MPa，温度达到121℃时，开始调火稳压25～30min→灭火，自然降压至压力为0.05MPa时，可慢慢打开排气阀徐徐降压至0（若降压太快，试管中的培养基易沸腾浸湿棉塞）→锅盖半开，让锅内多余蒸汽逸出，锅内的余热烘干棉塞→开盖，取物→摆斜面→斜面试管上应覆盖洁净的厚毛巾或几层纱布，防止试管内产生过多的冷凝水。

四、作 业

1. 试述母种培养基的配制过程。
2. 怎样正确使用高压蒸汽灭菌锅对培养基进行灭菌？

实训指导三　食用菌菌种的分离

一、目的要求

了解纯菌种性状的优劣对食用菌产量高低和品质好坏影响的重要性，掌握食用菌母种制作技术，学会母种的分离方法。

二、实训准备

斜面培养基、三角瓶培养基、平菇种菇、黑木耳、接种箱、酒精灯、接种针、接种铲、镊子、剪刀或刀片、金属丝、无菌水、无菌纱布、75%酒精等。

三、方法步骤

1. 种菇的选择　选取无杂菌感染、无病虫害、出菇均匀，适应性强的菇床子实体，要求个体健壮，朵大肉厚，外形规整，出菇早，七八成熟的新鲜子实体。子实体采收后切去大部分菌柄，放入干净器皿内备用。

2. 母种分离方法

（1）组织分离。此法是生产中最常用的方法，它操作简便，菌丝萌发快，分离所得的菌种遗传性较稳定，在培养基条件适宜的情况下，能保持原有菇种的优良性状和特性。

操作方法：在分离前用75%的酒精棉球擦菇体进行表面消毒，用无菌水冲洗数次，然后用无菌纱布揩干，在接种箱内将菌菇撕开，用消毒镊子或剪刀或刀片在菌盖与菌柄交接处的组织上取一小块（绿豆大小）移至试管斜面培养基的适当位置，迅速塞上棉塞。将分离的试管放在25℃恒温箱内培养7～8d，检查菌丝生长情况。

（2）孢子分离。此法是将子实体成熟后散出的孢子收集在培养基上萌发并长成菌丝而获得的纯菌种。

孢子采集器分离法：适用于双孢蘑菇、香菇的孢子采集法。用一直径30cm的瓷盘，盘上铺4层纱布，上面放一套反扣的培养皿，皿底中放一个插种菇用的钢丝架，外面罩上玻璃钟罩，罩口加塞棉塞或包裹多层纱布。装置要求无菌状态。操作时将种菇切去菌柄基部，用75%酒精进行表面消毒，用无菌水冲洗数次，再用无菌纱布揩干，将菌褶一面朝下插到钢丝钩上，静置1～2d。待菌褶中的孢子大量散落到培养皿内，形成粉末状孢子印时取下种菇，用无菌注射器吸取3～5mL无菌水注入培养皿中，略加晃动，使孢子均匀悬浮于水中。将培养皿倾斜待孢子稍沉后，用注射器吸取沉底的孢子，注1～2滴孢子悬浮液于试管斜面培养基上。或用接种针挑取少量孢子，直接在斜面培养基上画线。待孢子萌发成菌苔时，选取萌发快、生长良好的斜面做母种。

三角瓶钩悬法：适用于银耳、黑木耳的孢子采集法。选择褶皱多、朵大、肉厚、健壮的黑木耳，放在灭菌的三角瓶或大试管中，用无菌水振荡冲洗 3 次。取出放在灭过菌的培养皿内，在 20～28℃下培养 1～2d。用无菌剪刀剪成小片，取一小片用无菌的金属丝钩悬挂于底部有培养基的三角瓶内。注意菌块不要碰瓶壁或培养基。将三角瓶放在 25℃条件下，经 1～2d 在培养基上即可见到白雾状的孢子印，此时无菌操作，把悬挂于瓶内的菌块取出，再将三角瓶移入恒温箱内培养。经 2～3d，培养基表面就会出现许多乳白色的菌落。

菌褶涂抹法：将灭菌的接种针或接种环插入种菇菌褶之间，轻刮菌褶表面未弹射的孢子，随即在斜面培养基表面画线，待孢子萌发后转管培养。

四、作　业

试比较组织分离和孢子分离的优缺点。

实训指导四　食用菌母种的转管

一、目的要求

熟悉接种箱的消毒灭菌方法，掌握食用菌母种转管技术。

二、实训准备

1. 消毒灭菌药品及设备　高锰酸钾、37%甲醛溶液、坩埚或烧杯、紫外线灯、0.25%新洁尔灭溶液、5%石炭酸溶液、喷雾器等。

2. 转管材料及用具　平菇试管母种、母种培养基、接种箱、接种铲、酒精灯、火柴、95%酒精、75%酒精棉球、肥皂等。

三、方法步骤

1. 接种箱的消毒灭菌

（1）药物消毒。首先用0.25%新洁尔灭溶液擦净接种箱内外。再用5%石炭酸溶液进行接种箱内的喷雾。

（2）熏蒸杀菌。在坩埚或烧杯里倒入37%甲醛溶液10mL/m^3，放进接种箱内，再通过接种箱的侧门在甲醛溶液中加入高锰酸钾5～8g。甲醛溶液与高锰酸钾发生强烈的氧化还原反应，立即沸腾并挥发出有强烈刺激的气体，其中产生的原子氧有较强的杀菌作用。

（3）紫外线灯照射。接种箱的顶部安装一根30～40W紫外线灯，在接种箱玻璃外面覆盖一层牛皮纸或几层报纸，黑暗中开灯照射才能增加杀菌效果。紫外线灯照射1h后关灯，待臭氧散后可开始接种。

2. 食用菌母种转管技术

（1）手及试管的表面消毒。先用肥皂洗手，在用0.25%新洁尔灭溶液浸泡手2min，或以75%酒精棉球擦手和试管表面（包括母种试管和待接种的斜面试管）。在接种箱外的酒精灯的火焰上燃烧试管外的棉塞，即用手捂灭火焰，立即将试管放入接种箱内。

（2）菌种移接（转管）方法。两手从接种孔伸入接种箱内，左手持母种管和斜面管并排于拇指和食指间，拇指在上，食指在下。注意两支试管口对齐于火焰上方。右手持接种铲，用手指缝拔掉试管棉塞，使棉塞底部朝外。将接种铲先蘸取95%酒精，后在火焰中烧灼接种铲的前段，待冷却后伸入母管内切取一小块带有培养基的菌种块，迅速移入斜面培养基的中部，菌丝朝上。然后，将右手指缝夹住的棉塞底部及周围在火焰上烧一下，立即塞入试管口，旋紧棉塞。再换上第二支斜面试管，重复如上操作。注意，菌种移接的整个过程的动作要求做到快、准，接种铲不要触碰管口及管壁。接种后的试管应立即贴标签，写上菌号及日期，进行适温培养。

（3）结束工作。菌种移接完毕，将酒精灯盖灭，95%酒精瓶盖上。然后，打开侧门，取出试管。将接种箱内的汽水擦干，清除箱内的残留物，将酒精灯、酒精瓶、接种铲等用具摆放整齐。

四、作　　业

菌种移接的全过程为什么要在火焰上方进行？指出菌种移接过程中的关键技术。

实训指导五　食用菌菌种的保藏

一、目的要求

了解食用菌菌种容易变异和退化的特性，掌握利用低温、干燥、缺氧进行菌种保藏的原理，学会怎样保持食用菌菌种的生活力及优良性状的主要方法。

二、实训准备

平菇母种试管、蘑菇或灵芝八成熟的子实体、木屑麸皮培养基（装入菌种瓶，经0.14MPa高压蒸汽灭菌1h后备用）、液体石蜡（装入三角瓶中，经高蒸汽灭菌后，40℃干燥箱烘干水分后备用）、滤纸条（装入培养皿中经0.1MPa高压蒸汽灭菌后备用）、灭菌插菇铁丝架、无菌空试管（带棉塞与变色硅胶）、接种箱、接种用具、无菌镊子、固体石蜡、坩埚、酒精灯、试管架或铁丝筐、塑料薄膜、牛皮纸、捆扎绳、标签、普通冰箱等。

三、方法步骤

先将接种人员手的表面进行消毒灭菌，分别在无菌条件下操作如下：

1. 斜面低温保藏法　利用增加了氮源和K_2HPO_4的保种培养基移接平菇母种，待菌丝长至斜面的2/3时，选择菌丝生长粗壮整齐的母种试管，将试管口的棉塞用剪刀剪平。利用酒精灯在坩埚里溶化固体石蜡，用以密封试管口，在外包扎1层塑料薄膜。最后将试管斜面朝下，置入4℃冰箱里保存。

2. 木屑培养基保藏法　提前2周，将平菇母种移接入已灭菌的木屑培养基的菌种瓶内，待菌丝长满培养基1/2时，剪平瓶口棉塞，用蜡密封，包扎牛皮纸后置于4℃冰箱内保藏。

3. 矿物油保藏法　选择优良的平菇母种试管放进已消毒的接种箱内，在无菌条件下操作。将种管竖立于试管架或铁丝筐内，将已灭菌的液体石蜡注入种管内，淹没菌苔，液体石蜡的量高出斜面尖端1cm为宜。最后用牛皮纸包扎试管口，竖立放置，闭光保藏。

4. 孢子滤纸保藏法　将蘑菇或灵芝置入已消毒的接种箱里的插菇铁丝架上，插菇铁丝架立于装有灭菌滤纸条的培养皿内，待担孢子弹射在滤纸条上之后，用无菌镊子将载有担孢子的滤纸条移入灭菌的空试管内，塞入棉塞剪平，用石蜡融封，干燥、低温保藏。

四、作　　业

1. 矿物油保藏法在操作过程中应注意哪些问题？
2. 比较各种菌种保藏法的优缺点。

实训指导六　食用菌原种及栽培种的制作

一、目的要求

掌握食用菌原种及栽培种的配制方法，学会菌种的接种技术以及原种及栽培种的消毒灭菌方法。

二、实训准备

1. 材料　食用菌母种、食用菌原种、玉米粒、麦粒、碳酸钙、棉籽壳、杂木屑、酒糟、麸皮、蔗糖、石膏粉、过磷酸钙。

2. 器具　接种针、菌种瓶、棉塞、捣木、酒精灯、聚丙烯塑料袋、线绳、防水纸、标签、立式高压蒸汽灭菌锅、接种箱、接种用具等。

三、方法步骤

原种的生产是由母种移接入原种培养基，经培养而成，原种也称二级种。栽培种是由原种移接入栽培种培养基，经培养而成，故称三级种。二者生产程序相同：培养基的配制→装瓶→灭菌→接种→适温培养。

(一) 原种制作

1. 培养基制备

(1) 麦粒培养基。

①配方：麦粒 200g、蔗糖 10g、碳酸钙 6g。

②制作：将麦粒洗净加水浸泡 4～6h 至膨胀，加热煮沸 20min，加蔗糖再煮 5min，煮至麦粒无白心并胀而不破，捞出沥去多余水分，再加碳酸钙拌匀。

(2) 棉籽壳培养基。

①配方：棉籽壳 95%、蔗糖 2%、过磷酸钙 2%、石膏粉 1%，水适量。

②制法：将上述物质按比例称好，蔗糖、过磷酸钙和石膏粉先用水溶解后再加入，加水搅拌均匀，加水量以手紧握培养料，指缝出水珠但不下滴为度一般料水比为 1∶(1.2～1.4)。

(3) 玉米粒培养基。

①配方：玉米粒 97%、石膏粉 2%、蔗糖 1%，水适量。

②制法：将玉米粒称好后，浸泡 12～24h，再煮沸约 2h，至粒内无白心而又不胀破为度，然后捞出，沥去多余水分，按比例称取石膏和蔗糖拌匀。

2. 装瓶　培养基拌好后，装入无色透明干净的广口玻璃瓶内，边装边用捣木沿瓶壁四周适当压实，装至齐瓶肩为止。上下松紧适度，再用捣木于中央打洞至瓶底（麦粒、玉米粒培养基可不打洞）。

用聚丙烯塑料薄膜（膜中央用刀划破长约 2cm 的十字线）包扎瓶口、再用防水纸包扎 1 层。若用菌种瓶制原种，捣木打洞后加棉塞包扎灭菌。

3. 灭菌　原种宜用高压蒸汽灭菌，于 0.14MPa 压力下灭菌 1.5～2.0h。

4. 接种　灭菌后冷却至 30℃左右时进行抢温接种。将已灭菌的培养料瓶移入接种箱，母种管、用具及手要进行消毒。大口瓶原种接种时只揭开防水纸一角，将母种从瓶盖塑料膜中央十字口处放入洞中。菌种瓶按常规接种法，用接种铲取菌种 1 块放入种瓶内培养料的孔隙边，并使菌丝紧贴在培养料上，塞上棉塞，贴上标签，注明菌种名称和接种日期。1 支母种可接 6～8 瓶原种。

5. 培养　接种后，将种瓶置于适温下培养。菌种瓶初放时，应直立于床架上，当菌丝吃料后，可将其横放。经常检查，淘汰污染种瓶。一般 25～35d 菌丝可长满菌种瓶。

（二）栽培种制作

栽培种有瓶装和袋装两种，以原种接种经培养而成。

1. 培养基制备

（1）棉籽壳培养基（适于平菇、凤尾菇、猴头菌的培养）。配方、制法同原种棉籽壳培养基。

（2）木屑麸皮培养基（适于木生食用菌的培养）。

①配方：锯木屑（以壳斗科树木为好）77%、麸皮（或米糠）20%、蔗糖 2%、石膏粉 1%。

②制法：按比例称取木屑、麸皮、石膏粉混合均匀，蔗糖溶于水中，边加水边搅拌边检查含水量，直至用手紧握培养料时，指缝略有水渗出而不下滴为度。

2. 装瓶或装袋　装瓶方法同原种。装袋法采用聚丙烯塑料袋，或低压聚乙烯塑料袋，袋长 34cm，宽 13～15cm。装袋时要求培养料松紧适合，紧贴袋壁，做到轻装、轻放、不破损，以减少杂菌污染。装好后包扎两头袋口。

3. 灭菌　栽培种采用高压灭菌 2h 或常压蒸汽灭菌，于 100℃保持 8～10h，再闷 1 夜。

4. 接种　袋装者采用两头分别接种，用线绳扎口。1 瓶原种可接栽培种 40～60 瓶或 20～30 袋。

5. 培养　接种后，将栽培袋置于适温下保温培养 15～30d，菌丝长满全袋，即得栽培种。

四、作　业

1. 原种和栽培种有什么不同？
2. 简述原种和栽培种的制作步骤。

实训指导七　食用菌菌种质量鉴定

一、目的要求

了解食用菌菌种生长特征，掌握常见食用菌菌种质量鉴定方法。

二、实训准备

1. 菌种　双孢蘑菇、平菇、香菇、黑木耳、银耳、草菇、猴头菌、金针菇等的母种、原种及栽培种。

2. 器材　马铃薯蔗糖琼脂平板培养基，石炭酸复红液，乳酸石炭酸棉蓝液，镊子，刀片，放大镜，显微镜等。

三、方法步骤

（一）菌种鉴定方法

1. 直观法　凭感观直接观察菌种表面性状，称直观法。优良菌种一般共有的特征是：纯度高、无杂菌、色泽正、有光泽，菌丝健壮、浓密有力；具有其特有的香味，无异味。直观法比较简单，但鉴定人必须有丰富的实践经验。

2. 镜检法　选取各种食用菌少量菌丝制片，在显微镜下观察分支、分隔、锁状联合及孢子等特征，对细胞结构进行鉴定。

3. 培养观察　对各种食用菌菌种通过培养菌丝，观察对水分、湿度、温度、pH 的耐受性，以确定菌种生活力和适应环境能力。

4. 出菇（耳）**试验**　对各种食用菌菌种作出菇（耳）试验，根据条件采用瓶栽、袋栽、压块栽培，观察出菇（耳）能力，做好记录，分析产量和质量。

（二）母种鉴别

母种的鉴别主要是根据菌丝微观结构的镜检和外观形态的肉眼观察加以鉴别。

1. 双孢蘑菇　菌丝体白色，略带黄色或灰色，纤细蓬松。常见有两种类型：一种是气生型，菌丝直立，绒毛状，爬壁力强；另一种为匍匐型，菌丝平状，紧贴培养基，菌丝老化后分泌色素。菌丝无锁状联合。

2. 香菇　菌丝体白色，粗壮，呈绒毛状，平伏生长，生长速度为每天 7mm±2mm。满管后，略有爬壁现象，边缘呈不规则，老化时培养基变为淡黄色。早熟品种存放时间长，有的可形成原基或小菇蕾。

3. 黑木耳　菌丝体白色，在培养基上匍匐生长、不爬壁，似细羊毛状，短而整齐，长满斜面后逐渐老化，出现米黄色斑；同时在培养基内产生黑色素。久放见光，在斜面边缘或底部会出现胶质状琥珀色颗粒原基。毛木耳菌种老化后，有时在斜面上部出现红褐色珊瑚状原基。

4. 银耳　银耳母种包括银耳菌和香灰菌。银耳菌丝体纯白色，短而细密，前端整齐。培养初期，菌丝呈锈球状的白毛团，生长速度极缓慢，每天生长量为 1mm，随着菌龄延长，白毛团四周有 1 圈紧贴培养基的晕环。如不易胶质化，适合做段木种；反之，适宜做代料种。

香灰菌在 PDA 培养基上，菌丝灰白粗短，呈羽毛状，爬壁力极强，生长快，一般 3～5d 可布满斜面。同时分泌大量色素，渗入培养基中，使培养基全部变黑。

将上述两种菌混合，即得银耳母种。

5. 平菇　菌丝体白色、浓密、粗壮有力，爬壁力强，不产生色素，有锁状联合。

6. 草菇　菌丝体灰白色或银灰色，老熟呈浅黄色，粗壮而有绒毛，爬壁力极强，细长稀疏而有光泽，似蚕丝。培养数日后产生厚垣孢子，呈链状，初期淡黄色，成熟后联结成深红褐色的团块。生长速度极快。适宜条件下 3～4d 可布满斜面。

7. 猴头菌　菌丝白色，开始菌丝稀疏，贴于培养基上蔓延；在适宜培养基上，菌丝浓密、粗壮，锁状联合大而明显。斜面上易产生子实体。

8. 金针菇　菌丝白色，有时稍带灰色，粗壮，呈绒毛状，初期蓬松，后期气生菌丝紧贴培养基，产生粉孢子。有锁状联合。斜面上易产生子实体。

（三）原种及栽培种鉴定

1. 平菇　菌丝洁白浓密，健壮有力，爬壁力强，能广泛利用各种代用料栽培。整个菌丝柱不干缩，不脱离瓶壁。瓶内无积水，无杂菌感染。有时瓶内有少量的小菇蕾出现。

如瓶内出现大量的子实体原基，说明菌种已过度老化；菌丝向下生长缓慢，可能是培养料过干或过紧；菌丝稀疏无力，发育不均，可能是培养料过湿，或配方不当，或装瓶过松；菌种瓶底有积水，属菌种老化现象；若有绿、黄等颜色，说明已被杂菌感染。凡有上述任何一种现象的菌种，应弃而不用。

2. 香菇　菌丝洁白、粗壮、生长迅速、浓密，能分泌深黄色至棕褐色色素。若菌丝柱与瓶壁脱离，开始萎缩，说明菌种已老化，应尽快使用；接入菌种不向培养基内生长，可能配方不当，应更换培养基重新生产；若菌丝柱下端有液体，菌丝开始腐烂，可能是细菌污染；菌种开始出现小菇蕾，去掉菇蕾，迅速使用。

3. 金针菇　菌丝洁白、健壮，为生活力强的标志。若后期木屑培养基表面出现琥珀色液滴或丛状子实体，应尽快使用。若菌种瓶有一条明显的抑制线，是培养基太湿所致。若菌丝生长稀疏，除了菌种生活力降低外，可能是使用木屑不当，或麸皮用量较少。

4. 黑木耳　菌丝洁白整齐，粗壮有力、细羊毛状，短而整齐，延伸瓶底，上下均匀，挖出成块，不易散碎，为合格菌种。若菌丝满瓶后出现浅黄色色素，或周围出现黄色黏液为老化标志，不宜采用。如菌丝长到一定深度，或只长一角落不再蔓延，可能是培养基太湿或干湿不均引起；若菌丝生长停止，并有明显的抑制线，可能混有杂菌。

5. 银耳　瓶内香灰菌的羽毛状菌丝颜色洁白，生长健壮，初期分布均匀，后期耳基下方出现成束根状分布，表面黑疤多分布均匀，无其他杂斑；银耳菌丝深入培养基内较深部位，在耳基下面有较厚的 1 层银耳菌丝，木屑颜色已变淡，白色绒毛团旺盛，耳基大，生活力强；如果有羽毛状菌丝，而白色绒毛团缺少，则必须加银耳酵母状分生孢子才能使用。如果瓶内很快出现子实体（10～15d），或白色绒毛团又多又小，说明菌种移接次数过多。如果羽毛状菌丝稀疏，子实体呈胶团或胶刺状，说明培养基过湿。

6. 双孢蘑菇 菌丝灰白色，密集，呈细绒状，上下均匀一致，有双孢蘑菇香味者为正常菌种。如果菌丝纤细无力或呈粗索状，常是培养料太湿或菌种老化；若培养料表面有1层厚菌被，是生产性能差的菌种，应立即淘汰。

7. 猴头菌 菌丝洁白，上下均匀，生长迅速，分解力强，常易产生子实体。如果菌丝纤细，上下不均匀，或菌丝柱已收缩，瓶底积有黄色黏液，说明菌种已老化。如果有坚韧的被膜出现，应除去被膜后使用。

8. 草菇 菌丝密集健壮，分布均匀，呈乳白色至淡黄色，透明，有或无厚垣孢子为正常菌种；若菌丝洁白、浓密，则可能是杂菌，应进行镜检分析；若培养基表面菌丝零星、萎缩，培养基干涸或腐烂为过度老化菌种，不可使用。

四、作　　业

1. 食用菌菌种质量鉴定的意义是什么？
2. 论述如何提高食用菌的菌种质量。

实训指导八　双孢蘑菇栽培料二次发酵

一、目的要求

学习双孢蘑菇栽培料常规二次发酵操作步骤，掌握优质栽培料的判别标准。

二、实训准备

1. 原材料　稻草、麦秸、干牛粪（或马粪、猪粪、鸡粪）、饼肥、石膏粉、过磷酸钙、尿素等。

2. 用具　铡刀、铁锹、水桶、农用薄膜、温度计、喷雾器、菇床、消毒杀菌剂等。

三、方法步骤

1. 备料　原料配方：稻麦草48%、牛粪47.5%、饼肥2%、石膏粉1%、过磷酸钙1%，尿素0.5%。

2. 建堆发酵

(1) 原料预处理。稻麦草对截铡断，用0.5%石灰水浸湿预堆2～3d，软化秸秆；粉碎干粪，浇水预湿5d；粉碎饼肥浇水预湿1～2d，同时拌0.5%敌敌畏，盖膜熏杀害虫。

(2) 建堆。建堆时以先草后粪的顺序逐层加高。按宽2m、高1.5m的规格，堆长据场所而定。肥料大部分在建堆时加入。加水原则：下层少喷，上层多喷，建好堆后有少量水外渗为宜。晴天用草被覆盖，雨天用薄膜覆盖，防止雨水淋入，雨后及时揭膜通气。

(3) 翻堆。翻堆宜在堆温达到最高后开始下降时进行。一般每隔5d、4d、3d翻1次堆，翻堆时视堆料干湿度，酌情加水。第一次翻堆时将所添加的肥料全部加入。测试温度时用长柄温度计插入料堆的好氧发酵区。发酵后的培养料标准应当是秸秆扁平、柔软、呈咖啡色，手拉草即断。

3. 后发酵　将发酵好的培养料搬入已消毒的菇房，分别堆在中层菇床上。通过加温，使菇房内的温度尽快上升至57～60℃，维持6～8h，随后通风、降温至48～52℃，维持4～6d，进行后发酵（二次发酵），其目的是利用高温进一步分解培养料中的复杂有机物和杀死培养料中的虫卵及杂菌、病菌的孢子。后发酵结束后的培养料呈暗褐色，有大量白色嗜热真菌和放线菌，培养料柔软、富有弹性、易拉断、有特殊的香味，无氨味。

四、作　　业

栽培双孢蘑菇对培养料有什么特殊要求？优质培养料的标准是什么？

实训指导九　香菇熟料袋栽培技术

一、目的要求

了解香菇的生物学特性，学习香菇熟料长袋栽培的生产程序，掌握其关键技术。

二、实训准备

1. 原料　棉籽壳、玉米芯、木屑、麸皮或米糠、蔗糖、石膏粉、过磷酸钙、石灰粉等。

2. 菌种　香菇栽培种。

3. 用具　聚丙烯塑料袋（菌袋）、捆扎绳、竹筐、铡刀、铁锨、水桶、磅秤、农用薄膜、接种箱、接种工具、常压灭菌锅、消毒杀菌剂等。

三、方法步骤

1. 备料培养料配方

（1）木屑78%、麸皮或米糠20%、蔗糖1%、石膏粉1%。

（2）棉籽壳40%、木屑38%、麸皮或米糠18%、玉米粉2%、蔗糖1%、石膏粉1%。

（3）玉米芯60%、木屑20%、麸皮或米糠17%、蔗糖1%、石膏粉1%、过磷酸钙1%。

（4）甘蔗渣77%、麸皮或米糠20%、蔗糖1%、石膏粉1%、过磷酸钙0.5%、磷酸二氢钾0.3%、硫酸镁0.2%。

以上各配方中的原材料必须新鲜，霉变或腐烂的原料不能使用。木屑要以硬质阔叶树种的为好，最好是堆放1年以上的陈木屑。松木屑堆制发酵后晒干备用；棉籽壳用1.5%的石灰水浸泡24h后，捞起沥干备用；玉米芯粉碎成玉米大小的颗粒备用。

2. 拌料与装袋　分实训小组各取一配方，按比例将培养料拌匀，含水量在50%～55%为宜。菌袋选用15～17cm×50～55cm规格的聚丙烯塑料袋。装袋时要求压实，同时要防止料袋漏洞、穿孔等，以防杂菌污染。捆扎扎口时最好将袋口反折扎第二道。

3. 菌与接种　为避免培养料变酸，装袋后要及时进行灭菌。常压灭菌的温度要求尽快升至100℃，并维持10～12h，再闷10～12h，方能彻底灭菌。当温度降至70℃时，取出料袋置于接种室（箱），待料温降至30℃时，准备接种。接种时要严格无菌操作，用尖木棒在料袋两面打2～3个2cm深的错位孔，接入菌种，再用灭菌的胶布或专用胶片封口。接种后也可以直接在料袋外加套一个灭菌的菌袋，扎上口，此法能增氧，菌丝萌发快。

4. 发菌与培菌　接种后，将菌袋及时移入培菌室，以“井”字形堆叠，袋堆约为1m高，利于散热。室温控制在25℃左右，若温度达30℃，则要全开门窗，让空气流通，并菌袋稀，降低温度，以防烧菌。空气相对湿度应在70%为宜。接种后的3~4d，菌块生白色绒毛状菌丝。每隔7～10d要翻堆检杂1次。当菌丝长至8～10cm时，可适当加大通风量，以利菌丝生长。

5. 脱袋与排场　香菇接种后，适温培养经60d左右，以达生理成熟，便可脱袋。菌丝成熟的时间长短，除环境条件外，也因香菇品种不同而异。脱袋的标志：袋壁四周的菌丝体膨胀、皱褶、隆起的肿块状态占整袋面积的2/3；在接种周围出现微微的棕褐色，表明生理成熟，可将菌袋移至室内或室外脱袋排场。用刀片直向割破菌袋，取出菌袋斜立排放于菇架上，立即用薄膜覆盖以保温、保湿。设遮阳棚防强光直射。

6. 转色催蕾　排放的菌筒，由于湿度增大、光照增强，菌筒的表面长出1层浓白色绒毛状菌丝，倒伏成菌膜，分泌色素，渐变成棕红色。满足转色的生态条件是香菇增产的重要环节。主要措施是拉大昼夜的温差、湿差，变温催蕾，同时要处理黄水。

7. 出菇管理　经催蕾后的菌筒龟裂花斑，孕育着大量香菇原基。此时的管理主要措施是调节菇棚的湿度、通气及光照，使菇蕾顺利地发育成子实体。

8. 采收　一般以菌盖开七八分、菌盖边缘仍内卷，菌褶下的内菌膜刚破裂时采收最好。

9. 后期管理　采收后应给菌筒补水，加大湿度，昼盖夜露，造成温差，诱导第二潮菇产生。

四、作　　业

试述香菇熟料袋栽的生产程序，并指出关键技术措施。

实训指导十　平菇栽培技术

一、目的要求

学习平菇栽培技术，掌握平菇生产的全过程。

二、实训准备

1. 菌种　平菇栽培种。

2. 器材　棉籽壳、过磷酸钙、石灰、石膏、多菌灵、75%酒精、聚乙烯塑料袋、活动木框（40cm×30cm×10cm）、线绳、废报纸。

三、方法步骤

（一）塑料袋生料栽培（以棉籽壳为例）

生产程序：制袋→拌料→装袋接种→扎口→堆积→菌丝体培养→出菇管理→采收。

1. 制袋　裁截聚乙烯塑料筒，规格 20mm×42mm 或 22cm×46cm。

2. 拌料　称取棉籽壳 50kg，加入 2%石膏粉、2%石灰、2%过磷酸钙、0.1%多菌灵，充分混合均匀，加水至适宜含水量（手握培养料以指缝出水珠不下滴为度，稍闷片刻）。

3. 装袋、接种　接种量按 10%～20%计。装袋前，先在袋一端加一套环装 1 层菌种（菌种块要求稍大于玉米粒），再装料，边装边压，使菌种与培养料密接，装至一半时，再撒 1 层菌种，再装料，装至离袋口 6cm 左右，整平压实，再放 1 层菌种。

4. 扎口　装料接种后、扎好另一端套环，套环口用 2 层报纸包扎。一般 42cm 长的塑料袋可装 32cm 长的料袋，装料约 1kg。

5. 堆积　将扎好的塑料袋，堆积在通风良好的场所，堆的大小视气候条件而定，早春、晚秋、冬季可堆积大堆、堆高约 1m，在堆积时两堆之间留 30cm 左右人行道，以利散热，必要时定期进行翻堆。

6. 菌丝体培养　生料栽培以 20℃以下培养菌丝体为好。此期间要注意温度变化，若料温超过 25℃，应及时翻堆降温；若料温过低，需采取增温措施。

7. 出菇管理

（1）去套环纸。当菌丝布满整个料袋后的 5～7d 即可去掉套环报纸，待出现菇蕾后，使袋口处菌料完全暴露于潮湿空气中。

（2）水分管理。解口后特别注意保湿，室内经常喷水，要求空气相对湿度在 85%～90%（干、湿球温差 1～2℃）以利子实体形成与生长。出菇前若料面过干可轻喷水于料面上。

（3）通风换气与光刺激。为利于子实体生长，每日开窗透光换气1～2h，室温以23℃为限，昼夜温差±5℃为宜。

（二）菌砖生产法

生产程序：拌料→制菌砖→包扎→菌丝培养→出菇管理。

1. 拌料　同生料袋栽法。

2. 制菌砖　首先做好1个正方形或长方形的可拆卸的木模具，大小可采用33cm×33cm×10cm，或30cm×25cm×10cm，或80cm×50cm×10cm等规格。擦拭干净，用75%酒精揩拭木框四周进行消毒，然后放在一块干净的塑料膜上，膜的大小以包严木框为宜。将拌好的培养料放入框内，用手刨平，四边适当压实。取栽培种分成玉米粒大小，穴播入内，四周密，中间稀，再铺料压实，1层料1层菌种，共3～4层，上面撒播菌种1层，中间稍厚呈龟背形，料厚度约8cm，然后脱框，再用塑料膜包好。移入培养室，按序排列，砖块间留出空隙，以透气散热。

3. 培养　在20℃温度下，约30d菌丝即可长满料面。这阶段的关键是保温，促使菌丝早封面，以防杂菌污染。若发现有杂菌污染，及时用石灰粉覆盖污染区，严重时要将整菌砖抛弃深埋。但不要轻易揭膜，以防孢子飞扬，污染环境。

4. 出菇管理　菌丝发满后，及时通风降温，并供给散射光和适当揭膜，4～5d后可见料面原基形成。此时要求环境湿润，使空气相对湿度保持在85%～95%。继续注意通风，增加散射光等因子。为增加出菇面，可将菌砖竖起进行出菇培养。

5. 采收　当菌盖展开后，边缘刚向上平展时，进行采收。采大留小，用刀从基部切割为宜。

四、作　　业

根据实验结果，分析两种栽培方法各有何优缺点。

实训指导十一　黑木耳栽培技术

一、目的要求

学习黑木耳生产的全过程，掌握段木栽培及代料栽培的技术要点。

二、实训准备

1. 菌种　黑木耳栽培种。

2. 器材　段木、木屑、棉籽壳、麸皮、玉米面、黄豆粉、蔗糖等。

三、方法步骤

（一）段木栽培

生产流程：建耳场→段木准备→接种→上堆发菌→散堆排场→起架管理→采收。

1. 建耳场　在背风向阳处搭建耳场，要求“七分阳，三分阴”，场地清理干净后，地面撒石灰，空间喷洒2%煤酚皂等药液消毒。

2. 段木准备　除松、杉、柏等针叶树及少数阔叶树（如樟科、安息香科）外，一般阔叶树均可，以壳斗科树种为好。选树径8～12cm，树龄10～15年生的树剔枝截段1m长的段木，截面用5%石灰浆涂抹，“井”字形堆放，架晒30～40d，截面呈现鸡爪裂，含水量为40%左右即可。

3. 人工接种　将段木用0.1%$KMnO_4$喷洒或采用火熏烤耳棒法进行表面消毒，用电钻品字形打穴，穴径深为（1.0～1.2）cm×（1.5～2.0）cm，穴距为横向3～4cm、纵向8～10cm。将菌种块接种于穴内后立即盖好树皮盖。

4. 上堆发菌　将接好菌的耳棒“井”字形堆积，堆高1m左右，外用塑料膜盖好，控制温度22～28℃，每隔7～8d后，上下内外耳棒交换位置翻堆1次，接种后20d左右进行发菌检查，对杂菌污染的耳棒必须及时处理，重新打穴，补接。

5. 散堆排场　一般接种后40～50d，耳穴内呈白色绒毛状并有少量耳芽形成时，立即排场，用一根枕木架高10～15cm。将耳棒一端着地铺在枕木上，间距为2cm左右。初期5～7d喷水1次，以后每2～3d喷水1次。排场期约为1个月，当长耳芽的耳棒占总耳棒80%以上时，停止喷水，准备起架。

6. 起架管理　起“人”字形架，耳棒间距5～7cm。控制温度18～25℃，上架后10d内，每天喷水1～2次，以后随耳片长大增加喷水量。

7. 采收　当耳片充分展开，开始收边，耳根收缩，腹面产生孢子，颜色由黑变褐时即可采收。

（二）袋式栽培

1. 培养料配方

（1）木屑培养料。木屑77%、麸皮（或米糠）20%、石膏1%、糖1%、过磷酸钙1%。

（2）棉籽壳培养料。棉籽壳93%、麸皮5%、白糖1%、石膏1%。

（3）稻草培养料。稻草66%、米糠32%、石膏1%、过磷酸钙1%。

（4）玉米芯培养料。玉米芯40%、杂木屑50%、麸皮8%、糖和石膏各1%。

（5）甘蔗渣培养料。甘蔗渣84%、麸皮15%、石膏1%。

可任选一配方，其料水比为1∶1.2～1.25，料水拌匀。

2. 栽培袋制作　选用高密度低压聚乙烯薄膜或聚丙烯膜，一般塑料袋的规格是14cm×35cm。

将配制好的培养料及时装袋，装料时边装边压，沿塑料袋周围压紧，做到袋不起皱、料不脱节。装料量约为袋长的3/5，料袋装好后将料面压平。包扎后立即进锅灭菌。高压蒸汽灭菌要求在1.4kg/cm^2 的压力下维持2h，常压蒸汽灭菌，温度达到100℃，维持10h以上。

当料温降至30℃以下接种，菌种要选用适于代料栽培的优良菌种，接种要在接种箱内以无菌操作方法进行。每瓶原种接20～30袋。菌种要分散在料面，以加速发菌。

培养室要求黑暗，保温，清洁，培养温度24～26℃，每天通气30min左右，一般培养40～50d菌丝即可发满全袋。

3. 出耳管理　发好菌的栽培袋应及时排场出耳，如推迟排场，菌丝会老化而增加污染。可采用吊袋式或地沟式出耳。

出耳场所应选择靠近水源，地势高爽，环境卫生，通风良好的地方，也可选择在树林或河边树荫下及光线较好的空闲房内。

（1）耳房。根据结构分为砖木结构和塑料棚两种形式。均设前后门窗，棚顶要盖草帘或树枝以备遮挡阳光的直射，棚内地面可设若干水槽或铺设砂石、煤渣等蓄积水分。

（2）沟、坑栽培。开一条宽100cm、深30cm、长5～10m的地沟，沟两边竖30cm高的竹架，竹架上横向搁110cm的竹子，竹子上吊挂菌袋。地沟上用竹竿搭拱，上棚覆盖塑料薄膜并加盖草帘或树枝，也可在地沟内铺沙砾，平底菌袋竖放在沙砾上地沟式出耳。

（3）开孔出耳。栽培袋长满菌丝后，移入栽培室见光3～5d，当袋壁有零星耳基时，可用0.2%高锰酸钾溶液擦洗袋壁，待药液晾干后即可开孔。每袋开3～4行，交错开孔6～8个，呈“V”形。将袋排放在沟内潮湿的沙地上，或放在耳房内铺有塑料薄膜的栽培架上，上覆盖薄膜，空间喷水，相对空气湿度在85%以上。每天掀膜1～2次，温度控制在15～25℃。经5～7d，开孔处便可形成黑木耳耳芽，见耳芽后及时吊袋，或在沟内排袋。

（4）长耳期管理。幼耳期出耳阶段应控制温度在15～25℃，每天早、中、晚用喷雾器往地面、墙壁和菌袋表面喷水，以保持空气相对湿度不低于90%。开窗通风换气以增光诱饵。

（5）采收。采收期根据耳片成熟，采大留小分期采收。

四、作　　业

为什么黑木耳代料栽培易失败？解决的对策是什么？

实训指导十二　金针菇栽培技术

一、目的要求

学习并掌握金针菇的生物学特性及栽培技术。

二、实训准备

1. 菌种　金针菇栽培种。

2. 器材　棉籽壳、木屑、麸皮、石膏、蔗糖、栽培瓶、纸筒等。

三、方法步骤

1. 拌料　常用配方如下：

①棉籽壳 88%、麸皮 10%、糖 1%、石膏 1%。

②棉籽壳 38%、木屑 40%、麸皮 20%、糖 1%、石膏 1%。

③木屑 72%、麸皮 25%、糖 1%、过磷酸钙 1%、石膏 1%。

④麦草粉（或稻草粉）73%、麸皮 25%、糖 1%、石膏 1%。

任选一配方，按比例加水拌匀，料水比为 1∶1.2～1.25。

2. 装瓶、灭菌、接种　选 750mL、800mL 或1 000mL 无色玻璃瓶或塑料瓶均可，瓶径 7cm 左右。装料应下松上紧，中间松、四周紧，包扎方法同原种。高压蒸汽灭菌 121.3℃下维持 2h，待料温降至 20℃左右时接入金针菇栽培种，于 24℃下培养 22～25d，菌丝体即可满瓶。

3. 出菇管理　金针菇出菇管理分为催蕾、抑生、促生三个阶段。

（1）催蕾。将长满菌丝的菌瓶置 13～14℃下，空间相对湿度达 80%～85%的黑暗催蕾室内，室内设有进气孔及排气孔。经过 8～10d 的催蕾即开始出菇。

（2）抑生。在菇蕾形成后 2～3d，将培养物移至抑制室，温度为 3～5℃，空气相对湿度为 70%～80%，逐渐增加风速至 3～5m/s。一般抑生 5～7d，肉眼可见菌柄和菌盖后，移入促生室。

（3）促生。当子实体长出瓶口 2～3cm 时，及时加套高约 12cm 左右的塑料筒或硬纸做的圆筒。保持室温 6～7℃，空气相对湿度 80%～90%，待子实体菌柄长到 13～14cm 时，即可采收。

4. 采收　当菌盖开始展开，即菌盖边缘开始离开菌柄，开伞度 3 分左右为最适采收期。

四、作　　业

金针菇瓶栽套筒的目的及意义是什么？

实训指导十三　草菇阳畦栽培技术

一、目的要求

了解草菇的生物学特性，学习选地作畦的方法，掌握阳畦栽培草菇的方法与关键技术。

二、实训准备

1. 原材料　稻草、麸皮、干牛粪粉、菜饼粉、过磷酸钙、石膏粉、石灰粉等。

2. 场地　选择室外水源方便、土质疏松肥沃的菜园地一块。

3. 菌种　草菇栽培种。

三、方法步骤

1. 整地作畦　提前1周深挖地，让阳光暴晒土块，然后整成细土，最后作成龟背形床面，四周作埂。畦床宽1m左右，长度不限。周围挖一条排水沟。播种前2d，将畦床灌水浸透，次日，在畦面上撒适量石灰粉消毒，备用。

2. 堆料发酵　原料配方：稻草85%、干牛粪粉6%、过磷酸钙1%、菜饼粉1%、麸皮5%、石膏粉1%，石灰粉1%。

选择干燥、无霉的稻草扭扎成“8”字形的草把，每把草的干重0.5kg左右；然后将草把在1%的石灰水中浸泡8～12h。沥干备用。

3. 建堆播种　堆草前，在整理好的畦沿内侧撒1圈干牛粪粉，再将浸湿的草把整齐一端朝外，紧密地排列在畦面上，铺好第一层草把后，在其上面向内缩进3～4cm的周围撒1圈菌种，菌种宽度为4～5cm。按第一层铺草的方式内缩3～4cm放第二层草把，以上述同样的方法撒菌种和铺草把。一般堆5～6层即可，每层应踏实。每层草播种后可施适量麸皮、过磷酸钙、石膏粉、菜饼粉。播种量为25kg干料用2瓶生产种。顶层播种后可喷洒清水，再沿草堆四周和顶部撒1层火烧土，最后覆盖1层干草被。

4. 管理　堆草、播种后要做好踏草、控温、调湿、追肥等方面的工作。

5. 采收适期　当草菇的菌蛋表面刚刚显出锯齿状的裂纹时，即可采收。

四、作　　业

1. 试述草菇对温度、湿度、酸碱度的特殊要求。
2. 如何把握阳畦种草菇的关键技术？

实训指导十四　食用菌病虫害的识别

一、目的要求

通过实训，识别食用菌杂菌、病虫的形体特征及危害状态，了解食用菌病虫害对食用菌生长的影响和危害。

二、实训准备

主要杂菌污染的标本、主要食用菌病害、虫害标本、杂菌和病原菌的培养物、放大镜、显微镜、载玻片、盖玻片、接种钩、挑针、吸水纸、擦镜纸、香柏油、无菌水滴瓶、染色剂、酒精灯、火柴等。

三、方法步骤

1. 食用菌主要杂菌的识别

（1）细菌污染。

①细菌污染培养基的菌落特征：细菌污染菌种、菌袋、菌床培养料的特征。

②细菌形态观察：取一载玻片，中央滴1滴无菌水，用接种针从培养的细菌菌落上挑取少量黏液，在无菌水中混合均匀，载玻片快速通过火焰固定，然后用染色剂染色1min，置于显微镜下，通过油镜头观察细菌形态特征。观察各种细菌的标本片。

（2）真菌污染。

①真菌污染培养基的特征：黑曲霉、黄曲霉、青霉、绿色木霉、根霉、烟煤、链孢霉、鬼伞菌等。

②真菌形态观察：取一载玻片，挑取霉菌的培养物少许制作水浸片。置于显微镜下，用40～60倍物镜观察霉菌的形态特征。观察各种污染霉菌的标本片。

2. 食用菌子实体主要病害的识别

（1）细菌性病害。蘑菇细菌性褐斑病、平菇细菌性软腐病、金针菇锈斑病等子实体的危害特征（病状及病症的观察）。

（2）真菌性病害。平菇木霉病、蘑菇褐斑病、蘑菇或草菇褐腐病、蘑菇软腐病、银耳白粉病等子实体的危害特征（病状及病症的观察）。

（3）病毒性病害。蘑菇、香菇、平菇病毒病的病状观察。

（4）生理性病害。畸形子实体、死菇（子实体变黄、萎缩）、蘑菇硬开伞、二氧化硫中毒平菇等子实体病害特征观察。

3. 食用菌主要虫害的识别

（1）昆虫类。菇蚊、瘿蚊、蚤蝇、跳虫等的幼虫、蛹、成虫形态特征的观察。

（2）螨类。蒲螨、粉螨形态特征的观察。

（3）线虫类。用显微镜观察线虫的形态特征。

四、作　　业

1. 绘制曲霉、青霉、木霉、根霉等菌丝、分生孢子梗及分生孢子形态图。
2. 比较食用菌细菌病害及真菌病害病状的区别。
3. 绘制一种食用菌害虫的幼虫及成虫的形态结构图。

实训指导十五　食用菌糖渍法加工

一、目的要求

了解食用菌加工品质特性及检验方法，掌握利用糖渍增加加工制品渗透压防止微生物生存的保藏原理，学会怎样将食用菌原料加工成果脯的工艺过程。

二、实训准备

1. 材料　平菇（或香菇柄）、白砂糖、亚硫酸氢钠、柠檬酸、淀粉糖浆。

2. 用具　量筒、温度计、折光仪、台秤、烘干室。

三、方法步骤

1. 产品配方　平菇（或香菇柄）10kg、白砂糖 4kg。

2. 工艺流程　选料→切分→清洗→浸硫处理→漂洗→浸渍→第一次煮制→浸渍→第二次煮制→浸渍→整形→烘干→包装→成品。

3. 制作过程

（1）选料。选择无病虫害、无机械伤的平菇（或香菇柄），淘汰畸形菇并将柄基老化部分剪去。

（2）浸硫。分选好的平菇（或香菇柄）放入浓度为 0.5%的亚硫酸溶液中浸泡 30min，浸后捞出，用清水漂洗 2～3 次，沥干水分备用。

（3）煮制。先称取平菇（或香菇柄）重量 20%的白砂糖，与平菇（或香菇柄）搅拌均匀后入缸浸渍 24h 左右，再配置 50%浓度的糖液，并加入适量柠檬酸加热煮沸。将浸渍后的平菇（或香菇柄）及糖液一起倒入煮锅，10～15min，然后静置浸渍 24h，使糖液充分渗透到平菇（或香菇柄）的组织中，按此方法连续进行两次煮制与浸渍。

（4）整形。去除因煮制糖渍造成少量平菇（或香菇柄）组织软烂或形状破损，挑选组织形状完整的平菇（或香菇柄）进行烘干包装。

（5）烘干。烘干室温度以 50～60℃为宜，温度不能过高，以免糖分结块焦化而影响制品色泽美观，经 30～36h 烘至表面不黏手即为成品。

（6）包装。可用塑料膜食品袋，或透明塑料盒分装入纸箱，注意防潮。

四、作　　业

1. 在糖渍工艺中浸硫的作用是什么？
2. 阐述糖渍的工艺过程。

实训指导十六　食用菌腌渍法加工

一、目的要求

了解食用菌加工品质特性及检验方法，掌握利用食盐的渗透防腐作用，抗氧化作用和降低水分活性的作用，利用乳酸菌、酵母菌和醋酸菌的发酵作用的保藏原理，学会怎样将食用菌原料加工成腌渍品的工艺过程。

二、实训准备

1. 材料　平菇（或双孢蘑菇）、食盐、柠檬酸、明矾，偏磷酸。

2. 用具　量筒、台秤、瓷坛。

三、方法步骤

1. 产品配方　平菇（或双孢蘑菇）10kg、食盐 3kg。

2. 工艺流程　选料→切分→清洗→预煮→盐渍→翻缸→包装→成品。

3. 制作过程

（1）选料。选择无病虫害、无机械伤的平菇（或双孢蘑菇），淘汰畸形菇并将柄基老化部分剪去。

（2）预煮。将菇体浸入 5%～10%的精盐水中，用不锈钢锅或铝锅煮沸 5～7min，捞出后滤干水分。

（3）盐渍。把预煮后的菇体，按每 10kg 平菇（或双孢蘑菇）加 3kg 食盐的比例进行盐渍。先在缸底放一层盐，加一层菇，再放盐，如此反复，达到满缸为止。向缸内倒入煮沸后冷却的饱和食盐水，在菇体上加盖、加压，使菇体全浸在盐水内。同时加入已配好的调整液，使饱和盐水的 pH 达 3.5 左右。上盖纱布和盖子以防灰土杂物落入。调整液配方：偏磷酸 55%、柠檬酸 40%、明矾 5%。混匀后加入饱和食盐水中。在调整过程中，若 pH 低于 3.5 可多加柠檬酸。

（4）翻缸。缸中应插入一根橡皮管，每天打气 2～3 次，使盐水上下循环，10d 翻缸 1 次，20d 即可腌好。若缸内不打气，则冬季 7d 翻缸 1 次，共翻 3 次；夏季 2d 翻缸 1 次，共翻 10 次。

（5）包装、成品。可用玻璃瓶或塑料膜食品袋，加饱和食盐水。

四、作　　业

1. 在腌渍工艺中翻缸的作用是什么？
2. 阐述腌渍的工艺过程。

实训指导十七　食用菌罐头加工

一、目的要求

了解食用菌加工品质特性及检验方法，掌握利用高温处理灭菌方法和包装容器密封的保藏原理，学会怎样将食用菌原料加工成罐头的工艺过程。

二、实训准备

1. 材料　平菇（或金针菇）、食盐、硫代硫酸钠、柠檬酸。

2. 用具　量筒、台秤、玻璃瓶或马口铁罐。

三、方法步骤

1. 产品配方　平菇（或金针菇）10kg、食盐水2.5%。

2. 工艺流程　选料→切分→清洗→护色→预煮→冷却→装罐→排气→封罐→灭菌→冷却→成品。

3. 制作过程

（1）选料。选择新鲜，无病虫害、无机械伤的平菇（或金针菇），色泽洁白正常，淘汰畸形菇并将柄基老化部分剪去。

（2）护色。选好的菇体倒入0.1%的硫代硫酸钠溶液中。硫代硫酸钠不仅起到抑制微生物的作用，而且能防止菇体颜色变黑。由于硫代硫酸钠对人体有害，护色后应用清水洗净菇体。近年来也有人用维生素C和维生素E来进行护色。

（3）预煮。先在不锈钢锅或铝锅内放入自来水，加热至80℃，加入0.1%的柠檬酸，煮沸。将菇体倒入沸水中预热5～10min，使菇体脱硫，并不断撇除上浮的泡沫。

煮沸的作用：一是杀死菇体内的酶类，终止菇体内的生化反应；二是煮沸后菇体收缩，便于装罐。

（4）装罐。装罐时物料不可太满，要留5～8mm的顶隙，然后注入汤汁。通常500g的空罐应加入蘑菇240～250g，注入汤汁180～185g。

汤汁配方：清水97.5L、精盐2.5kg、柠檬酸50g，加热至90℃以上，用纱布过滤。注入时汤汁温度应不低于70℃。

（5）排气。装足食用菌的罐头，应排出罐内空气，否则空气中的氧气可加速铁皮的腐蚀，而且容易在存放中滋生微生物，对贮藏不利。最常用的方法是加热排气，即将罐头置86～90℃温度下8～15min。

（6）封罐。利用封罐机进行封罐。

（7）灭菌。食用菌罐头通常采用高压蒸汽灭菌，在113～121℃下，灭菌15～20min。

（8）冷却。灭过菌的罐头要立即放入冷水中迅速冷却，温度降的越快越好。

四、作　业

1. 在罐藏工艺中装罐时留的顶隙作用是什么？
2. 阐述加工罐头的工艺过程。

附录

附录一　30 种常见食用菌栽培技术参数

序号	种类	学名	菌丝生长适温（℃）	子实体分化适温（℃）	适宜 pH	形态	栽培方式和特点	主要培养料
1	香菇	*L. edodes*（Berk.）Sing	20～25	低温种 5～15，中温种 10～20，高温种 15～25，广温种 8～25	4.7～5.5	子实体单生、丛生或群生。菌盖圆形，褐色	熟料栽培（菇木栽培、地栽）、段木栽培。代料栽培菌龄 60～210d，栽培周期 150～350d，段木栽培周期 3 年	木屑、麦麸、米糠等，壳斗科等阔叶木 10～20cm 的枝杈
2	黑木耳	*Auriculari auricula*（L. ex Hook.）Underw	20～28	16～28	4.5～7.5	子实体单生为耳状，群生为花瓣状，胶质，半透明，背面青褐色	熟料栽培（挂袋栽培、地栽）段木栽培。代料栽培菌龄 40～50d，栽培周期120～150d，段木栽培周期 3 年	木屑、棉籽壳、玉米芯、大豆粉、麦麸、米糠等
3	平菇	*Pleurotus ostreatus*（Jacq. ex Fr.）Kummer	20～28	低温种 5～17，中温种 10～22，高温种 17～25，广温种 8～25	5.4～7.5	子实体呈覆瓦状	发酵料、生料、熟料均可栽培，菌龄 20～30d，栽培周期 90～120d	木屑、棉籽壳、废棉、玉米芯、豆秸、大豆粉、麦麸、米糠等
4	双孢蘑菇	*Agaricus bisporus*（Lange）Sing	20～24	12～17	6.0～7.5（覆土 7.2）	典型伞状菌，表面洁白光滑	发酵料覆土床栽，菌龄 40d 左右，栽培周期 90～120d	麦秸、稻草、玉米秸、马粪、牛粪、鸡粪等
5	金针菇	*Flammulina velutipes*（Fr.）Sing	20～25	8～14	5.4～7.0	子实体丛生，朵型小。菌盖黄褐色或淡黄色白色，表面有胶质薄皮，具黏性	熟料袋栽，菌龄 40d 左右，栽培周期 90～120d	木屑、棉籽壳、玉米芯、麦麸、米糠等

（续）

序号	种类	学名	菌丝生长适温（℃）	子实体分化适温（℃）	适宜 pH	形态	栽培方式和特点	主要培养料
6	滑菇	*Pholiota namko* (Ito) Ito ex Imai	20～25	低温种（晚熟种）5～15，中温种（早熟种）10～20，高温种（极早熟种）15～25	4.5～5.5	丛生，菇体小，金黄色，菌盖半球形	熟料盘栽、箱栽、床栽菌龄40～100d，多需春栽秋收，栽培周期 100～240d	木屑、棉籽壳、麦麸等
7	草菇	*Volvariella volvacea*（Bull. ex Fr.）Sing	30～36	25～32	7.5（栽培中培养料 8～9）	典型伞状菌，灰黑色或灰白色	发酵料床栽，菌龄 7d 左右，栽培周期 20～30d	废棉、棉籽壳、稻草、麦秸等
8	毛木耳	*Auricularia polytricha*（Mont.）Sacc.	24～30	24～27	5.0～6.5	子实体胶质、脆嫩，光面紫褐色，晒干后为黑色	熟料袋栽，菌龄 40d 左右，栽培周期 90～100d	木屑、棉籽壳、玉米芯、蔗渣、麦麸、米糠等
9	大肥菇	*Agaricus bitorquis*（Quel.）Sacc.	20～26	17～26	6.0～6.4	子实体大型，散生至群生	发酵料覆土床栽，菌龄 40d 左右，栽培周期 90～120d	麦秸、稻草、玉米秸、马粪、牛粪、鸡粪等
10	灵芝	*Ganoderma lucidum*（Curtis.：Fr）Karst	25～30	22～30	5.0～6.0	子实体幼年肉质，成熟后木栓质，肾形，表面棕红色或深褐色，有漆样光泽	熟料袋栽、原木覆土栽培。代料栽培菌龄 40d 左右，栽培周期 100～120d，原木栽培秋栽春出，栽培周期 24 个月	木屑、棉籽壳、麦麸等，原木
11	猴头	*Hericium erinaceus*（Bull.）Pers	20～25	17～22	4.5～5.5	子实体肉质、块状头状，似猴头，新鲜时白色，肉质松软细嫩。干燥时淡黄色	熟料袋栽，菌龄 20～25d，栽培周期 70～80d	木屑、棉籽壳、玉米芯、蔗渣、麦麸、米糠等
12	杏鲍菇	*Pleurotus eryngii*（DC. ex Fr.）Quel.	20～25	16～20	6.5～7.5	子实体单生或群生，半球形变扁平，表面有丝样光泽	熟料袋栽，菌龄 40d 左右，栽培周期 90～120d	木屑、棉籽壳、玉米芯、蔗渣、麦麸、米糠等
13	阿魏菇	*Pleurotus ferulae* Lanzi	20～25	15～22	6.0～6.5	子实体单生至近丛生，扁半球形至扇形，表面光滑，初褐色后变污白色，肉白色、厚	熟料袋栽，菌龄 40d 左右，栽培周期 60～70d	木屑、棉籽壳、玉米芯、蔗渣、麦麸、米糠等

（续）

序号	种类	学名	菌丝生长适温（℃）	子实体分化适温（℃）	适宜 pH	形态	栽培方式和特点	主要培养料
14	鲍鱼菇	*Pleurotus abalones* Han，K. M. Chen et S. Cheng	25～30	24～28	6.0～7.5	子实体中等至大型，扇形或半圆形，暗灰色至乌褐色	熟料袋栽，菌龄 40d 左右，栽培周期 90～100d	木屑、棉籽壳、玉米芯、蔗渣、麦麸、米糠等
15	蛹虫草	*Cordyceps militaris*（L. ex Fr.）Link	22～28	18～24	6.0～7.0	子座单生，或有时数个从寄主头部或节间发出，初时淡黄色至橙黄色，成熟后橘红色至紫红色，头部棒状	熟料袋栽，菌龄约 30d，栽培周期约 80d	木屑、棉籽壳、玉米芯、蔗渣、麦麸、米糠等
16	元蘑	*Hohenbuehelia serotina*（Schrad. ex Fr.）Sing	20～25	15～18	5.4～5.8	子实体群生或呈覆瓦状，中等大小，菌盖扁半球形至平展，半圆形至肾形，黄绿色，黏	熟料袋栽，菌龄 50d 左右，栽培周期 90～120d	木屑、棉籽壳、玉米芯、麦麸、米糠等
17	榆耳	*Gloeostreum incarnatum* S. Itoe llma	20～25	13～20	5.5～7.0	子实体群生或呈覆瓦状，较小或中等大小，背着生，无柄或有极短柄，胶质，干后收缩成软骨质，坚硬	熟料袋栽，菌龄 30d 左右，栽培周期 90～100d	木屑、棉籽壳、麦麸、米糠等
18	银耳	*Tremella fuciformis* Berk.	23～25	20～23	5.2～5.8	子实体菊花或鸡冠花状，白色，半透明，富含胶质，具有弹性	熟料袋栽，菌龄 16d 左右，栽培周期 60d	木屑、棉籽壳、蔗渣、麦麸、米糠等
19	金耳	*Tremella aurantialba* Bandoni et Zang	23～25	15～20	5.8～6.2	子实体橙黄色，柔软	熟料袋栽、段木栽培	木屑、麦麸、米糠等，原木
20	真姬菇	*Hypsizypus marmoreus*（Peck）Biglow	20～25	12～17	6.5～7.5	子实体中等至稍大，群生至丛生。初扁半球形，后稍平展，中部稍凸起，近白色至灰褐色	熟料袋栽，菌龄 70d 左右，栽培周期 110～120d	木屑、棉籽壳、麦麸、米糠等
21	杨树菇	*Agrocybe aegerita*（Brig. ex Fr.）Sing	20～26	17～24	5.0～6.0	子实体单生、连生或丛生，小至中型，菌盖半球形至扁平，中部稍突起，深褐色	熟料袋栽，菌龄 40d 左右，栽培周期 90～120d	木屑、棉籽壳、玉米芯、蔗渣、麦麸、米糠等

（续）

序号	种类	学名	菌丝生长适温（℃）	子实体分化适温（℃）	适宜 pH	形态	栽培方式和特点	主要培养料
22	黄伞	*Pholiota adiposa* (Fr.) Quel.	20～25	18～24	5.0～6.0	子实体单生至丛生，中等大，菌盖初扁半球形，边缘内卷。表面湿时黏滑	熟料袋栽，菌龄 35d 左右，栽培周期 90～110d	木屑、棉籽壳、玉米芯、蔗渣、麦麸、米糠等
23	鸡腿菇	*Coprinus comatus* (Mull. Fr.) S. F. Gray	20～25	16～22	7.0～7.5	子实体单生或丛生，呈棒槌状。状似倒立的鸡腿	熟料袋栽，发酵料床栽，覆土栽培。菌龄 40d 左右，栽培周期 100～120d	木屑、棉籽壳、玉米芯、稻草、麦秸、麦麸、米糠、马粪、牛粪、鸡粪等
24	巴西蘑菇	*Agaricus blazel* Murrill	20～27	16～24	6.0～6.8	子实体单生至群生，菌盖初半球形渐平展，表面被有淡褐色至栗褐色纤维状鳞片	发酵料床栽，覆土栽培，菌龄 40d 左右，栽培周期 100～120d	木屑、棉籽壳、麦秸、稻草、马粪、牛粪、鸡粪等
25	竹荪	*Dictyophora indusiata*	20～23	16～22	5.5～6.0	子实体有明显的菌幕（菌裙）	发酵料床栽，覆土栽培，菌龄 50～60d，栽培周期 90～100d	木屑、棉籽壳、麦秸、麦麸、米糠等
26	灰树花	*Grifola frondosa* (Fr.) S. F. Gray	20～25	15～24	5.5～6.5	子实体肉质或半肉质，有柄或近有柄，菌柄多次分枝，形成覆瓦状的大型菌丛	熟料覆土袋栽，菌龄 50d 左右，栽培周期 90～110d	木屑、棉籽壳、麦秸、麦麸、米糠等
27	长根菇	*Oudemansiella radicata* (Relh. ex Fr.) Singer	25～30	18～25	5.4～7.2	子实体中等至稍大，单生至群生，表皮脆骨质	熟料袋栽，菌龄 40d 左右，栽培周期 90～120d	木屑、棉籽壳、玉米芯、麦麸、米糠等
28	大球盖菇	*Stropharia rugosoannulata* Farlow	24～28	12～25	5.0～7.0	子实体单生，丛生或群生，中等至较大。菌盖半球形至扁平，褐色	生料或发酵料床栽，覆土栽培，菌龄 35d 左右，栽培周期 90～110d	稻草、麦秸等
29	牛舌菌	*Fistulina hepatica* (Schaeff.) Fr.	20～25	18～24	4.4～6.4	子实体单生，中至大型，肉质，软而多汁。菌盖扁平舌状，红至红褐红	熟料袋栽	木屑、棉籽壳等
30	茯苓	*Poria cocos* (Fr.) Wolf	20～25	28～30	4.0～6.0	菌核很大，小如拳，大如柚，形状大小不定，淡褐，干后黑褐，内肉色变白	段木埋土栽培，收获菌核，栽培周期 8～10 个月	松枝、松杈、松根等

附录二　菌类园艺工国家职业标准

1　职业概况

1.1　职业名称

菌类园艺工。

1.2　职业定义

从事食、药用菌等菌类的菌种培养、保藏，栽培场所的建造，培养料的准备以及菌类的栽培管理、采收、加工、贮藏的人员。

1.3　职业等级

本职业共设四个等级，分别为：初级（国家职业资格五级）、中级（国家职业资格四级）、高级（国家职业资格三级）、技师（国家职业资格二级）。

1.4　职业环境

室内外、常温。

1.5　职业能力特征

手指、手臂灵活，色、味、嗅等感官灵敏，动作协调性强，有一定的计算和表达能力。

1.6　基本文化程度

初中毕业。

1.7　培训要求

1.7.1　培训期限

全日制职业学校教育，根据其培养目标和教学计划确定。晋级培训期限：初级不少于500标准学时；中级不少于400标准学时；高级不少于350标准学时；技师不少于300标准学时。

1.7.2　培训教师

培训初级、中级人员的教师必须取得本职业高级以上职业资格证书；培训高级人员、技师的教师必须具备相关专业讲师以上专业技术职称，或取得技师职业资格证书2年以上，并具有丰富的实践经验。

1.7.3　培训场地设备

满足教学需要的标准教室、实验室、菌种生产车间、栽培试验场、产品加工车间。设备、设施齐全，布局合理，符合国家安全、卫生标准。

1.8　鉴定要求

1.8.1　适用对象

从事或准备从事本职业的人员。

1.8.2　申报条件

——初级（具备以下条件之一者）：

（1）经本职业初级正规培训达规定标准学时数，并取得毕（结）业证书。

（2）在本职业连续见习工作两年以上。

（3）本职业学徒期满。

——中级（具备以下条件之一者）：

（1）取得本职业初级职业资格证书后，连续从事本职业工作3年以上，经本职业中级正规培训达规定标准学时数，并取得毕（结）业证书。

（2）取得本职业初级职业资格证书后，连续从事本职业工作5年以上。

（3）在本职业连续工作7年以上。

（4）取得经劳动保障行政部门审核认定的，以中级技能为培养目标的中等以上职业学校本职业毕业证书。

——高级（具备以下条件之一者）：

（1）取得本职业中级职业资格证书后，连续从事本职业工作3年以上，经本职业高级正规培训达规定标准学时数，并取得毕（结）业证书。

（2）取得本职业中级职业资格证书后，连续从事本职业工作5年以上。

（3）取得高级技工学校或经劳动保障行政部门审核认定的，以高级技能为培养目标的高等职业学校本职业毕业证书。

——技师（具备以下条件之一者）：

（1）取得本职业高级职业资格证书后，连续从事本职业工作4年以上，经本职业技师正规培训达规定标准学时数，并取得毕（结）业证书。

（2）取得本职业高级职业资格证书后，连续从事本职业工作5年以上。

（3）高级技工学校本职业毕业生，连续从事本职业工作2年以上。

1.8.3　鉴定方式

分为理论知识考试（笔试）和技能操作考核。理论知识考试采用闭卷笔试方式，满分为100分，60分及以上者为合格。理论知识考试合格者参加技能操作考核。技能操作考核采用现场实际操作方式进行，技能操作考核分项打分，满分为100分，60分及以上者为合格。技师鉴定还须通过综合评审。

1.8.4　考评人员与考生配比

理论知识考试考评员与考生的比例为1∶15；技能操作考核考评员与考生的比例为1∶5。

1.8.5　鉴定时间

理论知识考试为120min。技能操作考核（累计）240min。

1.8.6　鉴定场所、设备

理论知识考试在标准教室里进行。技能操作考核在食、药用菌制种、栽培、产后加工场所进行，设备设施齐全，场地符合安全、卫生标准。

2　基本要求

2.1　职业道德

2.1.1　职业道德基本知识

2.1.2　职业守则

（1）热爱本职，忠于职守；

（2）遵纪守法，廉洁奉公；

（3）刻苦学习，钻研业务；

（4）礼貌待人，热情服务；

（5）谦虚谨慎，团结协作。

2.2 基础知识

2.2.1 基本理论知识

2.2.1.1 微生物学基础知识

（1）微生物的概念与微生物类群；

（2）微生物的分类知识；

（3）细菌、酵母菌、霉菌、放线菌的生长特点与规律；

（4）消毒、灭菌、无菌知识；

（5）微生物的生理。

2.2.1.2 食、药用菌基础知识

（1）食、药用菌的概念、形态和结构；

（2）食、药用菌的分类；

（3）常见食、药用菌的生物学特性；

（4）食、药用菌的生活史；

（5）食、药用菌的生理；

（6）食、药用菌的主要栽培方式。

2.2.2 有关法律基础知识

（1）《种子法》；

（2）《森林法》；

（3）《环境保护法》；

（4）《全国食用菌菌种暂行管理办法（食用菌标准汇编）》；

（5）《食品卫生法》；

（6）《劳动法》。

2.2.3 食、药用菌业成本核算知识

（1）食、药用菌的成本概念；

（2）食、药用菌干、鲜品的成本计算；

（3）食、药用菌加工产品的成本计算。

2.2.4 安全生产知识

（1）实验室、菌种生产车间、栽培试验场、产品加工车间的安全操作知识；

（2）安全用电知识；

（3）防火、防爆安全知识；

（4）手动工具与机械设备的安全使用知识；

（5）化学药品的安全使用、贮藏知识。

3 工作要求

本标准对初级、中级、高级、技师的技能要求依次递进，高级别包括低级别的要求。

3.1 初级

职业能力	工作内容	技能要求	相关知识
一、食药用菌菌种制作	（一）制作原种和栽培种培养基	1. 能够制作原种培养基 2. 能够制作栽培种培养基	1. 制作原种培养基的程序和技术要求 2. 制作栽培种培养基的程序和技术要求
	（二）转接菌种	1. 能够进行空间、器皿、接种工具的消毒灭菌 2. 能够进行手的消毒 3. 能够使用接种工具 4. 能够进行转接操作	1. 消毒的方法和技术要求 2. 灭菌的方法和技术要求 3. 接种的技术要求与正确的操作方法
	（三）培养原种	1. 能够培养原种 2. 能够识别侵染原种的常见病害特征 3. 能够识别一种正常的食药用菌原种	1. 原种的培养要求 2. 常见原种病害的侵染特征 3. 原种的质量标准
	（四）培养栽培种	1. 能够培养栽培种 2. 能够识别侵染栽培种的常见病害特征 3. 能够识别一种正常的食药用菌栽培种	1. 栽培种的培养要求 2. 常见栽培种病害的侵染特征 3. 栽培种的质量标准
	（五）菌种的短期贮藏	1. 能够实施母种的短期贮藏 2. 能够实施原种的短期贮藏 3. 能够实施栽培种的短期贮藏	1. 母种的短期贮藏方法 2. 原种的贮藏方法与要求 3. 栽培种的贮藏方法与要求
二、食药用菌栽培	（一）栽培棚室的建造与维护管理	1. 能够搭建出菇棚室 2. 能够进行出菇棚室的维护管理	1. 食、药用菌出菇棚室搭建的要求 2. 食、药用菌出菇棚室的维护管理知识
	（二）栽培食、药用菌培养料的处理	1. 能够粉碎、配制栽培原料 2. 能够进行培养料的发酵 3. 能够进行培养料的装袋 4. 能够进行培养料的上床操作 5. 能够进行播种操作 6. 能够调试使用粉碎机、拌料机和装袋机	1. 栽培食、药用菌的原料知识 2. 栽培袋的选择与合理使用 3. 培养料发酵、装袋、上床和播种操作知识 4. 粉碎机、拌料机和装袋机的性能与使用方法
	（三）栽培场所环境条件调控	1. 能够调节食、药用菌出菇棚室的温度条件 2. 能够调节食、药用菌出菇棚室的光照条件 3. 能够调节食、药用菌出菇棚室的水分条件 4. 能够调节食、药用菌出菇棚室的空气条件	食、药用菌出菇棚室温度、光照、水分、空气等环境因素的调节方法
	（四）栽培场所的病虫害防治	1. 能够识别侵染食、药用菌的常见病害特征 2. 能够识别侵染食、药用菌的常见虫害特征	1. 常见食、药用菌病害的侵染特征 2. 常见食、药用菌虫害的侵染特征
	（五）食、药用菌的栽培管理	1. 能够指出一种食、药用菌发菌期所需的温度、光照、水分、空气等环境条件 2. 能够进行一种食、药用菌发菌期的常规管理 3. 能够指出一种食、药用菌出菇期所需的温度、光照、水分、空气等环境条件 4. 能够进行一种食、药用菌出菇期的常规管理	1. 平菇、香菇、黑木耳发菌期所需的温度、光照、水分、空气等环境条件的要求 2. 平菇、香菇、黑木耳的栽培管理知识
三、食药用菌产品加工	（一）鲜菇采收	1. 能够确定食、药用菌的鲜菇适时采收期 2. 能够正确采收 3. 能够进行采收后处理	1. 食、药用菌生长发育的知识 2. 食、药用菌采收后处理方法
	（二）食、药用菌商品菇干制	1. 能够选择食、药用菌商品菇的干制方法 2. 能够进行三种食、药用菌商品菇的干制	食、药用菌干制的方法与技术要求

3.2 中级

职业能力	工作内容	技能要求	相关知识
一、食药用菌菌种制作	（一）试管母种制作	1. 能够选择培养基配方 2. 能够进行试管母种的制作与培养 3. 能够识别侵染母种的常见病害特征 4. 能够识别三种食、药用菌正常试管母种	1. 培养基配制原则 2. 制作试管母种的程序和技术要求 3. 母种的培养要求 4. 常见母种病害的侵染特征 5. 食、药用菌母菌的质量标准
	（二）原种和栽培种制作与培养	1. 能够选择原种、栽培种培养基配方 2. 能够选择消毒、灭菌方法 3. 能够进行谷粒菌种制作与培养 4. 能够识别三种食、药用菌正常原种、栽培种	1. 制种原料处理的作用要求 2. 制作谷粒菌种的程序与技术要求
二、食药用菌栽培	（一）食、药用菌配制培养料	1. 能够比较选择栽培原料 2. 能够合理配制培养料	培养料配制原则
	（二）栽培场所病虫害防治	1. 能够进行食、药用菌常见病害的防治 2. 能够进行食、药用菌常见虫害的防治	1. 常见食、药用菌病害的种类、发生期与防治措施 2. 常见食、药用菌虫害的种类、发生期与防治措施
	（三）食、药用菌的栽培管理	1. 能够指出三种食、药用菌发菌期所需的温度、光照、水分、空气等环境条件 2. 能够进行三种食、药用菌发菌期的常规管理 3. 能够指出三种食、药用菌出菇期所需的温度、光照、水分、空气等环境条件 4. 能够进行三种食、药用菌出菇期的常规管理	1. 猴头、灵芝、双孢菇、金针菇、银耳、滑子菇、草菇、鸡腿菇生长发育环境条件要求 2. 猴头、灵芝、双孢菇、金针菇、银耳、滑子菇、草菇、鸡腿菇的栽培管理知识
三、食药用菌产品加工	食、药用菌商品菇盐渍加工	能够进行一种食、药用菌商品菇的盐渍加工	食、药用菌盐渍加工的技术要求

3.3 高级

职业能力	工作内容	技能要求	相关知识
一、食药用菌菌种制作	（一）食、药用菌菌种分离	1. 能够选择菌种分离方法 2. 能够进行菌种分离操作	食、药用菌菌种分离方法与技术要求
	（二）食、药用菌菌种保藏	1. 能够选择菌种保藏方法 2. 能够实施菌种保藏	食、药用菌种保藏的原理与方法
二、食药用菌栽培	（一）栽培场所病虫害防治	1. 能够进行食、药用菌病害的综合防治 2. 能够进行食、药用菌虫害的综合防治	1. 食、药用菌病害的综合防治知识 2. 食、药用菌虫害的综合防治知识
	（二）食、药用菌的栽培管理	1. 能够指出四种食、药用菌发菌期所需的温度、光照、水分、空气等环境条件 2. 能够进行四种食、药用菌发菌期的常规管理 3. 能够指出四种食、药用菌出菇期所需的温度、光照、水分、空气等环境条件 4. 能够进行四种食、药用菌出菇期的常规管理	1. 杏鲍菇、白灵菇、茶薪菇、真姬菇、灰树花、大球盖菇、竹荪、姬松茸、阿魏菇生长发育环境条件要求 2. 杏鲍菇、白灵菇、茶薪菇、真姬菇、灰树花、大球盖菇、竹荪、姬松茸、阿魏菇的栽培管理知识
三、食药用菌产品加工	食、药用菌保鲜技术	1. 能够选择食、药用菌的保鲜方法 2. 能够实施三种以上食、药用菌的保鲜	食、药用菌商品菇的保鲜方法与技术要求

3.4 技师

职业能力	工作内容	技能要求	相关知识
一、食药用菌菌种制作	食、药用菌菌种提纯复壮	1. 能够选择污染试管母种的提纯方法 2. 能够选择试管母种的复壮方法 3. 能够进行试管母种提纯复壮操作	食、药用菌菌种提纯知识
二、食药用菌菌场组建与管理	(一) 食、药用菌菌场建设	1. 能够提供建设食、药用菌菌场（菌种厂、栽培场、产品加工厂）的技术方案 2. 能够购置食、药用菌菌场（菌种厂、栽培场、产品加工厂）的必备设备设施	1. 食、药用菌菌场的建造原则与技术要求 2. 食、药用菌菌场的必备设备设施
	(二) 食、药用菌菌场技术管理	1. 能够制定食、药用菌菌种厂的技术规程 2. 能够制定食、药用菌栽培场的技术规程 3. 能够制定食、药用菌产品加工厂的技术规程 4. 能够制定食、药用菌菌场各部门技术人员配置方案	1. 制定食、药用菌菌种厂的技术规程的要求 2. 制定食、药用菌栽培场技术规程的要求 3. 制定食、药用菌产品加工厂技术规程的要求
三、食、药用菌栽培	(一) 食、药用菌栽培	1. 能够提供食、药用菌栽培品比试验方案 2. 能够提供食、药用菌反季节栽培技术方案 3. 能够提供食、药用菌周年栽培技术方案 4. 能够提供新种类，珍稀食、药用菌种类推广种植技术方案	1. 食、药用菌栽培品比试验方案的设计要求 2. 食、药用菌反季节栽培设计要求 3. 食、药用菌周年栽培设计要求 4. 能够提供新种类，珍稀食、药用菌种类推广种植技术方案
	(二) 病虫害防治	1. 能够对食、药用菌发菌期大面积异常现象进行原因分析 2. 能够对食、药用菌出菇期畸形菇发生原因进行分析并尝试救治	食、药用菌病虫害侵染机理与条件
四、培训指导	(一) 培训	1. 能够参与编写初级、中级、高级工培训教材 2. 能够培训初级、中级、高级工	1. 教育学基本知识 2. 心理学基本知识 3. 教学培训方案制订方法
	(二) 指导	能够指导初级、中级、高级工的日常工作	

4 比重表

4.1 理论知识

项目		初级（%）	中级（%）	高级（%）	技师（%）
基本要求	1. 职业道德	5	5	5	5
	2. 基础知识	25	20	15	—
相关知识	1. 食、药用菌菌种制作	30	30	30	30
	2. 食、药用菌栽培	30	35	40	35
	3. 食、药用菌产品加工	10	10	10	—
	4. 食、药用菌菌场组建与管理	—	—	—	25
	5. 培训指导	—	—	—	5
合 计		100	100	100	100

4.2 技能操作

项目		初级（%）	中级（%）	高级（%）	技师（%）
技能要求	1. 食、药用菌菌种制作	40	40	40	35
	2. 食、药用菌栽培	45	45	45	35
	3. 食、药用菌产品加工	15	15	15	—
	4. 食、药用菌菌场组建与管理	—	—	—	20
	5. 培训指导	—	—	—	10
合　计		100	100	100	100

参 考 文 献

班立桐，宁保生，杨丽维，等 . 2009. 双孢蘑菇发酵隧道建设与工厂化生产规划［J］. 天津农林科技（1）：14-16.

暴增海，杨辉德，王莉 . 2010. 食用菌栽培学［M］. 北京：中国农业科学技术出版社 .

蔡衍山，吕作舟，蔡耿新 . 2003. 食用菌无公害生产技术手册［M］. 北京：中国农业出版社 .

曹效海 . 2001. 香菇饮料的试验研究［J］. 食用菌（3）：36.

常明昌 . 2009. 食用菌栽培［M］. 北京：中国农业出版社 .

陈德明 . 2001. 食用菌生产技术手册［M］. 上海：上海科学技术出版社 .

陈士瑜 . 1991. 食用菌生产大全［M］. 北京：农业出版社 .

陈士瑜 . 2003. 珍稀菇菌栽培与加工［M］. 北京：金盾出版社 .

程继红，曹晖，冯志勇，等 . 2002. 金针菇工厂化栽培的基本流程及注意事项［J］. 中国食用菌，21（4）：29-30.

程丽娟，薛泉宏 . 2000. 微生物学实验技术［M］. 西安：世界图书出版社 .

崔颂英 . 2007. 食用菌生产与加工［M］. 北京：中国农业出版社 .

杜敏华 . 2007. 食用菌栽培学［M］. 北京：化学工业出版社 .

冯景刚 . 1999. 食用菌高产栽培技术［M］. 沈阳：沈阳出版社 .

高君辉，冯志勇，唐利华 . 2010. 食用菌工厂化生产及环境控制技术［J］. 食用菌（4）：3-5.

郭倩，凌霞芬，王志强，等 . 2002. 双孢蘑菇工厂化栽培过程中环境因子的调控［J］. 食用菌学报，9（3）：38-41.

郭书普 . 2006. 食用菌病虫害防治原色图鉴［M］. 合肥：安徽科学技术出版社 .

胡永光，李萍萍，袁俊杰 . 2007. 食用菌工厂化生产模式探讨［J］. 安徽农业科学，35（9）：2606-2607，2669.

胡昭庚 . 1999. 食用菌制程技术［M］. 北京：中国农业出版社 .

黄年来 . 1993. 中国食用菌百科［M］. 北京：中国农业出版社 .

黄毅 . 1998. 食用菌栽培［M］. 北京：高等教育出版社 .

蒋德俊，常键，陈燕 . 2005. 食用菌病虫无公害综合防治技术［J］. 西北园艺（3）：34.

居如生 . 1996. 平菇高产栽培技术［M］. 北京：金盾出版社 .

李明 . 2006. 食用菌病虫害防治关键技术［M］. 北京：中国三峡出版社 .

李荣春 . 2000. 英国蘑菇现代化栽培模式［J］. 中国食用菌，20（3）：9-11.

李应华 . 2000. 食用菌栽培与加工［M］. 2 版 . 北京：金盾出版社 .

李育岳 . 2001. 食用菌栽培手册［M］. 北京：金盾出版社 .

李月梅，贾蕊 . 2007. 无公害食用菌生产技术规程的制定研究［J］. 安全与环境学报，7（2）：144-147.

林静，赵萍，何莉莉，等 . 2007. 食用菌工厂化生产环境控制模拟模型的研究［J］. 农机化研究（10）：61-63.

刘晓龙，蒋中华 . 2007. 食用菌病虫害防治 200 问［M］. 长春：吉林科学技术出版社 .

刘振祥 . 2007. 食用菌栽培技术［M］. 北京：化学工业出版社 .

陆中华，陈俏彪．2004．食用菌贮藏与加工技术［M］．北京：中国农业出版社．
米青山，张改英．2006．食用菌病虫害预防指南［M］．郑州：中原农民出版社．
聂林富，李焕芹，聂风君．2007．木耳代料栽培致富［M］．北京：中国农业出版社．
潘崇环．2006．新编食用菌栽培技术图解［M］．北京：中国农业出版社．
彭辉．2008．蘑菇常见生理性病害及其防治［J］．现代农业科技（8）：53-55.
秦俊哲，吕嘉枥．2002．食用菌栽培学［M］．杨凌：西北农林科技大学出版社．
宋小双，邓勋．2009．食用菌主要病虫害及其无公害防治［J］．中国林副特产（2）：91-93.
陶永新，朱坚．2010．国外木腐菌工厂化的前沿技术及生产革新［J］．北方园艺（15）：42-44.
王波．2001．最新食用菌栽培技术［M］．成都：四川科学技术出版社．
王德芝，张水成．2009．食用菌生产技术［M］．北京：中国轻工业出版社．
王贺祥．2008．食用菌栽培学［M］．北京：中国农业大学出版社．
王玫，周永斌，张志军，等．2010．中国现代食用菌产业工厂化生产发展探讨［J］．天津农业科学，16（1）：130-132.
王尚堃，徐玮．2004．食用菌害虫无公害综合防治［J］．食用菌（6）：41-42.
吴其耀，刘自强．2009．中国食用菌产业面临新的形势［J］．浙江食用菌，17（6）：3-6.
吴其耀．2009．日本食用菌工厂化生产考察纪实［J］．浙江食用菌，17（4）：1-4.
吴学谦．2005．香菇生产全书［M］．北京：中国农业出版社．
谢道同．2003．无公害食用菌生产及其技术标准［J］．广西植保，16（4）：12-14.
谢思湘．2005．食用菌害虫无公害防治法［J］．农村新技术（4）：11.
刑作山，李洪忠，陈长青，等．2009．食用菌干制加工技术［J］．中国食用菌（3）：56-57.
杨桂梅，苏允平．2011．食用菌生产［M］．北京：中国轻工业出版社．
杨国良．2003．国内外蘑菇工厂化生产的模式及效益［J］．食用菌（3）：29-30.
杨新美．2000．食用菌栽培学［M］．北京：中国农业出版社．
姚平官．2008．食用菌的主要病虫害及其防治［J］．现代农业科技（20）：124-127.
姚淑先．1997．花菇栽培新技术［M］．北京：中国农业出版社．
叶彦春．2008．食用菌生产技术［M］．北京：中国农业出版社．
张金霞．2000．新编食用菌生产技术手册［M］．北京：中国农业出版社．
张胜友．2010．中国液体菌种［M］．武汉：华中科技大学出版社．
张淑霞．2007．食用菌栽培技术［M］．北京：北京大学出版社．
赵斌，何绍江．2002．微生物学实验［M］．北京：科学出版社．
钟孟义．2009．食用菌工厂化栽培成功的要素分析［J］．食用菌（5）：4-7.
周保亚．2009．食用菌病虫害的无公害防治技术［J］．现代园艺（5）：29-30.
朱兰宝．2008．食用菌制种工培训教材［M］．北京：金盾出版社．

读者意见反馈

亲爱的读者：

感谢您选用中国农业出版社出版的职业教育规划教材。为了提升我们的服务质量，为职业教育提供更加优质的教材，敬请您在百忙之中抽出时间对我们的教材提出宝贵意见。我们将根据您的反馈信息改进工作，以优质的服务和高质量的教材回报您的支持和爱护。

地　　址：北京市朝阳区麦子店街18号楼（100125）
中国农业出版社职业教育出版分社
联系方式：QQ（1492997993）

教材名称：　　　　　　　　　　ISBN：

个人资料

姓名：________________所在院校及所学专业：________________

通信地址：________________________________

联系电话：________________电子信箱：________________

您使用本教材是作为：□指定教材□选用教材□辅导教材□自学教材

您对本教材的总体满意度：

从内容质量角度看□很满意□满意□一般□不满意

改进意见：________________________________

从印装质量角度看□很满意□满意□一般□不满意

改进意见：________________________________

本教材最令您满意的是：

□指导明确□内容充实□讲解详尽□实例丰富□技术先进实用□其他________

您认为本教材在哪些方面需要改进？（可另附页）

□封面设计□版式设计□印装质量□内容□其他________

您认为本教材在内容上哪些地方应进行修改？（可另附页）

____

____

本教材存在的错误：（可另附页）

第______页，第______行：____________应改为：__________

第______页，第______行：____________应改为：__________

第______页，第______行：____________应改为：__________

您提供的勘误信息可通过QQ发给我们，我们会安排编辑尽快核实改正，所提问题一经采纳，会有精美小礼品赠送。非常感谢您对我社工作的大力支持！

欢迎访问“全国农业教育教材网”http：//www.qgnyjc.com（此表可在网上下载）

欢迎登录“中国农业教育在线”http：//www.ccapedu.com查看更多网络学习资源

图书在版编目（CIP）数据

食用菌生产技术/陈俏彪主编．—3版．—北京：中国农业出版社，2019.10（2024.1重印）
“十二五”职业教育国家规划教材 经全国职业教育教材审定委员会审定 高等职业教育农业农村部“十三五”规划教材
ISBN 978-7-109-26177-8

Ⅰ．①食… Ⅱ．①陈… Ⅲ．①食用菌—蔬菜园艺—高等职业教育—教材 Ⅳ．①S646

中国版本图书馆CIP数据核字（2019）第248279号

中国农业出版社出版
地址：北京市朝阳区麦子店街18号楼
邮编：100125
责任编辑：吴 凯
责任校对：吴丽婷
印刷：北京中兴印刷有限公司
版次：2012年3月第1版 2019年10月第3版
印次：2024年1月第3版北京第6次印刷
发行：新华书店北京发行所
开本：787mm×1092mm 1/16
印张：16.25
字数：375千字
定价：42.00元
